大学数学学习丛书

线性代数复习指导

（第二版）

于淑兰　陈伟　王寄鲁　主　编

U0239115

山东大学出版社

图书在版编目(CIP)数据

线性代数复习指导/于淑兰,陈伟,王寄鲁主编.—2版.
—济南:山东大学出版社,2016.6(2023.8 重印)
(大学数学学习丛书)
ISBN 978-7-5607-2814-8

Ⅰ.①线…
Ⅱ.①于…②陈…③王…
Ⅲ.线性代数－高等学校－教学参考资料
Ⅳ.O151.2－44

中国版本图书馆 CIP 数据核字(2004)第 075245 号

责任策划:刘旭东
责任编辑:刘旭东
封面设计:张　荔

出版发行:山东大学出版社
社　　址:山东省济南市山大南路 20 号
邮　　编:250100
电　　话:市场部(0531)88364466
经　　销:山东省新华书店
印　　刷:山东蓝海文化科技有限公司
规　　格:700 毫米×980 毫米　1/16
　　　　　12.75 印张　235 千字
版　　次:2016 年 6 月第 2 版
印　　次:2023 年 8 月第 16 次印刷
定　　价:20.00 元

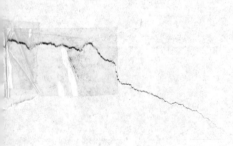

再版前言

  《线性代数复习指导》出版发行至今已经 12 年了,在使用过程中获得众多大学教师和学生的关注与好评。第二版是在第一版的基础上,根据我们多年教学实践,遵循新形势下教学改革的规律,进行了比较全面的修订和完善而完成的。

  第二版保留了第一版的系统和风格,吸收了广大读者的宝贵意见,补充了近年各类数学考试题目的精华,尽可能做到使内容具有针对性、普适性和创新性。我们特别对近年全国硕士研究生数学试题中某些难度大、综合性强有代表性的题目,给出独到、创新、简单、有效和指导性更强的解题方法,力争使本书对帮助学生复习和考试起到真正指导作用。

  在第二版的编写过程中,得到了山东大学(威海)数学与统计学院的领导和广大教师的关心和支持,在此一并表示衷心的感谢!

编　者

2016 年 5 月

序　言

　　市场经济的发展,科学技术的进步,计算机科学的影响等都使数学科学显得更加重要。"数学是打开一切自然科学大门的钥匙。"自从有了人类就有了数学,人类需要数数,这就是最初的数学。随着现代化程度的提高和数字化时代的到来,数学的应用也越来越广泛。数学知识是学习其他科学和技术所必须的,特别是高科技成果越来越多地依赖于现代数学方法的应用。数学高度的抽象性和严密的逻辑性对培养学生的综合分析能力及逻辑推理能力具有重要的作用。因此,在高等院校,越来越多的非理工专业开设了数学课程,有些文科院系的学生主动要求选修数学课。特别是计算机科学的发展提出来许多新的数学问题,使数学的应用显得越来越重要。国家的繁荣富强在很大程度上依赖于高新技术的的发展和高效率的经济管理,特别高新技术是保持国家繁荣富强的关键因素之一。高新技术的基础是应用科学,而应用科学的基础是数学。当代高新技术的一个重要特点是定量化分析,而这就必须用到数学。美国科学院院士 J. G. Glimm 称"数学对经济竞争力至为重要,数学是一种关键的普遍适用的,并授予人能力的技术"。目前国内外越来越多的公司希望数学家参与他们的工作,工程技术中不断提出新的数学问题需要数学家来解决。数学给予人们的不仅是知识,而且是能力。这就需要我们数学教育工作者不仅要传授给学生一般的数学知识,而且要注重培养学生的数学素养,提高他们的分析问题和解决问题的能力。

　　数学最吸引人的特色是它蕴含着大量有趣的思想、漂亮的图形和巧妙的论证。现实生活中处处潜藏着数学的难题。数学严格的逻辑性和复杂多变的方法使每个学习数学的人必须谨慎严肃地思考问题。一个看起来貌似简单的问题,往往要动用极其复杂的技巧才能解决。因此,大多数人感到数学非常难学,甚至望而生畏。但任何学科、任何事情都有其规律性,只要不畏困难,刻苦钻研,总能掌握其规律性,从而去掌握它、应用它。

　　由于数学的困难性和广泛的应用性,为了帮助大学学生学好数学,在方法上和思想上为学生学好数学提供有力的工具,我们山东大学威海分校数学系全体教师共同努力,编写了大学数学复习指导丛书:《微积分复习指导》、《线性代数复习指导》和《概率论与数理统计复习指导》。编写这套书的目的是为理工科和经济类专业的学生和自学者提供一套指导学习理论和解题方法的参考书,为报考研究生的有关人员提供一套复习考试的指导书;同时也为有关的数学教师提供一套教学参考书。参加这套书丛书编写的有董莹、王寄鲁、靳明忠、于淑兰、赵华祥、陈伟等人,他们都是具有多年教学经验的教授或副教授。在编写过程中参考了国内外有关的著作,查阅了大量的文献资料。系副主任靳明忠、王寄鲁策划并组织了该套丛书的编写。陈绍著、刘桂真、郭新伟教授主审了该套丛书。数学系的所有教师都对这套书的编写提出了一系列有益的建议并做了大量工作。在这里,我们对山东大学威海分校的领导和有关部门的大力支持表示衷心的感谢。

　　由于水平所限,书中的错误和不足之处在所难免,希望广大读者批评指正。

　　本丛书的出版之时,正值山东大学威海分校校庆 20 周年纪念日。数学系谨以此丛书作为向校庆的献礼,愿山东大学威海分校兴旺、发达!

刘桂真

2004 年 7 月

目　录

第一章　行　列　式

一、基本概念与理论

(一) 行列式的定义

定义 1.1 由 n^2 个元素 $a_{ij}(i=1,2,\cdots,n;j=1,2,\cdots,n)$ 组成的符号

$$\begin{vmatrix} a_{11} & a_{12} & \cdots & a_{1n} \\ a_{21} & a_{22} & \cdots & a_{2n} \\ \vdots & \vdots & & \vdots \\ a_{n1} & a_{n2} & \cdots & a_{nn} \end{vmatrix}$$

表示的 n 阶行列式, 它等于所有取自不同行不同列的 n 个元素乘积 $a_{1j_1}a_{2j_2}\cdots a_{nj_n}$ 的代数和, 项 $a_{1j_1}a_{2j_2}\cdots a_{nj_n}$ 的符号为 $(-1)^{\tau(j_1j_2\cdots j_n)}$, 即

$$\begin{vmatrix} a_{11} & a_{12} & \cdots & a_{1n} \\ a_{21} & a_{22} & \cdots & a_{2n} \\ \vdots & \vdots & & \vdots \\ a_{n1} & a_{n2} & \cdots & a_{nn} \end{vmatrix} = \sum_{j_1j_2\cdots j_n}(-1)^{\tau(j_1j_2\cdots j_n)}a_{1j_1}a_{2j_2}\cdots a_{nj_n}$$

其中 $\tau(j_1j_2\cdots j_n)$ 表示排列 $j_1j_2\cdots j_n$ 的逆序数, 简记为 $D_n=|a_{ij}|$.

(二) 余子式与代数余子式

定义 1.2　在 n 阶行列式 $D_n = |a_{ij}|$ 中划去元素 a_{ij} 所在的第 i 行与第 j 列，余下的 $(n-1)^2$ 个元素按原位置次序组成一个 $n-1$ 阶行列式称为元素 a_{ij} 的余子式，记为 M_{ij}，称 $A_{ij} = (-1)^{i+j} M_{ij}$ 为元素 a_{ij} 的代数余子式.

行列式按行（列）展开定理

$$\sum_{j=1}^{n} a_{ij} A_{sj} = \begin{cases} D_n & i = s \\ 0 & i \neq s \end{cases} \quad \text{或} \quad \sum_{i=1}^{n} a_{ij} A_{it} = \begin{cases} D_n & j = t \\ 0 & j \neq t \end{cases}$$

(三) 行列式的性质

(1) 行列式与它的转置行列式相等，即 $D_n = D_n^T$.

(2) 交换行列式的两行（列），行列式的值变号.

(3) 用数 k 乘行列式某一行（列），等于用数 k 去乘此行列式.

(4) 行列式某两行（列）元素对应成比例，则行列式的值为零.

(5) 若行列式中某一行（列）的每一个元素都是两个数的和，则此行列式可以写成两个行列式的和.

(6) 行列式某一行（列）的所有元素同乘以数 k 后加到别一行（列）对应的元素上，行列式的值不变.

(四) 克莱姆法则

设有 n 个未知量 n 个方程的线性方程组：

$$\begin{cases} a_{11}x_1 + a_{12}x_2 + \cdots + a_{1n}x_n = b_1, \\ a_{21}x_1 + a_{22}x_2 + \cdots + a_{2n}x_n = b_2, \\ \cdots\cdots \\ a_{n1}x_1 + a_{n2}x_2 + \cdots + a_{nn}x_n = b_n; \end{cases}$$

若系数行列式

$$D = \begin{vmatrix} a_{11} & a_{12} & \cdots & a_{1n} \\ a_{21} & a_{22} & \cdots & a_{2n} \\ \vdots & \vdots & & \vdots \\ a_{n1} & a_{n2} & \cdots & a_{nn} \end{vmatrix} \neq 0,$$

则方程组有唯一解，其解为

$$x_j = \frac{D_j}{D} \quad j = 1, 2, \cdots, n.$$

其中 $D_j (j=1,2,\cdots,n)$ 是将系数行列式 D 中的第 j 列元素对应地换为方程组的常数项 $b_1,b_2,\cdots,b_n$ 后得到的 n 阶行列式.

(五) 几种特殊行列式

对角行列式　　　　　上三角行列式　　　　下三角行列式

$$
1.\quad
\begin{vmatrix}
a_{11} & 0 & \cdots & 0 \\
0 & a_{22} & \cdots & 0 \\
\vdots & \vdots & & \vdots \\
0 & 0 & \cdots & a_{nn}
\end{vmatrix}
=
\begin{vmatrix}
a_{11} & a_{12} & \cdots & a_{1n} \\
0 & a_{22} & \cdots & a_{2n} \\
\vdots & \vdots & & \vdots \\
0 & 0 & \cdots & a_{nn}
\end{vmatrix}
=
\begin{vmatrix}
a_{11} & 0 & \cdots & 0 \\
a_{21} & a_{22} & \cdots & 0 \\
\vdots & \vdots & & \vdots \\
a_{n1} & a_{n2} & \cdots & a_{nn}
\end{vmatrix}
$$

$$
= a_{11}a_{22}\cdots a_{nn}.
$$

次对角行列式　　　　次上三角行列式　　　次下三角行列式

$$
2.\quad
\begin{vmatrix}
0 & & & a_1 \\
& & a_2 & \\
& \ddots & & \\
a_n & & & 0
\end{vmatrix}
=
\begin{vmatrix}
* & & & a_1 \\
& & a_2 & \\
& \ddots & & \\
a_n & & & 0
\end{vmatrix}
=
\begin{vmatrix}
0 & & & a_1 \\
& & a_2 & \\
& \ddots & & \\
a_n & & & *
\end{vmatrix}
$$

$$
= (-1)^{\frac{n(n-1)}{2}} a_1 a_2 \cdots a_n.
$$

3. 分块行列式　　设 A 为 m 阶方阵, B 为 n 阶方阵, 则

$$
\begin{vmatrix} A & 0 \\ 0 & B \end{vmatrix}
=
\begin{vmatrix} A & * \\ 0 & B \end{vmatrix}
=
\begin{vmatrix} A & 0 \\ * & B \end{vmatrix}
= |A||B|,
$$

$$
\begin{vmatrix} 0 & B \\ A & 0 \end{vmatrix}
= (-1)^{m\times n} |A||B|.
$$

4. 范德蒙(Vandermonde) 行列式

$$
\begin{vmatrix}
1 & 1 & \cdots & 1 \\
a_1 & a_2 & \cdots & a_n \\
a_1^2 & a_2^2 & \cdots & a_n^2 \\
\vdots & \vdots & & \vdots \\
a_1^{n-1} & a_2^{n-1} & \cdots & a_n^{n-1}
\end{vmatrix}
= \prod_{1\leqslant i<j\leqslant n} (a_j - a_i).
$$

5. 三对角线行列式

$$\begin{vmatrix} a & b & & & & \\ c & a & b & & & \\ & c & a & \ddots & & \\ & & \ddots & \ddots & b & \\ & & & c & a & \end{vmatrix} = \begin{cases} \dfrac{\alpha^{n+1} - \beta^{n+1}}{\alpha - \beta}, & a^2 \neq 4bc, \\[3mm] \dfrac{(n+1)a^n}{2^n}, & a^2 = 4bc. \end{cases}$$

其中 α, β 是方程 $x^2 - ax + bc = 0$ 的两个根.

二、基本题型与解题方法

例 1.1　　用行列式的定义计算

$$D_n = \begin{vmatrix} 0 & 0 & \cdots & 0 & 1 & 0 \\ 0 & 0 & \cdots & 2 & 0 & 0 \\ \vdots & \vdots & & \vdots & \vdots & \vdots \\ n-1 & 0 & \cdots & 0 & 0 & 0 \\ 0 & 0 & \cdots & 0 & 0 & n \end{vmatrix}$$

解　　由行列式定义知, D_n 共有 $n!$ 项, 每一项的一般形式为

$$(-1)^{\tau(j_1 j_2 \cdots j_n)} a_{1j_1} a_{2j_2} \cdots a_{nj_n},$$

由于 D_n 中零元素较多, 因此 $n!$ 项中仅有一项非零. 故

$$D_n = (-1)^{\tau(n-1 \ n-2 \ \cdots \ 3 \ 2 \ 1 \ n)} a_{1n-1} a_{2n-2} \cdots a_{n-1 \ 1} a_{nn}$$

$$= (-1)^{\frac{(n-2)(n-1)}{2}} n!.$$

例 1.2　　设 $f(x) = \begin{vmatrix} 5x & 1 & 2 & 3 \\ x & x & 1 & 2 \\ 1 & 1 & x & 3 \\ x & 1 & 2 & 2x \end{vmatrix}$, 求 x^3, x^4 的系数及 $\dfrac{\mathrm{d}^3 f(x)}{\mathrm{d} x^3}$.

解　　根据行列式定义, 行列式中每一项的元素是取自不同行不同列 4 个元素乘积, 即

$$(-1)^{\tau(j_1 j_2 j_3 j_4)} a_{1j_1} a_{2j_2} a_{3j_3} a_{4j_4}.$$

显然含 x^3 的项只能有

$$(-1)^{\tau(2 \ 1 \ 3 \ 4)} a_{12} a_{21} a_{33} a_{44} = -2x^3,$$

$$(-1)^{\tau(4 \ 2 \ 3 \ 1)} a_{14} a_{22} a_{33} a_{41} = -3x^3,$$

于是 $f(x)$ 中含 x^3 的项为 $-2x^3 - 3x^3 = -5x^3$, 可见 x^3 的系数为 -5.

含 x^4 的项仅有

$$(-1)^{\tau(1\ 2\ 3\ 4)}a_{11}a_{22}a_{33}a_{44} = 10x^4.$$

于是 $f(x)$ 中含 x^4 的项为 $10x^4$，可见 x^4 的系数为 10. 所以

$$\frac{\mathrm{d}^3 f(x)}{\mathrm{d}x^3} = 240x - 30.$$

例 1.3　已知 $D_5 = \begin{vmatrix} 1 & 2 & 3 & 4 & 5 \\ 2 & 2 & 2 & 1 & 1 \\ 3 & 1 & 2 & 4 & 5 \\ 1 & 1 & 1 & 2 & 2 \\ 4 & 3 & 1 & 5 & 0 \end{vmatrix} = 27$，求 $A_{41}+A_{42}+A_{43}$ 和 $A_{44}+A_{45}$，

其中 $A_{4j}(j=1,2,3,4,5)$ 为 D_5 的第 4 行第 j 列元素的代数余子式.

解　由已知条件得

$$\begin{cases} 1 \cdot A_{41}+1 \cdot A_{42}+1 \cdot A_{43}+2 \cdot A_{44}+2 \cdot A_{45} = 27 & (1.1) \\ 2 \cdot A_{41}+2 \cdot A_{42}+2 \cdot A_{43}+1 \cdot A_{44}+1 \cdot A_{45} = 0 & (1.2) \end{cases}$$

由 (1.1) 和 (1.2) 两式可解得

$$A_{41}+A_{42}+A_{43} = -9,$$

$$A_{44}+A_{45} = 18.$$

例 1.4　求行列式 $D = \begin{vmatrix} 1 & -1 & 0 & 2 \\ 3 & 4 & 5 & 6 \\ 2 & 2 & 2 & 2 \\ 7 & 9 & -2 & 8 \end{vmatrix}$ 的第 2 行各元素的余子式之和.

解法一　（直接用余子式定义计算）

设 D 的第 2 行各元素的余子式分别为 $M_{21}, M_{22}, M_{23}, M_{24}$，则所求和为
$M_{21}+M_{22}+M_{23}+M_{24}$

$$= \begin{vmatrix} -1 & 0 & 2 \\ 2 & 2 & 2 \\ 9 & -2 & 8 \end{vmatrix} + \begin{vmatrix} 1 & 0 & 2 \\ 2 & 2 & 2 \\ 7 & -2 & 8 \end{vmatrix} + \begin{vmatrix} 1 & -1 & 2 \\ 2 & 2 & 2 \\ 7 & 9 & 8 \end{vmatrix} + \begin{vmatrix} 1 & -1 & 0 \\ 2 & 2 & 2 \\ 7 & 9 & -2 \end{vmatrix}$$

$$= -64 - 16 + 8 - 40 = -112.$$

解法二　（构造行列式）

$$D_1 = \begin{vmatrix} 1 & -1 & 0 & 2 \\ -1 & 1 & -1 & 1 \\ 2 & 2 & 2 & 2 \\ 7 & 9 & -2 & 8 \end{vmatrix},$$

注意 D_1 与 D 仅仅是第 2 行不同，故由余子式的定义知 D_1 与 D 的第 2 行对应元

素的余子式相同. 于是将 D_1 按第 2 行展开, 则得

$$D_1 = (-1)(-1)^{2+1}M_{21} + (-1)(-1)^{2+2}M_{22} + (-1)(-1)^{2+3}M_{23} + (-1)(-1)^{2+4}M_{24}$$
$$= M_{21} + M_{22} + M_{23} + M_{24},$$

即行列式 D_1 的值等于所求的和. 现在计算 D_1:

$$D_1 = \begin{vmatrix} 1 & 0 & 0 & 0 \\ -1 & 0 & -1 & 3 \\ 2 & 4 & 2 & -2 \\ 7 & 16 & -2 & -6 \end{vmatrix} = \begin{vmatrix} 0 & -1 & 3 \\ 4 & 2 & -2 \\ 16 & -2 & -6 \end{vmatrix} = \begin{vmatrix} 0 & -1 & 3 \\ 4 & 0 & 4 \\ 16 & 0 & -12 \end{vmatrix}$$

$$= \begin{vmatrix} 4 & 4 \\ 16 & -12 \end{vmatrix} = -112.$$

故 $M_{21} + M_{22} + M_{23} + M_{24} = -112.$

例 1.5　计算行列式

$$D_5 = \begin{vmatrix} 1-a & a & 0 & 0 & 0 \\ -1 & 1-a & a & 0 & 0 \\ 0 & -1 & 1-a & a & 0 \\ 0 & 0 & -1 & 1-a & a \\ 0 & 0 & 0 & -1 & 1-a \end{vmatrix}$$

解　$D_5 = \begin{vmatrix} 1-a & a & 0 & 0 & 0 \\ -1 & 1-a & a & 0 & 0 \\ 0 & -1 & 1-a & a & 0 \\ 0 & 0 & -1 & 1-a & a \\ 0 & 0 & 0 & -1 & 1-a \end{vmatrix}$

$\underline{\text{将第 } 2,3,4,5 \text{ 列都加到第一列上}}$ $\begin{vmatrix} 1 & a & 0 & 0 & 0 \\ 0 & 1-a & a & 0 & 0 \\ 0 & -1 & 1-a & a & 0 \\ 0 & 0 & -1 & 1-a & a \\ -a & 0 & 0 & -1 & 1-a \end{vmatrix}$

$\underline{\text{按第 1 列展开}}$ $\begin{vmatrix} 1-a & a & 0 & 0 \\ -1 & 1-a & a & 0 \\ 0 & -1 & 1-a & a \\ 0 & 0 & -1 & 1-a \end{vmatrix} - a \begin{vmatrix} a & 0 & 0 & 0 \\ 1-a & a & 0 & 0 \\ -1 & 1-a & a & 0 \\ 0 & -1 & 1-a & a \end{vmatrix}$

$= \begin{vmatrix} 1-a & a & 0 & 0 \\ -1 & 1-a & a & 0 \\ 0 & -1 & 1-a & a \\ 0 & 0 & -1 & 1-a \end{vmatrix} - a^5$

将第 2,3,4 列加到第 1 列
$$\begin{vmatrix} 1 & a & 0 & 0 \\ 0 & 1-a & a & 0 \\ 0 & -1 & 1-a & a \\ -a & 0 & -1 & 1-a \end{vmatrix} - a^5$$

按第 1 列展开
$$\begin{vmatrix} 1-a & a & 0 \\ -1 & 1-a & a \\ 0 & -1 & 1-a \end{vmatrix} + a \begin{vmatrix} a & 0 & 0 \\ 1-a & a & 0 \\ -1 & 1-a & a \end{vmatrix} - a^5$$

将第 2,3 列加到第 1 列
$$\begin{vmatrix} 1 & a & 0 \\ 0 & 1-a & a \\ -a & -1 & 1-a \end{vmatrix} + a^4 - a^5$$

按第 1 列展开
$$\begin{vmatrix} 1-a & a \\ -1 & 1-a \end{vmatrix} - a \begin{vmatrix} a & 0 \\ 1-a & a \end{vmatrix} + a^4 - a^5$$

$$= 1 - a + a^2 - a^3 + a^4 - a^5.$$

注:此题采用降阶法.用降阶法计算行列式时,一般先利用行列式的性质,将行列式的某一行(列)化零元素较多后,再按该行(列)展开.

例 1.6　计算 n 阶行列式

$$D_n = \begin{vmatrix} x & a & a & \cdots & a \\ a & x & a & \cdots & a \\ a & a & x & \cdots & a \\ \vdots & \vdots & \vdots & & \vdots \\ a & a & a & \cdots & x \end{vmatrix}$$

解法一

$$D_n = \begin{vmatrix} x & a & a & \cdots & a \\ a & x & a & \cdots & a \\ a & a & x & \cdots & a \\ \vdots & \vdots & \vdots & & \vdots \\ a & a & a & \cdots & x \end{vmatrix}$$

各列加到第 1 列然后提出第 1 列的公因式
$$[(n-1)a+x] \begin{vmatrix} 1 & a & a & \cdots & a \\ 1 & x & a & \cdots & a \\ 1 & a & x & \cdots & a \\ \vdots & \vdots & \vdots & & \vdots \\ 1 & a & a & \cdots & x \end{vmatrix}$$

第 1 行乘 (-1) 分别加到各行上

$$\overline{\hspace{3cm}} [(n-1)a+x] \begin{vmatrix} 1 & a & a & \cdots & a \\ 0 & x-a & 0 & \cdots & 0 \\ 0 & 0 & x-a & \cdots & 0 \\ \vdots & \vdots & \vdots & & \vdots \\ 0 & 0 & 0 & \cdots & x-a \end{vmatrix}.$$

利用上三角行列式展开

$$\overline{\hspace{3cm}} [(n-1)a+x](x-a)^{n-1}.$$

解法二　　（参阅第二章例 2.36）

$$D_n = \begin{vmatrix} x & a & a & \cdots & a \\ a & x & a & \cdots & a \\ a & a & x & \cdots & a \\ \vdots & \vdots & \vdots & & \vdots \\ a & a & a & \cdots & x \end{vmatrix} = \left| (x-a)E_n + \begin{bmatrix} a \\ a \\ \vdots \\ a \end{bmatrix} (1,1,\cdots,1) \right|$$

$$= (x-a)^n \left| E_n + \frac{1}{x-a} \begin{bmatrix} a \\ a \\ \vdots \\ a \end{bmatrix} (1,1,\cdots,1) \right|$$

$$= (x-a)^n \left| E_1 + \frac{1}{x-a}(1,1,\cdots,1) \begin{bmatrix} a \\ a \\ \vdots \\ a \end{bmatrix} \right|$$

$$= (x-a)^{n-1}(x-a+na).$$

例 1.7　计算 n 阶行列式

$$D_n = \begin{vmatrix} 1 & 2 & 3 & \cdots & n-1 & n \\ 2 & 3 & 4 & \cdots & n & 1 \\ 3 & 4 & 5 & \cdots & 1 & 2 \\ \vdots & \vdots & \vdots & & \vdots & \vdots \\ n-1 & n & 1 & \cdots & n-3 & n-2 \\ n & 1 & 2 & \cdots & n-2 & n-1 \end{vmatrix}.$$

解

$$D_n \xrightarrow[\substack{i=n,n-1,\cdots,2}]{\text{第 }i-1\text{ 行乘}(-1)\text{ 加到第 }i\text{ 行}} \begin{vmatrix} 1 & 2 & 3 & \cdots & n-1 & n \\ 1 & 1 & 1 & \cdots & 1 & 1-n \\ 1 & 1 & 1 & \cdots & 1-n & 1 \\ \vdots & \vdots & & \vdots & & \vdots \\ 1 & 1 & 1-n & \cdots & 1 & 1 \\ 1 & 1-n & 1 & \cdots & 1 & 1. \end{vmatrix}_n$$

$$\xrightarrow{\text{将各列加到第 1 列}} \begin{vmatrix} \dfrac{n(n+1)}{2} & 2 & 3 & \cdots & n-1 & n \\ 0 & 1 & 1 & \cdots & 1 & 1-n \\ 0 & 1 & 1 & \cdots & 1-n & 1 \\ \vdots & \vdots & & \vdots & & \vdots \\ 0 & 1 & 1-n & \cdots & 1 & 1 \\ 0 & 1-n & 1 & \cdots & 1 & 1 \end{vmatrix}_n$$

$$\xrightarrow{\text{按第 1 列展开}} \frac{n(n+1)}{2} \begin{vmatrix} 1 & 1 & \cdots & 1 & 1-n \\ 1 & 1 & \cdots & 1-n & 1 \\ \vdots & \vdots & & \vdots & \vdots \\ 1 & 1-n & \cdots & 1 & 1 \\ 1-n & 1 & \cdots & 1 & 1 \end{vmatrix}_{n-1}$$

$$\xrightarrow{\text{将各列加到第 1 列}} \frac{n(n+1)}{2} \begin{vmatrix} -1 & 1 & \cdots & 1 & 1-n \\ -1 & 1 & \cdots & 1-n & 1 \\ \vdots & \vdots & & \vdots & \vdots \\ -1 & 1-n & \cdots & 1 & 1 \\ -1 & 1 & \cdots & 1 & 1 \end{vmatrix}_{n-1}$$

$$\xrightarrow{\text{第 1 列加到各列}} \frac{n(n+1)}{2} \begin{vmatrix} -1 & 0 & \cdots & 0 & -n \\ -1 & 0 & \cdots & -n & 0 \\ \vdots & \vdots & & \vdots & \vdots \\ -1 & -n & \cdots & 0 & 0 \\ -1 & 1 & \cdots & 0 & 0 \end{vmatrix}_{n-1}$$

$$= \frac{n(n+1)}{2}(-1)^{\frac{(n-2)(n-1)}{2}}(-1)^{n-1}n^{n-2}$$

$$= \frac{n+1}{2}(-1)^{\frac{n(n-1)}{2}}n^{n-1}.$$

注：例 1.6、例 1.7 利用行列式性质将行列式化为三角行列式，然后运用三角行列式的结论来计算行列式.

例 1.8 计算行列式 $D_4 = \begin{vmatrix} 1 & 1 & 2 & 3 \\ 1 & 2-x^2 & 2 & 3 \\ 2 & 3 & 1 & 5 \\ 2 & 3 & 1 & 9-x^2 \end{vmatrix}$.

解 显然当 $2-x^2=1$，即 $x=\pm 1$ 时，D_4 中第 1，2 行对应元素相等，此时 $D_4=0$ 时，即 D_4 有因子 $(x-1)(x+1)$.

当 $9-x^2=5$，即 $x=\pm 2$ 时，D_4 中第 3，4 行对应元素相等，因此 D_4 还有因子 $(x-2)(x+2)$.

又根据行列式定义知，D_4 为 x 的 4 次多项式，所以

$$D_4 = a(x-1)(x+1)(x-2)(x+2).$$

现只要求出 x^4 的系数即可，令 $x=0$，可算出 $D_4=-12$. 于是 $a=-3$，故

$$D_4 = -3(x-1)(x+1)(x-2)(x+2).$$

注：本例题解法称为析因子法，即运用行列式性质找出 D_n 的全部因子，最后再确定最高次项系数.

例 1.9 计算行列式

$$D_n = \begin{vmatrix} a_1 & x & x & \cdots & x \\ x & a_2 & x & \cdots & x \\ x & x & a_3 & \cdots & x \\ \vdots & \vdots & \vdots & & \vdots \\ x & x & x & \cdots & a_n \end{vmatrix}, a_i \neq x \quad x \neq 0.$$

解 （采用加边法）将行列式增加 1 行和 1 列得

$$D_n = D_{n+1} = \begin{vmatrix} 1 & x & x & \cdots & x \\ 0 & a_1 & x & \cdots & x \\ 0 & x & a_2 & \cdots & x \\ \vdots & \vdots & \vdots & & \vdots \\ 0 & x & x & \cdots & a_n \end{vmatrix}_{n+1}$$

$$\underline{\underline{\text{第 1 行乘 }(-1)\text{ 分别加到各行上}}} \begin{vmatrix} 1 & x & x & \cdots & x \\ -1 & a_1-x & 0 & \cdots & 0 \\ -1 & 0 & a_2-x & \cdots & 0 \\ \vdots & \vdots & \vdots & & \vdots \\ -1 & 0 & 0 & \cdots & a_n-x \end{vmatrix}_{n+1}$$

$$\xrightarrow[\substack{j=2,3,\cdots,n+1}]{\text{第 } j \text{ 列乘} \frac{1}{a_{j-1}-x} \text{ 加到第 1 列}} \begin{vmatrix} 1+x\sum\limits_{j=1}^{n}\dfrac{1}{a_j-x} & x & \cdots & x \\ 0 & a_1-x & \cdots & 0 \\ \vdots & \vdots & & \vdots \\ 0 & 0 & \cdots & a_n-x \end{vmatrix}_{n+1}$$

$$= \left(1+x\sum_{j=1}^{n}\frac{1}{a_j-x}\right)(a_1-x)(a_2-x)\cdots(a_n-x).$$

例 1.10 计算 $2n$ 阶行列式

$$D_{2n} = \begin{vmatrix} a & 0 & 0 & \cdots & 0 & 0 & b \\ 0 & a & 0 & \cdots & 0 & b & 0 \\ 0 & 0 & a & \cdots & b & 0 & 0 \\ \vdots & \vdots & \vdots & & \vdots & \vdots & \vdots \\ 0 & 0 & b & \cdots & a & 0 & 0 \\ 0 & b & 0 & \cdots & 0 & a & 0 \\ b & 0 & 0 & \cdots & 0 & 0 & a \end{vmatrix}.$$

解 根据拉普拉斯定理,对 D_{2n} 按第 1 和 $2n$ 行展开,得到与 D_{2n} 同形的 $D_{2(n-1)}$ 阶行列式,再按第 1 行和 $2n-2$ 行展开,如此继续下去,得

$$D_{2n} = \begin{vmatrix} a & b \\ b & a \end{vmatrix} \times \begin{vmatrix} a & 0 & \cdots & 0 & b \\ 0 & a & \cdots & b & 0 \\ \vdots & \vdots & & \vdots & \vdots \\ 0 & b & \cdots & a & 0 \\ b & 0 & \cdots & 0 & a \end{vmatrix} = (a^2-b^2)D_{2(n-1)}$$

$$= (a^2-b^2)^2 D_{2(n-2)} = \cdots = (a^2-b^2)^{n-1}D_2 = (a^2-b^2)^n.$$

注:本例题也可采用递推法.

例 1.11 计算行列式 $\begin{vmatrix} 1 & 1 & 1 & 1 \\ a & b & c & d \\ a^2 & b^2 & c^2 & d^2 \\ a^4 & b^4 & c^4 & d^4 \end{vmatrix}.$

解 将第 3 行乘 $(-a^2)$ 加到第 4 行上,第 2 行乘 $(-a)$ 加到第 3 行上,第 1 行乘 $(-a)$ 加到第 2 行上,然后按第 1 列展开,再按第 3 行拆开两个行列式.

$$\begin{vmatrix} 1 & 1 & 1 & 1 \\ a & b & c & d \\ a^2 & b^2 & c^2 & d^2 \\ a^4 & b^4 & c^4 & d^4 \end{vmatrix}$$

$$= (b-a)(c-a)(d-a) \begin{vmatrix} 1 & 1 & 1 \\ b & c & d \\ b^2(b+a) & c^2(c+a) & d^2(d+a) \end{vmatrix}$$

$$= (b-a)(c-a)(d-a) \left[\begin{vmatrix} 1 & 1 & 1 \\ b & c & d \\ b^3 & c^3 & d^3 \end{vmatrix} + a \begin{vmatrix} 1 & 1 & 1 \\ b & c & d \\ b^2 & c^2 & d^2 \end{vmatrix} \right]$$

$$= (a+b+c+d)(b-a)(c-a)(d-a)(c-b)(d-b)(d-c).$$

例 1.12　计算行列式

$$D_n = \begin{vmatrix} 1 & 1 & \cdots & 1 \\ x_1 & x_2 & \cdots & x_n \\ x_1^2 & x_2^2 & \cdots & x_n^2 \\ \vdots & \vdots & & \vdots \\ x_1^{n-2} & x_2^{n-2} & \cdots & x_n^{n-2} \\ x_1^n & x_2^n & \cdots & x_n^n \end{vmatrix}.$$

解　考虑 $n+1$ 阶范德蒙行列式，即

$$f(x) = \begin{vmatrix} 1 & 1 & \cdots & 1 & 1 \\ x_1 & x_2 & \cdots & x_n & x \\ x_1^2 & x_2^2 & \cdots & x_n^2 & x^2 \\ \vdots & \vdots & & \vdots & \vdots \\ x_1^{n-2} & x_2^{n-2} & \cdots & x_n^{n-2} & x^{n-2} \\ x_1^{n-1} & x_2^{n-1} & \cdots & x_n^{n-1} & x^{n-1} \\ x_1^n & x_2^n & \cdots & x_n^n & x^n \end{vmatrix}$$

$$= (x-x_1)(x-x_2)\cdots(x-x_n) \prod_{1 \leqslant j < i \leqslant n} (x_i - x_j).$$

由于行列式 D_n 就是行列式 $f(x)$ 中元素 x^{n-1} 的余子式 $M_{n(n+1)}$，即

$$D_n = M_{n(n+1)} = -A_{n(n+1)}.$$

而由 $f(x)$ 的表达式知，x^{n-1} 的系数为

$$A_{n(n+1)} = -(x_1 + x_2 + \cdots + x_n) \prod_{1 \leqslant j < i \leqslant n} (x_i - x_j),$$

于是　　　　　　$$D_n = (x_1 + x_2 + \cdots + x_n) \prod_{1 \leqslant j < i \leqslant n} (x_i - x_j).$$

注：例 1.11、例 1.12 题与范德蒙行列式的区别是 x_i 的幂的指数跳跃一次，有两种解法：① 仿照范德蒙行列式的计算方法。② 补上 1 行 1 列后，利用范德蒙行列式的结果。

例 1.13 计算 n 阶行列式

$$D_n = \begin{vmatrix} a_1^{n-1} & a_1^{n-2}b_1 & \cdots & b_1^{n-1} \\ a_2^{n-1} & a_2^{n-2}b_2 & \cdots & b_2^{n-1} \\ \vdots & \vdots & & \vdots \\ a_n^{n-1} & a_n^{n-2}b_n & \cdots & b_n^{n-1} \end{vmatrix},$$

其中 $a_i \neq 0$ $b_i \neq 0$ $i = 1, 2, \cdots, n.$

解 （利用范德蒙行列式）

$$D_n = \begin{vmatrix} a_1^{n-1} & a_1^{n-2}b_1 & \cdots & b_1^{n-1} \\ a_2^{n-1} & a_2^{n-2}b_2 & \cdots & b_2^{n-1} \\ \vdots & \vdots & & \vdots \\ a_n^{n-1} & a_n^{n-2}b_n & \cdots & b_n^{n-1} \end{vmatrix}$$

$$\xrightarrow{\text{提取各行的公因式}} a_1^{n-1} a_2^{n-1} \cdots a_n^{n-1} \begin{vmatrix} 1 & \dfrac{b_1}{a_1} & \cdots & \left(\dfrac{b_1}{a_1}\right)^{n-1} \\ 1 & \dfrac{b_2}{a_2} & \cdots & \left(\dfrac{b_2}{a_2}\right)^{n-1} \\ \vdots & \vdots & & \vdots \\ 1 & \dfrac{b_n}{a_n} & \cdots & \left(\dfrac{b_n}{a_n}\right)^{n-1} \end{vmatrix}$$

$$= a_1^{n-1} a_2^{n-1} \cdots a_n^{n-1} \begin{vmatrix} 1 & 1 & \cdots & 1 \\ \dfrac{b_1}{a_1} & \dfrac{b_2}{a_2} & \cdots & \dfrac{b_n}{a_n} \\ \vdots & \vdots & & \vdots \\ \left(\dfrac{b_1}{a_1}\right)^{n-1} & \left(\dfrac{b_2}{a_2}\right)^{n-1} & \cdots & \left(\dfrac{b_n}{a_n}\right)^{n-1} \end{vmatrix}$$

$$= a_1^{n-1} a_2^{n-1} \cdots a_n^{n-1} \prod_{1 \leqslant i < j \leqslant n} \left(\frac{b_j}{a_j} - \frac{b_i}{a_i}\right)$$

$$= \prod_{i=1}^{n} a_i^{n-1} \prod_{1 \leqslant i < j \leqslant n} \left(\frac{b_j}{a_j} - \frac{b_i}{a_i}\right).$$

例 1.14 计算 n 阶行列式

$$D_n = \begin{vmatrix} a_1 + b_1 & a_1 + b_2 & \cdots & a_1 + b_n \\ a_2 + b_1 & a_2 + b_2 & \cdots & a_2 + b_n \\ \vdots & \vdots & & \vdots \\ a_n + b_1 & a_n + b_2 & \cdots & a_n + b_n \end{vmatrix}.$$

解法一 当 $n = 1$ 时，$D_1 = a_1 + b_1.$

当 $n = 2$ 时, $D_2 = (a_1 - a_2)(b_2 - b_1)$.

当 $n \geqslant 3$ 时, $D_n = \begin{vmatrix} a_1 + b_1 & a_1 + b_2 & \cdots & a_1 + b_n \\ a_2 + b_1 & a_2 + b_2 & \cdots & a_2 + b_n \\ \vdots & \vdots & & \vdots \\ a_n + b_1 & a_n + b_2 & \cdots & a_n + b_n \end{vmatrix}$

$$\xrightarrow[i = 2,3,\cdots,n]{\text{第 1 行乘}(-1)\text{分别加到第 }i\text{ 行}} \begin{vmatrix} a_1 + b_1 & a_1 + b_2 & \cdots & a_1 + b_n \\ a_2 - a_1 & a_2 - a_1 & \cdots & a_2 - a_1 \\ \vdots & \vdots & & \vdots \\ a_n - a_1 & a_n - a_1 & \cdots & a_n - a_1 \end{vmatrix} = 0,$$

综上可得

$$D_n = \begin{cases} a_1 + b_1, & n = 1, \\ (a_1 - a_2)(b_2 - b_1), & n = 2, \\ 0, & n \geqslant 3. \end{cases}$$

解法二　（分解行列式）

$$D = \begin{vmatrix} a_1 & a_1 + b_2 & \cdots & a_1 + b_n \\ a_2 & a_2 + b_2 & \cdots & a_2 + b_n \\ \vdots & \vdots & & \vdots \\ a_n & a_n + b_2 & \cdots & a_n + b_n \end{vmatrix} + \begin{vmatrix} b_1 & a_1 + b_2 & \cdots & a_1 + b_n \\ b_1 & a_2 + b_2 & \cdots & a_2 + b_n \\ \vdots & \vdots & & \vdots \\ b_1 & a_n + b_2 & \cdots & a_n + b_n \end{vmatrix}$$

$$= \begin{vmatrix} a_1 & b_2 & \cdots & b_n \\ a_2 & b_2 & \cdots & b_n \\ \vdots & \vdots & & \vdots \\ a_n & b_2 & \cdots & b_n \end{vmatrix} + b_1 \begin{vmatrix} 1 & a_1 + b_2 & \cdots & a_1 + b_n \\ 1 & a_2 + b_2 & \cdots & a_2 + b_n \\ \vdots & \vdots & & \vdots \\ 1 & a_n + b_2 & \cdots & a_n + b_n \end{vmatrix}$$

$$= \begin{vmatrix} a_1 & b_2 & \cdots & b_n \\ a_2 & b_2 & \cdots & b_n \\ \vdots & \vdots & & \vdots \\ a_n & b_2 & \cdots & b_n \end{vmatrix} + b_1 \begin{vmatrix} 1 & a_1 & \cdots & a_1 \\ 1 & a_2 & \cdots & a_2 \\ \vdots & \vdots & & \vdots \\ 1 & a_n & \cdots & a_n \end{vmatrix}$$

$$= \begin{cases} a_1 + b_1 & n = 1, \\ (a_1 - a_2)(b_2 - b_1) & n = 2, \\ 0 & n \geqslant 3. \end{cases}$$

解法三　$D = \begin{vmatrix} a_1 & 1 & 0 & \cdots & 0 \\ a_2 & 1 & 0 & \cdots & 0 \\ \vdots & \vdots & \vdots & & \vdots \\ a_n & 1 & 0 & \cdots & 0 \end{vmatrix} \times \begin{vmatrix} 1 & 1 & \cdots & 1 \\ b_1 & b_2 & \cdots & b_n \\ 0 & 0 & \cdots & 0 \\ \vdots & \vdots & & \vdots \\ 0 & 0 & \cdots & 0 \end{vmatrix}$ $n \geqslant 2$

$$= \begin{cases} a_1 + b_1, & n = 1, \\ (a_1 - a_2)(b_2 - b_1), & n = 2, \\ 0, & n \geqslant 3. \end{cases}$$

注：由例 1.14 可见，对于 n 阶行列式，其值可能随阶数 n 的改变而变化，应注意讨论.

例 1.15　证明 n 阶行列式

$$D_n = \begin{vmatrix} 2 & 1 & 0 & \cdots & 0 & 0 \\ 1 & 2 & 1 & \cdots & 0 & 0 \\ 0 & 1 & 2 & \cdots & 0 & 0 \\ \vdots & \vdots & \vdots & & \vdots & \vdots \\ 0 & 0 & 0 & \cdots & 1 & 2 \end{vmatrix} = n + 1.$$

证　（采用递推法）

$$D_n = \begin{vmatrix} 2 & 1 & 0 & \cdots & 0 & 0 \\ 1 & 2 & 1 & \cdots & 0 & 0 \\ 0 & 1 & 2 & \cdots & 0 & 0 \\ \vdots & \vdots & \vdots & & \vdots & \vdots \\ 0 & 0 & 0 & \cdots & 1 & 2 \end{vmatrix}$$

$$\xrightarrow{\text{按第 1 列展开}} 2D_{n-1} - \begin{vmatrix} 1 & 0 & 0 & \cdots & 0 & 0 \\ 1 & 2 & 1 & \cdots & 0 & 0 \\ 0 & 1 & 2 & \cdots & 0 & 0 \\ \vdots & \vdots & \vdots & & \vdots & \vdots \\ 0 & 0 & 0 & \cdots & 1 & 2 \end{vmatrix}$$

$$\xrightarrow{\text{按第 1 行展开}} 2D_{n-1} - \begin{vmatrix} 2 & 1 & 0 & \cdots & 0 & 0 \\ 1 & 2 & 1 & \cdots & 0 & 0 \\ 0 & 1 & 2 & \cdots & 0 & 0 \\ \vdots & \vdots & \vdots & & \vdots & \vdots \\ 0 & 0 & 0 & \cdots & 1 & 2 \end{vmatrix} = 2D_{n-1} - D_{n-2}.$$

于是 $D_n = 2D_{n-1} - D_{n-2}$ 即 $D_n - D_{n-1} = D_{n-1} - D_{n-2}$，从而 D_n 是等差数列，易知 $D_1 = 2, D_2 = 3$，公差为 1. 由等差数列通项公式得 $D_n = n + 1$.

例 1.16　证明 n 阶三对角行列式

$$D_n = \begin{vmatrix} a+b & ab & 0 & \cdots & 0 & 0 \\ 1 & a+b & ab & \cdots & 0 & 0 \\ 0 & 1 & a+b & \cdots & 0 & 0 \\ \vdots & \vdots & \vdots & & \vdots & \vdots \\ 0 & 0 & 0 & \cdots & 1 & a+b \end{vmatrix} = \frac{a^{n+1} - b^{n+1}}{a - b} \quad (a \neq b).$$

证　（采用数学归纳法）

当 $n = 1$ 时，$D_1 = a + b$ 结论成立.

假设结论对小于 n 的自然数成立,现证　$D_n = \dfrac{a^{n+1} - b^{n+1}}{a - b}$. 因为

$$D_n = \begin{vmatrix} a+b & ab & 0 & \cdots & 0 & 0 \\ 1 & a+b & ab & \cdots & 0 & 0 \\ 0 & 1 & a+b & \cdots & 0 & 0 \\ \vdots & \vdots & \vdots & & \vdots & \vdots \\ 0 & 0 & 0 & \cdots & 1 & a+b \end{vmatrix}$$

$$\xlongequal{\text{按第1行展开}} (a+b)D_{n-1} - ab \begin{vmatrix} 1 & ab & \cdots & 0 & 0 \\ 0 & a+b & \cdots & 0 & 0 \\ \vdots & \vdots & & \vdots & \vdots \\ 0 & 0 & \cdots & 1 & a+b \end{vmatrix}$$

$$\xlongequal{\text{按第1列展开}} (a+b)D_{n-1} - ab \begin{vmatrix} a+b & ab & \cdots & 0 & 0 \\ 1 & a+b & \cdots & 0 & 0 \\ \vdots & \vdots & & \vdots & \vdots \\ 0 & 0 & \cdots & 1 & a+b \end{vmatrix}$$

$$= (a+b)D_{n-1} - abD_{n-2}.$$

由归纳假设　$D_{n-1} = \dfrac{a^n - b^n}{a - b}, \quad D_{n-2} = \dfrac{a^{n-1} - b^{n-1}}{a - b}.$

代入 D_n 得　$D_n = (a+b)\dfrac{a^n - b^n}{a - b} - ab\dfrac{a^{n-1} - b^{n-1}}{a - b} = \dfrac{a^{n+1} - b^{n+1}}{a - b}.$

例 1.17　证明

$$D_n = \begin{vmatrix} 1+a_1 & 1 & \cdots & 1 & 1 \\ 1 & 1+a_2 & \cdots & 1 & 1 \\ \vdots & & \vdots & & \vdots \\ 1 & 1 & \cdots & 1+a_{n-1} & 1 \\ 1 & 1 & \cdots & 1 & 1+a_n \end{vmatrix} = a_1 a_2 \cdots a_n \left(1 + \sum_{i=1}^{n} \frac{1}{a_i}\right),$$

其中 $a_i \neq 0, i = 1, 2, \cdots, n.$

证法一　(加边法)

$$D_n = \begin{vmatrix} 1+a_1 & 1 & \cdots & 1 & 1 \\ 1 & 1+a_2 & \cdots & 1 & 1 \\ \vdots & \vdots & & \vdots & \vdots \\ 1 & 1 & \cdots & 1+a_{n-1} & 1 \\ 1 & 1 & \cdots & 1 & 1+a_n \end{vmatrix}$$

$$\underline{\underline{\text{加边}}}\begin{vmatrix} 1 & 1 & 1 & \cdots & 1 & 1 \\ 0 & 1+a_1 & 1 & \cdots & 1 & 1 \\ 0 & 1 & 1+a_2 & \cdots & 1 & 1 \\ \vdots & \vdots & \vdots & & \vdots & \vdots \\ 0 & 1 & 1 & \cdots & 1+a_{n-1} & 1 \\ 0 & 1 & 1 & \cdots & 1 & 1+a_n \end{vmatrix}_{n+1}$$

$$\underline{\underset{i=2,3,\cdots,n+1}{\underline{\text{第一行乘}-1\text{分别加到第}i\text{行上}}}}\begin{vmatrix} 1 & 1 & 1 & \cdots & 1 & 1 \\ -1 & a_1 & 0 & \cdots & 0 & 0 \\ -1 & 0 & a_2 & \cdots & 0 & 0 \\ \vdots & \vdots & \vdots & & \vdots & \vdots \\ -1 & 0 & 0 & \cdots & a_{n-1} & 0 \\ -1 & 0 & 0 & \cdots & 0 & a_n \end{vmatrix}_{n+1}$$

$$\underline{\underset{j=2,\cdots,n}{\underline{\text{第}j\text{列乘}\dfrac{1}{a_{j-1}}\text{后加到第}1\text{列上}}}}\begin{vmatrix} 1+\sum\limits_{i=1}^{n}\dfrac{1}{a_i} & 1 & 1 & \cdots & 1 & 1 \\ 0 & a_1 & 0 & \cdots & 0 & 0 \\ 0 & 0 & a_2 & \cdots & 0 & 0 \\ \vdots & \vdots & \vdots & & \vdots & \vdots \\ 0 & 0 & 0 & \cdots & a_{n-1} & 0 \\ 0 & 0 & 0 & \cdots & 0 & a_n \end{vmatrix}_{n+1}$$

$$=\left(1+\sum_{i=1}^{n}\frac{1}{a_i}\right)\prod_{i=1}^{n}a_i.$$

证法二　（将 D_n 化成箭形行列式）

$$D_n=\begin{vmatrix} 1+a_1 & 1 & 1 & \cdots & 1 & 1 \\ 1 & 1+a_2 & 1 & \cdots & 1 & 1 \\ 1 & 1 & 1+a_3 & \cdots & 1 & 1 \\ \vdots & \vdots & \vdots & & \vdots & \vdots \\ 1 & 1 & 1 & \cdots & 1+a_{n-1} & 1 \\ 1 & 1 & 1 & \cdots & 1 & 1+a_n \end{vmatrix}$$

$$\xrightarrow[\substack{i=2,3,\cdots,n}]{\text{第1行乘}-1\text{分别加到第}i\text{行上}}\begin{vmatrix} 1+a_1 & 1 & 1 & \cdots & 1 & 1 \\ -a_1 & a_2 & 0 & \cdots & 0 & 0 \\ -a_1 & 0 & a_3 & \cdots & 0 & 0 \\ \vdots & \vdots & \vdots & & \vdots & \vdots \\ -a_1 & 0 & 0 & \cdots & a_{n-1} & 0 \\ -a_1 & 0 & 0 & \cdots & 0 & a_n \end{vmatrix}\quad(\text{箭形行列式})$$

$$= a_1 a_2 \cdots a_n \begin{vmatrix} 1+\dfrac{1}{a_1} & \dfrac{1}{a_2} & \dfrac{1}{a_3} & \cdots & \dfrac{1}{a_{n-1}} & \dfrac{1}{a_n} \\ -1 & 1 & 0 & \cdots & 0 & 0 \\ -1 & 0 & 1 & \cdots & 0 & 0 \\ \vdots & \vdots & \vdots & & \vdots & \vdots \\ -1 & 0 & 0 & \cdots & 1 & 0 \\ -1 & 0 & 0 & \cdots & 0 & 1 \end{vmatrix}$$

$$= a_1 a_2 \cdots a_n \begin{vmatrix} 1+\displaystyle\sum_{i=1}^{n}\dfrac{1}{a_i} & \dfrac{1}{a_2} & \dfrac{1}{a_3} & \cdots & \dfrac{1}{a_{n-1}} & \dfrac{1}{a_n} \\ 0 & 1 & 0 & \cdots & 0 & 0 \\ 0 & 0 & 1 & \cdots & 0 & 0 \\ \vdots & \vdots & \vdots & & \vdots & \vdots \\ 0 & 0 & 0 & \cdots & 1 & 0 \\ 0 & 0 & 0 & \cdots & 0 & 1 \end{vmatrix}$$

$$= a_1 a_2 \cdots a_n \left(1+\sum_{i=1}^{n}\frac{1}{a_i}\right).$$

证法三 （数学归纳法）

当 $n=1$ 时，$D_1 = 1+a_1 = a_1\left(1+\dfrac{1}{a_1}\right)$ 结论成立.

假设 $n=k$ 时结论成立，即 $D_k = a_1 a_2 \cdots a_k\left(1+\displaystyle\sum_{i=1}^{k}\dfrac{1}{a_i}\right)$.

当 $n=k+1$ 时，将 D_{k+1} 按最后一列拆开，有

$$D_{k+1} = \begin{vmatrix} 1+a_1 & 1 & \cdots & 1 & 1 \\ 1 & 1+a_2 & \cdots & 1 & 1 \\ \vdots & \vdots & & \vdots & \vdots \\ 1 & 1 & \cdots & 1+a_k & 1 \\ 1 & 1 & \cdots & 1 & 1 \end{vmatrix} + \begin{vmatrix} 1+a_1 & 1 & \cdots & 1 & 0 \\ 1 & 1+a_2 & \cdots & 1 & 0 \\ \vdots & \vdots & & \vdots & \vdots \\ 1 & 1 & \cdots & 1+a_k & 0 \\ 1 & 1 & \cdots & 1 & a_{k+1} \end{vmatrix}$$

$$= \begin{vmatrix} a_1 & 0 & \cdots & 0 & 0 \\ 0 & a_2 & \cdots & 0 & 0 \\ \vdots & \vdots & & \vdots & \vdots \\ 0 & 0 & \cdots & a_k & 0 \\ 1 & 1 & \cdots & 1 & 1 \end{vmatrix} + a_{k+1}D_k$$

$$= a_1 a_2 \cdots a_k + a_{k+1}D_k$$

$$= a_1 a_2 \cdots a_k + a_{k+1}a_1 a_2 \cdots a_k \left(1 + \sum_{i=1}^{k} \frac{1}{a_i}\right)$$

$$= a_1 a_2 \cdots a_{k+1} \left(1 + \sum_{i=1}^{k+1} \frac{1}{a_i}\right).$$

所以 $n = k+1$ 时结论亦成立,原命题得证.

证法四 (参阅第二章)

$$D_n = \left| \begin{bmatrix} a_1 & & & \\ & a_2 & & \\ & & \ddots & \\ & & & a_n \end{bmatrix} + \begin{bmatrix} 1 & 1 & \cdots & 1 \\ 1 & 1 & \cdots & 1 \\ \vdots & \vdots & & \vdots \\ 1 & 1 & \cdots & 1 \end{bmatrix} \right|,$$

记 $A = \text{diag}\{a_1, a_2, \cdots, a_n\} = \begin{bmatrix} a_1 & & & \\ & a_2 & & \\ & & \ddots & \\ & & & a_n \end{bmatrix}$, $\alpha = (1, 1, \cdots, 1)^T$, 则有

$$D_n = |A + \alpha \alpha^T| = |A| \, |E_n + A^{-1} \alpha \alpha^T|$$

$$= |A| \, |E_1 + \alpha^T A^{-1} \alpha|$$

$$= \left(\prod_{i=1}^{n} a_i\right) \left(1 + \sum_{i=1}^{n} \frac{1}{a_i}\right).$$

例 1.18 设 a, b, c, d 是不全为零的实数,证明:线性方程组

$$\begin{cases} ax_1 + bx_2 + cx_3 + dx_4 = 0 \\ bx_1 - ax_2 + dx_3 - cx_4 = 0 \\ cx_1 - dx_2 - ax_3 + bx_4 = 0 \\ dx_1 + cx_2 - bx_3 - ax_4 = 0 \end{cases}$$

仅有零解.

证 因为 $D = \begin{vmatrix} a & b & c & d \\ b & -a & d & -c \\ c & -d & -a & b \\ d & c & -b & -a \end{vmatrix}$,

所以 $DD^T = D^2$

$$= \begin{vmatrix} a^2+b^2+c^2+d^2 & 0 & 0 & 0 \\ 0 & a^2+b^2+c^2+d^2 & 0 & 0 \\ 0 & 0 & a^2+b^2+c^2+d^2 & 0 \\ 0 & 0 & 0 & a^2+b^2+c^2+d^2 \end{vmatrix}$$

$$= (a^2+b^2+c^2+d^2)^4.$$

由于 $D^2 \neq 0$，故 $D \neq 0$，根据克莱姆法则可知，所得方程只有零解.

例 1.19　设 $f(x) = a_0 + a_1 x + a_2 x^2 + \cdots + a_n x^n$，用克莱姆法则证明：若 $f(x)$ 有 $n+1$ 个不同的根，则 $f(x) = 0$.

证　令 $c_0, c_1, \cdots, c_n$ 是 $f(x)$ 的 $n+1$ 个不同的根，即

$$c_i \neq c_j, i \neq j; i, j = 0, 1, 2, \cdots, n.$$

因为 $f(c_i) = 0, i = 0, 1, 2, \cdots, n.$ 所以

$$\begin{cases} a_0 + a_1 c_0 + a_2 c_0^2 + \cdots + a_n c_0^n = 0 \\ a_0 + a_1 c_1 + a_2 c_1^2 + \cdots + a_n c_1^n = 0 \\ \cdots\cdots \\ a_0 + a_1 c_n + a_2 c_n^2 + \cdots + a_n c_n^n = 0 \end{cases} \tag{1.3}$$

(1.3) 式是关于 $a_0, a_1, \cdots, a_n$ 的齐次线性方程组，其系数行列式为

$$D_{n+1} = \begin{vmatrix} 1 & c_0 & c_0^2 & \cdots & c_0^n \\ 1 & c_1 & c_1^2 & \cdots & c_1^n \\ \vdots & \vdots & \vdots & & \vdots \\ 1 & c_n & c_n^2 & \cdots & c_n^n \end{vmatrix} = \prod_{1 \leqslant i < j \leqslant n} (c_j - c_i) \neq 0.$$

于是方程组 (1.3) 只有唯一零解，即 $a_0 = a_1 = \cdots = a_n = 0$，故 $f(x) = 0$.

例 1.20　设 $f(x)$ 在 $[a, b]$ 上二阶可微，证明：存在 $\xi \in (a, b)$ 使得当 $a < x < b$ 时，有

$$\frac{f(x) - f(a)}{x - a} - \frac{f(b) - f(a)}{b - a} = \frac{x - b}{2} f''(\xi).$$

证明　令

$$g(t) = \begin{vmatrix} f(t) & t^2 & t & 1 \\ f(x) & x^2 & x & 1 \\ f(a) & a^2 & a & 1 \\ f(b) & b^2 & b & 1 \end{vmatrix},$$

则 $g(a) = g(x) = g(b) = 0$,由罗尔定理知,存在 η_1, η_2 使得

$$g'(\eta_1) = 0, \qquad \alpha < \eta_1 < x,$$

$$g'(\eta_2) = 0, \qquad x < \eta_2 < b,$$

显然,$g'(t)$ 在 $[\eta_1, \eta_2]$ 上满足罗尔定理,于是 $\exists \xi \in (\eta_1, \eta_2) \subset (a,b)$,使得 $g''(\xi) = 0$,即

$$\begin{vmatrix} f''(\xi) & 2 & 0 & 0 \\ f(x) & x^2 & x & 1 \\ f(a) & a^2 & a & 1 \\ f(b) & b^2 & b & 1 \end{vmatrix} = 0.$$

因

$$\begin{vmatrix} f''(\xi) & 2 & 0 & 0 \\ f(x) & x^2 & x & 1 \\ f(a) & a^2 & a & 1 \\ f(b) & b^2 & b & 1 \end{vmatrix} = \begin{vmatrix} f''(\xi) & 2 & 0 & 0 \\ f(x) - f(a) & x^2 - a^2 & x - a & 0 \\ f(a) - f(b) & a^2 - b^2 & a - b & 0 \\ f(b) & b^2 & b & 1 \end{vmatrix}$$

$$= \begin{vmatrix} f''(\xi) & 2 & 0 \\ f(x) - f(a) & x^2 - a^2 & x - a \\ f(a) - f(b) & a^2 - b^2 & a - b \end{vmatrix}$$

$$= (x-a)(a-b) \begin{vmatrix} f''(\xi) & 2 & 0 \\ \dfrac{f(x) - f(a)}{x - a} & x + a & 1 \\ \dfrac{f(a) - f(b)}{a - b} & a + b & 1 \end{vmatrix}$$

$$= (x-a)(a-b) \begin{vmatrix} f''(\xi) & 2 & 0 \\ \dfrac{f(x) - f(a)}{x - a} - \dfrac{f(a) - f(b)}{a - b} & x - b & 0 \\ \dfrac{f(a) - f(b)}{a - b} & a + b & 1 \end{vmatrix}$$

$$= (x-a)(a-b) \begin{vmatrix} f''(\xi) & 2 \\ \dfrac{f(x) - f(a)}{x - a} - \dfrac{f(a) - f(b)}{a - b} & x - b \end{vmatrix} = 0.$$

故 $\quad \dfrac{x - b}{2} f''(\xi) = \dfrac{f(x) - f(a)}{x - a} - \dfrac{f(a) - f(b)}{a - b}.$

习　题　一

(一) 填空题

1. n 级排列 $n(n-1)(n-2)\cdots 4321$ 的逆序数为 _____，当 n 为 _____ 时，这个排列为偶排列，当 n 为 _____ 时，这个排列为奇排列.

2. 排列 $135\cdots(2n-1)246\cdots(2n)$ 的逆序数为 _____，排列 $(2k)1(2k-1)2\cdots(k+1)k$ 的逆序数为 _____.

3. 若排列 $1274i56k9$ 是偶数列，则 $i=$ _____，$k=$ _____.

4. 四阶行列式 $|a_{ij}|$ 中的项 $a_{34}a_{12}a_{43}a_{21}$ 带的符号应为 _____，$a_{24}a_{12}a_{43}a_{31}$ 带的符号应为 _____，$a_{32}a_{14}a_{21}a_{43}$ 带的符号应为 _____.

5. 用定义计算 $\begin{vmatrix} 0 & 0 & 2 & 0 \\ 0 & 0 & 0 & 4 \\ 3 & 0 & 0 & 0 \\ 0 & 5 & 0 & 0 \end{vmatrix} =$ _____.

6. 用定义计算 $\begin{vmatrix} 0 & 0 & \cdots & 0 & n \\ 0 & 0 & \cdots & n-1 & 0 \\ \vdots & \vdots & & \vdots & \vdots \\ 0 & 2 & \cdots & 0 & 0 \\ 1 & 0 & \cdots & 0 & 0 \end{vmatrix} =$ _____.

7. 多项式 $f(x) = \begin{vmatrix} 2x & 2 & 1 & x \\ 3 & x & 2 & 1 \\ 2 & 1 & x & 0 \\ 3 & 2 & 1 & 5x \end{vmatrix}$ 中 x^3 的系数为 _____，

$g(x) = \begin{vmatrix} 0 & 1 & -1 & 3x \\ -1 & 1 & x & x \\ 1 & x & 5 & 2 \\ x & -2 & 1 & 1 \end{vmatrix}$ 中 x^4 的系数为 _____，x^3 的系数为 _____，$g^{(3)}(x)$ = _____.

8. 设 A_{ij} 为 n 阶行列式 A 的第 j 行，第 j 列元素 a_{ij} 的代数余子式，则 $a_{i1}A_{j1}+a_{i2}A_{j2}+\cdots+a_{in}A_{jn}=$ _____.

9. 每列元素之和为 0 的 n 阶行列式 D 之值等于 _____.

10. 如果 D_1 为 2 阶行列式，其值为 2，D_2 为 3 阶行列式，其值为 $\dfrac{1}{3}$，则行列式 $\begin{vmatrix} 0 & D_1 \\ D_2 & 0 \end{vmatrix} =$ _____.

11. 计算行列式 $\begin{vmatrix} a+1 & a+2 & a+3 \\ b+1 & b+2 & b+3 \\ c+1 & c+2 & c+3 \end{vmatrix} = $ _____.

12. 已知 $D = \begin{vmatrix} 3 & -1 & 0 \\ 1 & 2 & -2 \\ -2 & 0 & 1 \end{vmatrix}$，用 A_{ij} 表示 D 的元素 a_{ij} 的代数余子式 $(i,j = 1,2,3)$，

则行列式 $\begin{vmatrix} A_{11} & A_{12} & A_{13} \\ A_{21} & A_{22} & A_{23} \\ A_{31} & A_{32} & A_{33} \end{vmatrix} = $ _____.

13. 如果线性方程组 $\begin{cases} ax_1 + x_2 + x_3 = 0 \\ x_1 + ax_2 + x_3 = 0 \\ x_1 + x_2 + ax_3 = 0 \end{cases}$ 有非零解，那么 $a = $ _____.

14. 计算行列式 $\begin{vmatrix} 1 & 1 & 1 & 1 \\ 2 & 3 & 4 & 5 \\ 4 & 9 & 16 & 25 \\ 8 & 27 & 64 & 125 \end{vmatrix} = $ _____.

15. $\begin{vmatrix} 1 & 1 & 1 & 0 \\ 1 & 1 & 0 & 1 \\ 1 & 0 & 1 & 1 \\ 0 & 1 & 1 & 1 \end{vmatrix} = $ _____.

16. 行列式 $\begin{vmatrix} 1 & -1 & 1 & x-1 \\ 1 & -1 & x+1 & -1 \\ 1 & x-1 & 1 & -1 \\ x+1 & -1 & 1 & -1 \end{vmatrix} = $ _____.

17. n 阶行列式 $\begin{vmatrix} a & b & 0 & \cdots & 0 & 0 \\ 0 & a & b & \cdots & 0 & 0 \\ 0 & 0 & a & \cdots & 0 & 0 \\ \vdots & \vdots & \vdots & & \vdots & \vdots \\ 0 & 0 & 0 & \cdots & a & b \\ b & 0 & 0 & \cdots & 0 & a \end{vmatrix}$，$= $ _____.

18. 设 n 阶矩阵 $A = \begin{bmatrix} 0 & 1 & 1 & \cdots & 1 & 1 \\ 1 & 0 & 1 & \cdots & 1 & 1 \\ 1 & 1 & 0 & \cdots & 1 & 1 \\ \vdots & \vdots & \vdots & & \vdots & \vdots \\ 1 & 1 & 1 & \cdots & 0 & 1 \\ 1 & 1 & 1 & \cdots & 1 & 0 \end{bmatrix}$，则 $|A| = $ _____.

19. 方程 $\begin{vmatrix} 2 & 3 & 1 & 2 \\ 2 & 7-x^2 & 1 & 2 \\ 5 & 3 & 8 & 6 \\ 5 & 3 & 8 & 15-x^2 \end{vmatrix} = 0$ 的全部根为_____.

20. 方程 $\begin{vmatrix} 1+x & 2 & 3 & 4 \\ 1 & 2+x & 3 & 4 \\ 1 & 2 & 3+x & 4 \\ 1 & 2 & 3 & 4+x \end{vmatrix} = 0$ 的全部根共有_____个(重根按重数计

算),这些根为_____.

21. 设 A 为 m 阶方阵,B 为 n 阶方阵,且 $|A| = a$,$|B| = b$,$C = \begin{bmatrix} 0 & A \\ B & 0 \end{bmatrix}$,则 $|C|$
=_____.

22. 设行列式 $D = \begin{vmatrix} 3 & 0 & 4 & 0 \\ 2 & 2 & 2 & 2 \\ 0 & -7 & 0 & 0 \\ 5 & 3 & -2 & 2 \end{vmatrix}$,则第4行各元素余子式之和的值为_____.

23. $|a_{ij}|_4 = \begin{vmatrix} 1 & 2 & -2 & 4 \\ 2 & 2 & 2 & 2 \\ 1 & 4 & -3 & 5 \\ -1 & 4 & 2 & 7 \end{vmatrix}$,$a_{ij}$ 的代数余子式为 A_{ij}.

(1) 写出 $aA_{41} + bA_{42} + cA_{43} + dA_{44}$ 的表达式_____;

(2) $A_{41} + A_{42} + A_{43} + A_{44} = $_____;

(3) $A_{41} + 2A_{42} + 3A_{43} + 4A_{44} = $_____.

(二) 选择题

1. 若 $-a_{32}a_{r1}a_{25}a_{s4}a_{53}$ 是5阶行列式的一项,则 r 与 s 的值是( ).

   (A) $r=1,s=1$;　　(B) $r=1,s=4$;　　(C) $r=4,s=1$;　　(D) $r=4,s=4$.

2. 4阶行列式 $\begin{vmatrix} a_1 & 0 & 0 & b_1 \\ 0 & a_2 & b_2 & 0 \\ 0 & b_3 & a_3 & 0 \\ b_4 & 0 & 0 & a_4 \end{vmatrix}$ 的值等于( ).

   (A) $a_1a_2a_3a_4 - b_1b_2b_3b_4$;　　　　　(B) $a_1a_2a_3a_4 + b_1b_2b_3b_4$;

   (C) $(a_1a_2 - b_1b_2)(a_3a_4 - b_3b_4)$;　　(D) $(a_2a_3 - b_2b_3)(a_1a_4 - b_1b_4)$.

3. 记行列式 $\begin{vmatrix} x-2 & x-1 & x-2 & x-3 \\ 2x-2 & 2x-1 & 2x-2 & 2x-3 \\ 3x-2 & 3x-2 & 4x-5 & 3x-5 \\ 4x & 4x-3 & 5x-7 & 4x-3 \end{vmatrix}$ 为 $f(x)$,则方程 $f(x) = 0$ 的根的个数

为( ).

   (A) 1;　　　　　(B) 2;　　　　　(C) 3;　　　　　(D) 4.

4.设多项式 $f(x) = \begin{vmatrix} a_{11}+x & a_{12}+x & a_{13}+x & a_{14}+x \\ a_{21}+x & a_{22}+x & a_{23}+x & a_{24}+x \\ a_{31}+x & a_{32}+x & a_{33}+x & a_{34}+x \\ a_{41}+x & a_{42}+x & a_{43}+x & a_{44}+x \end{vmatrix}$,则 $f(x)$ 的次数为(　　).

(A) $\leqslant 1$;　　　　(B) 2;　　　　(C) 3;　　　　(D) 4.

(三) 计算题

1.计算 n 阶行列式 $D_n = \begin{vmatrix} 1^2 & 2^2 & 3^2 & \cdots & n^2 \\ 2^2 & 3^2 & 4^2 & \cdots & (n+1)^2 \\ 3^2 & 4^2 & 5^2 & \cdots & (n+2)^2 \\ \vdots & \vdots & \vdots & & \vdots \\ n^2 & (n+1)^2 & (n+2)^2 & \cdots & (2n-1)^2 \end{vmatrix}$.

2.计算行列式 $D_n = \begin{vmatrix} a & & 1 \\ & \ddots & \\ 1 & & a \end{vmatrix}$ 其中对角线上元素都 a ,未写出的元素都为零.

3.计算 n 阶行列式 $\begin{vmatrix} a & 1 & 1 & \cdots & 1 \\ 1 & a & 1 & \cdots & 1 \\ \vdots & \vdots & \vdots & & \vdots \\ 1 & 1 & 1 & \cdots & a \end{vmatrix}$.

4.计算 n 阶行列式 $\begin{vmatrix} 1 & 2 & 3 & \cdots & n-1 & n \\ 1 & -1 & 0 & \cdots & 0 & 0 \\ 0 & 2 & -2 & \cdots & 0 & 0 \\ \vdots & \vdots & & & \vdots & \vdots \\ 0 & 0 & 0 & \cdots & n-1 & -(n-1) \end{vmatrix}$.

5.计算行列式 $\begin{vmatrix} 1+x & 1 & 1 & 1 \\ 1 & 1-x & 1 & 1 \\ 1 & 1 & 1+y & 1 \\ 1 & 1 & 1 & 1-y \end{vmatrix}$.

6.计算 n 阶行列式 $D = \begin{vmatrix} 1+a_1 & a_2 & \cdots & a_n \\ a_1 & 1+a_2 & \cdots & a_n \\ \vdots & \vdots & & \vdots \\ a_1 & a_2 & \cdots & 1+a_n \end{vmatrix}$.

7.解线性方程组 $\begin{cases} 2x_1 + x_2 - 5x_3 + x_4 = 8, \\ x_1 - 3x_2 - 6x_4 = 9, \\ 2x_2 - x_3 + 2x_4 = -5, \\ x_1 + 4x_2 - 7x_3 + 6x_4 = 0. \end{cases}$

8.解关于 x 的方程 $\begin{vmatrix} 1 & 1 & 1 & \cdots & 1 \\ 1 & 1-x & 1 & \cdots & 1 \\ 1 & 1 & 2-x & \cdots & 1 \\ \vdots & \vdots & \vdots & & \vdots \\ 1 & 1 & 1 & \cdots & (n-1)-x \end{vmatrix} = 0.$

9.设 $D_n = \begin{vmatrix} 1 & 2 & 3 & \cdots & n \\ 1 & 2 & 0 & \cdots & 0 \\ 1 & 0 & 3 & \cdots & 0 \\ \vdots & \vdots & \vdots & & \vdots \\ 1 & 0 & 0 & \cdots & n \end{vmatrix}.$

(1) 求 $A_{11} + A_{12} + \cdots + A_{1n}$,其中 A_{1j} 是 D_n 第 1 行第 j 列元素的代数余子式;

(2) 求 $A_{k1} + 2A_{k2} + 3A_{k3} + \cdots nA_{kn}$.

10.设 n 阶矩阵 $A = \begin{bmatrix} 1 & 0 & 0 & \cdots & 0 \\ 1 & 1 & 0 & \cdots & 0 \\ 1 & 1 & 1 & \cdots & 0 \\ \vdots & \vdots & \vdots & & \vdots \\ 1 & 1 & 1 & \cdots & 1 \end{bmatrix}$,记 $|A| = |a_{ij}|_n$ 中元素 a_{ij} 的代数余子式

为 A_{ij} 求:(1) $\sum_{i=1}^{n} \sum_{j=1}^{n} A_{ij}$;　(2) $\sum_{i=1}^{n} A_{ii}$;　(3) $A_{k1} + A_{k2} + \cdots + A_{kn} (k = 1, 2, \cdots, n)$.

11.求多项式 $f(x)$ 的全部根,其中 $f(x) = \begin{vmatrix} x & a_1 & a_2 & \cdots & a_{n-1} & 1 \\ a_1 & x & a_2 & \cdots & a_{n-1} & 1 \\ a_1 & a_2 & x & \cdots & a_{n-1} & 1 \\ \vdots & \vdots & \vdots & & \vdots & \vdots \\ a_1 & a_2 & a_3 & \cdots & x & 1 \\ a_1 & a_2 & a_3 & \cdots & a_n & 1 \end{vmatrix}_{n+1}.$

12.计算行列式 $\begin{vmatrix} x_1+1 & x_1+2 & \cdots & x_1+n \\ x_2+1 & x_2+2 & \cdots & x_2+n \\ \vdots & \vdots & & \vdots \\ x_n+1 & x_n+2 & \cdots & x_n+n \end{vmatrix}.$

(四) 证明题

1.设有两个行列式:

$|A| = \begin{vmatrix} a_{11} & a_{12} & \cdots & a_{1n} \\ a_{21} & a_{22} & \cdots & a_{2n} \\ \vdots & \vdots & & \vdots \\ a_{n1} & a_{n2} & \cdots & a_{nn} \end{vmatrix}$, $|B| = \begin{vmatrix} a_{11} & a_{12}b^{-1} & \cdots & a_{1n}b^{1-n} \\ a_{21}b & a_{22} & \cdots & a_{2n}b^{2-n} \\ \vdots & \vdots & & \vdots \\ a_{n1}b^{n-1} & a_{n2}b^{n-2} & \cdots & a_{nn} \end{vmatrix}$ $(b \neq 0),$

证明 $|A| = |B|.$

2.设 $n > 1$，$D = \begin{vmatrix} a_{11} & a_{12} & \cdots & a_{1n} \\ a_{21} & a_{22} & \cdots & a_{2n} \\ \vdots & \vdots & & \vdots \\ a_{n1} & a_{n2} & \cdots & a_{nn} \end{vmatrix}$，$\triangle = \begin{vmatrix} a_{11} & a_{12} & \cdots & A_{1n} \\ a_{21} & a_{22} & \cdots & A_{2n} \\ \vdots & \vdots & & \vdots \\ a_{n1} & a_{n2} & \cdots & A_{nn} \end{vmatrix}$，其中 A_{ij} 是 D 中元素

a_{ij} 的代数余子式，证明：$\triangle = D^{n-1}$.

3.设 a, b, c 是三角形的三条边，证明：$\begin{vmatrix} 0 & a & b & c \\ a & 0 & c & b \\ b & c & 0 & a \\ c & b & a & 0 \end{vmatrix} < 0$.

第二章　矩　阵

复习与考试要求

1. 理解矩阵的概念，了解几种特殊矩阵的定义和性质.

2. 掌握矩阵的线性运算和乘法，以及它们的运算规律；掌握矩阵转置的性质；掌握方阵的幂、方阵乘积的行列式.

3. 理解逆矩阵的概念，掌握逆矩阵的性质以及矩阵可逆的充分必要条件，理解伴随矩阵的概念，会用伴随矩阵求矩阵的逆.

4. 掌握矩阵的初等变换，了解初等矩阵的性质和矩阵等价的概念，了解矩阵的秩的概念，会用初等变换求矩阵的逆和秩.

5. 了解分块矩阵的概念及其运算.

一、基本概念与理论

(一) 矩阵的概念与运算性质

1. 矩阵的概念

定义 2.1　由 $m \times n$ 个数 $a_{ij}(i = 1, 2, \cdots, m; j = 1, 2, \cdots, n)$ 排成 m 行 n 列矩形数表

$$\begin{bmatrix} a_{11} & a_{12} & \cdots & a_{1n} \\ a_{21} & a_{22} & \cdots & a_{2n} \\ \vdots & \vdots & & \vdots \\ a_{m1} & a_{m2} & \cdots & a_{mn} \end{bmatrix}.$$

称为 $m \times n$ 阶矩阵，记为 $(a_{ij})_{m \times n}$ 或 $A_{m \times n}$.

若 $m = n$，则称 $A_{m \times n}$ 为 n 阶方阵，记为 $A_{n \times n}$ 或 A_n.

2.矩阵的运算

矩阵的加减:设 $A = (a_{ij})_{m \times n}, B = (b_{ij})_{m \times n}$,则 $A \pm B = (a_{ij} \pm b_{ij})_{m \times n}$.

数乘矩阵:设 k 为常数,$A = (a_{ij})_{m \times n}$,则 $kA = (ka_{ij})_{m \times n}$.

矩阵的乘法:设 $A = (a_{ij})_{m \times s}, B = (b_{ij})_{s \times n}$,则 $AB = (c_{ij})_{m \times n}$,其中 $c_{ij} = a_{i1}b_{1j} + a_{i2}b_{2j} + \cdots + a_{is}b_{sj}, i = 1,2,\cdots,m; j = 1,2,\cdots,n$.

3.矩阵的性质

$$A + B = B + A; \qquad (A + B) + C = A + (B + C);$$
$$\lambda(\mu A) = \mu(\lambda A); \qquad (\lambda + \mu)A = \lambda A + \mu A;$$
$$\lambda(A + B) = \lambda A + \lambda B; \qquad (AB)C = A(BC);$$
$$A(B + C) = AB + AC; \qquad (B + C)A = BA + CA;$$
$$\lambda(AB) = (\lambda A)B = A(\lambda B).$$

4.几种特殊矩阵

单位矩阵:
$$E_n(\text{或} I_n) = \begin{bmatrix} 1 & 0 & 0 & \cdots & 0 \\ 0 & 1 & 0 & \cdots & 0 \\ 0 & 0 & 1 & \cdots & 0 \\ \vdots & \vdots & \vdots & & \vdots \\ 0 & 0 & 0 & \cdots & 1 \end{bmatrix}_{n \times n}.$$

数量阵:
$$\begin{bmatrix} k & 0 & 0 & \cdots & 0 \\ 0 & k & 0 & \cdots & 0 \\ 0 & 0 & k & \cdots & 0 \\ \vdots & \vdots & \vdots & & \vdots \\ 0 & 0 & 0 & \cdots & k \end{bmatrix}_{n \times n}.$$

对角阵:
$$\Lambda = \text{diag}(\lambda_1, \lambda_2, \cdots, \lambda_n) = \begin{bmatrix} \lambda_1 & 0 & 0 & \cdots & 0 \\ 0 & \lambda_2 & 0 & \cdots & 0 \\ 0 & 0 & \lambda_3 & \cdots & 0 \\ \vdots & \vdots & \vdots & & \vdots \\ 0 & 0 & 0 & \cdots & \lambda_n \end{bmatrix}_{n \times n}.$$

三角阵:
$$\begin{bmatrix} a_{11} & a_{12} & a_{13} & \cdots & a_{1n} \\ 0 & a_{22} & a_{23} & \cdots & a_{2n} \\ 0 & 0 & a_{33} & \cdots & a_{3n} \\ \vdots & \vdots & \vdots & & \vdots \\ 0 & 0 & 0 & \cdots & a_{nn} \end{bmatrix}, \qquad \begin{bmatrix} a_{11} & 0 & 0 & \cdots & 0 \\ a_{21} & a_{22} & 0 & \cdots & 0 \\ a_{31} & a_{32} & a_{33} & \cdots & 0 \\ \vdots & \vdots & \vdots & & \vdots \\ a_{n1} & a_{n2} & a_{n3} & \cdots & a_{nn} \end{bmatrix}.$$

$$\text{上三角阵} \qquad\qquad\qquad\qquad \text{下三角阵}$$

梯形阵：
$$
\begin{bmatrix}
a_{11} & a_{12} & \cdots & a_{1r} & \cdots & a_{1n} \\
0 & a_{22} & \cdots & a_{2r} & \cdots & a_{2n} \\
\vdots & \vdots & & \vdots & & \vdots \\
0 & 0 & \cdots & a_{rr} & \cdots & a_{rn} \\
\vdots & \vdots & & \vdots & & \vdots \\
0 & 0 & \cdots & 0 & \cdots & 0
\end{bmatrix}.
$$

(二) 转置矩阵与对称矩阵

定义 2.2　将矩阵 A 的行与列互换所得到的矩阵,称为矩阵 A 的转置矩阵,记为 A' 或 A^T.

1. 转置矩阵的性质

$$(A^T)^T = A, \qquad\qquad (A+B)^T = A^T + B^T,$$
$$(kA)^T = kA^T\,(k\ \text{为常数}), \qquad (AB)^T = B^T A^T.$$

2. 对称矩阵与反对称矩阵

若 $A^T = A$,则称 A 为对称矩阵.

若 $A^T = -A$,则称 A 为反对称矩阵.

(三) 逆矩阵

1. 逆矩阵的概念

定义 2.3　设 A 为一个 n 阶方阵,若存在一个 n 阶方阵 B,使

$$AB = BA = E$$

成立,则称 A 为可逆矩阵,且 B 为矩阵 A 的逆矩阵,记为 $B = A^{-1}$.

定理 2.1　n 阶方阵 A 可逆的充要条件是 $|A| \neq 0$,且

$$
A^{-1} = \frac{1}{|A|} A^* = \frac{1}{|A|}
\begin{bmatrix}
A_{11} & A_{21} & \cdots & A_{n1} \\
A_{12} & A_{22} & \cdots & A_{n2} \\
\vdots & \vdots & & \vdots \\
A_{1n} & A_{2n} & \cdots & A_{nn}
\end{bmatrix},
$$

其中 A^* 为 A 的伴随矩阵,A_{ij} 为元素 a_{ij} 的代数余子式.

若 $|A| \neq 0$,则称 A 为满秩矩阵(非退化阵).

若 $|A| = 0$,则称 A 为非满秩矩阵(退化阵).

2. 逆矩阵和伴随矩阵的性质

$$(A^{-1})^{-1} = A; \qquad\qquad (A^*)^{-1} = (A^{-1})^* = \frac{1}{|A|}A;$$

$$(\lambda A)^{-1} = \frac{1}{\lambda} A^{-1}\,(\lambda \neq 0); \qquad (A^*)^T = (A^T)^*;$$

$$(AB)^{-1} = B^{-1} A^{-1}; \qquad\qquad (AB)^* = B^* A^*;$$

$$(A^T)^{-1} = (A^{-1})^T; \qquad\qquad (A^*)^* = |A|^{n-2} A\,(n \geqslant 3);$$

$$| A^{-1} | = | A |^{-1} = \frac{1}{| A |}; \qquad AA^* = A^*A = | A | E.$$

(四) 分块矩阵

定义 2.4 将矩阵 A 用若干条纵线和横线分成许多子矩阵,每一个子矩阵称为 A 的子块,以子块为元素的矩阵称为分块矩阵.

1. 分块矩阵性质

(1) 设 A,B 是分块对角矩阵且符合相乘条件,则

$$
\begin{bmatrix} A_1 & & & \\ & A_2 & & \\ & & \ddots & \\ & & & A_s \end{bmatrix}
\begin{bmatrix} B_1 & & & \\ & B_2 & & \\ & & \ddots & \\ & & & B_s \end{bmatrix}
=
\begin{bmatrix} A_1B_1 & & & \\ & A_2B_2 & & \\ & & \ddots & \\ & & & A_sB_s \end{bmatrix}.
$$

(2) 乘方 $\begin{bmatrix} A_1 & & & \\ & A_2 & & \\ & & \ddots & \\ & & & A_s \end{bmatrix}^k = \begin{bmatrix} A_1^k & & & \\ & A_2^k & & \\ & & \ddots & \\ & & & A_s^k \end{bmatrix}.$

(3) 设 $A = \begin{bmatrix} A_1 & & & \\ & A_2 & & \\ & & \ddots & \\ & & & A_s \end{bmatrix}$,且 $A_i(i = 1,2,\cdots,s)$ 是方阵,则

$$| A | = | A_1 | | A_2 | \cdots | A_s |.$$

(4) 设 $A = \begin{bmatrix} A_1 & & & \\ & A_2 & & \\ & & \ddots & \\ & & & A_s \end{bmatrix}$,$A$ 可逆,且 $A_i(i = 1,2,\cdots,s)$ 可逆,则

$$
A^{-1} = \begin{bmatrix} A_1^{-1} & & & \\ & A_2^{-1} & & \\ & & \ddots & \\ & & & A_s^{-1} \end{bmatrix}.
$$

(5) 设 A,B 均可逆,则 $\begin{bmatrix} 0 & A \\ B & 0 \end{bmatrix}^{-1} = \begin{bmatrix} 0 & B^{-1} \\ A^{-1} & 0 \end{bmatrix}.$

(五) 矩阵的初等变换和矩阵的秩

1. 矩阵的初等变换

定义 2.5 下列三种变换称为矩阵的初等变换

（1）对调矩阵中某两行（列）；

（2）用一非零常数乘以矩阵的某一行（列）的所有元素；

（3）把矩阵的某一行（列）的所有元素乘以常数 k 后加到另一行（列）对应的元素上.

定义 2.6 若矩阵 A 经过有限次初等变换成 B，则称矩阵 A 与 B 等价，记为 $A \cong B$. 矩阵之间的等价关系有下列性质：

反身性：$A \cong A$.

对称性：若 $A \cong B$，则 $B \cong A$.

传递性：若 $A \cong B$ 且 $B \cong C$，则 $A \cong C$.

定义 2.7 由单位阵 E 经过一次初等变换得到的方阵称为初等矩阵.

2. 矩阵的秩

定义 2.8 在一个 $m \times n$ 矩阵 A 中，任取 k 行 k 列 $[k \leqslant \min(m, n),]$ 位于这些行列交叉处的 k^2 个元素按原来的次序所构成的 k 阶行列式，称为矩阵 A 的 k 阶子式.

定义 2.9 矩阵 $A_{m \times n}$ 中所有不等于零的子式的最高阶数称为矩阵的秩，记为 $R(A)$ 或 $r(A)$.

3. 关于矩阵秩的命题

（1）设 A, B 均为 $m \times n$ 阶矩阵，则 $R(A \pm B) \leqslant R(A) + R(B)$.

（2）设 A 为 $m \times n$，B 为 $n \times s$ 矩阵，则
$$R(A) + R(B) - n \leqslant R(AB) \leqslant \min[R(A), R(B)].$$

（3）A 为 n 阶矩阵，且 $A^2 = A$，则 $R(A) + R(A - E) = n$.

（4）A 为 n 阶矩阵，A^* 为 A 的伴随阵，则
$$R(A^*) = \begin{cases} n & R(A) = n, \\ 1 & R(A) = n - 1, \\ 0 & R(A) \leqslant n - 2. \end{cases}$$

（5）$R \begin{bmatrix} A & 0 \\ 0 & B \end{bmatrix} = R(A) + R(B)$.

4. 几个重要定理

定理 2.2 （1）若矩阵 A 经过有限次初等变换变成 B，则 A 的行（列）向量组与 B 的行（列）向量组等价，而 A 的 k 个列（或行）向量与 B 中对应 k 个列（行）向量有相同的线性相关性.

（2）矩阵的初等变换不改变矩阵的秩.

（3）若 $A \cong B$，则 $R(A) = R(B)$.

定理 2.3 设 A 是 $m \times n$ 阶矩阵，对 A 施行一次初等变换，相当于在 A 的左

边乘以相应的 m 阶初等方阵;对 A 施行一次初等列变换,相当于在 A 的右边乘以相应的 n 阶初等方阵.

定理 2.4 设 A 为可逆方阵,则存在有限个初等方阵 $p_1, p_2, \cdots, p_s$,使 $A = p_1 p_2 \cdots p_s$.

定理 2.5 (1) 矩阵 $A \cong B \Leftrightarrow$ 存在满秩矩阵 P, Q,使 $A = PBQ$.

(2) 若 $R(A) = r$,则存在满秩阵 P, Q,使 $PAQ = \begin{bmatrix} E_r & 0 \\ 0 & 0 \end{bmatrix}$,其中 E_r 为 r 阶单位阵.

二、基本题型与解题方法

例 2.1 设 $A(1,2,3), B = (3,2,1), C = B^T A$,则 C^{100} _____.

解 因 $C = B^T A = \begin{bmatrix} 3 \\ 2 \\ 1 \end{bmatrix} (1,2,3) = \begin{bmatrix} 3 & 6 & 9 \\ 2 & 4 & 6 \\ 1 & 2 & 3 \end{bmatrix}$,

$$AB^T = (1,2,3) \begin{bmatrix} 3 \\ 2 \\ 1 \end{bmatrix} = (10),$$

于是

$$\begin{aligned}
C^{100} &= (B^T A)(B^T A) \cdots (B^T A) \\
&= B^T (AB^T)(AB^T) \cdots (AB^T) A \\
&= 10^{99} B^T A = 10^{99} \begin{bmatrix} 3 & 6 & 9 \\ 2 & 4 & 6 \\ 1 & 2 & 3 \end{bmatrix}.
\end{aligned}$$

例 2.2 设 A, B 为 4 阶方阵,$|A| = 4$,$|B| = 1$,$A = (\alpha, \gamma_2, \gamma_3, \gamma_4)$,$B = (\beta, \gamma_2, \gamma_3, \gamma_4)$. 则 $|A + B| = $ _____.

解

$$\begin{aligned}
|A + B| &= |(\alpha + \beta), 2\gamma_2, 2\gamma_3, 2\gamma_4| \\
&= |\alpha, 2\gamma_2, 2\gamma_3, 2\gamma_4| + |\beta, 2\gamma_2, 2\gamma_3, 2\gamma_4| \\
&= 2^3 |\alpha, \gamma_2, \gamma_3, \gamma_4| + 2^3 |\beta, \gamma_2, \gamma_3, \gamma_4| \\
&= 2^3 \times |A| + 2^3 \times |B| = 40.
\end{aligned}$$

例 2.3 设 $A = (a_{ij})_{3\times3}$,$A_{ij} = a_{ij}$,$a_{ij} \neq 0$,则 $|A|$ _____.

解 由题设知 $A^* = (A_{ji})_{3\times3} = (a_{ji})_{3\times3} = A^T$,

于是

$$|A^*| = |A^T| = |A|,$$

因

$$|A^*| = |A|^{n-1} = |A|^2,$$

所以　　　$|A|^2=|A|$，即 $|A|(|A|-1)=0$，从而 $|A|=0$ 或 $|A|=1$.

又因　　　$|A|=a_{11}A_{11}+a_{12}A_{12}+a_{13}A_{13}=a_{11}^2+a_{12}^2+a_{13}^2>0$，故 $|A|=1$.

例 2.4　设 3 阶方阵 A，B 满足关系式

$$A^{-1}BA=6A+BA，且\ A=\begin{bmatrix}\dfrac{1}{3}&0&0\\0&\dfrac{1}{4}&0\\0&0&\dfrac{1}{7}\end{bmatrix}，则\ B=\underline{\qquad}.$$

解　由 $A^{-1}BA=6A+BA$，得 $(A^{-1}-E)BA=6A$. 因 $|A|\neq0$，所以 A 可逆，从而 $B=6(A^{-1}-E)^{-1}$. 由于 A 是对角阵，故易知

$$A^{-1}=\begin{bmatrix}3&0&0\\0&4&0\\0&0&7\end{bmatrix},$$

于是　　　　　　　　$(A^{-1}-E)=\begin{bmatrix}2&0&0\\0&3&0\\0&0&6\end{bmatrix},$

则，　　　　　　　　$(A^{-1}-E)^{-1}=\begin{bmatrix}\dfrac{1}{2}&0&0\\0&\dfrac{1}{3}&0\\0&0&\dfrac{1}{6}\end{bmatrix},$

因此　　　　　　　　$B=6(A^{-1}-E)^{-1}=\begin{bmatrix}3&0&0\\0&2&0\\0&0&1\end{bmatrix}.$

例 2.5　设 $A=\begin{bmatrix}1&0&0\\0&\dfrac{1}{2}&\dfrac{3}{2}\\0&1&\dfrac{5}{2}\end{bmatrix}$，则 $[(A^*)^T]^{-1}=\underline{\qquad}.$

解　因 $(A^*)^{-1}=(|A|A^{-1})^{-1}=\dfrac{A}{|A|}$，且 $|A|=-\dfrac{1}{4}$，

所以　　　　　　　　$(A^*)^{-1}=\begin{bmatrix}-4&0&0\\0&-2&-6\\0&-4&-10\end{bmatrix}.$

于是
$$[(A^*)^T]^{-1} = [(A^*)^{-1}]^T = \begin{bmatrix} -4 & 0 & 0 \\ 0 & -2 & -4 \\ 0 & -6 & -10 \end{bmatrix}.$$

例 2.6 设 A 为 3 阶方阵，A^* 为 A 的伴随阵，又 $|A| = \dfrac{1}{2}$，则 $|(3A)^{-1} - 2A^*|$

= _____.

解 先计算 $|A[(3A)^{-1} - 2A^*]|$ 的值. 因

$$|A[(3A)^{-1} - 2A^*]| = \left| \frac{1}{3}E_3 - 2|A|E_3 \right|$$

$$= \left| \frac{1}{3}E_3 - E_3 \right| = \left| -\frac{2}{3}E_3 \right|$$

$$= \left(-\frac{2}{3} \right)^3 = -\frac{8}{27},$$

而 $|A[(3A)^{-1} - 2A^*]| = |A| |(3A)^{-1} - 2A^*| = \dfrac{1}{2}|(3A)^{-1} - 2A^*|$，

因此 $|(3A)^{-1} - 2A^*| = -\dfrac{16}{27}$.

例 2.7 已知 A 的伴随矩阵 $A^* = \begin{bmatrix} 1 & 0 & 0 & 0 \\ 0 & -2 & 0 & 0 \\ -2 & -4 & 2 & 0 \\ 0 & -2 & 0 & 2 \end{bmatrix}$，则 $A^{-1} =$ _____.

解 因 $|A^*| = -8$，所以 $|A| \neq 0$，即 A 可逆.

因 $AA^* = |A|E$，$|A||A^*| = \Big| |A|E \Big| = |A|^4$.

于是 $|A^*| = |A|^3$，即 $|A| = -2$.

故 $A^{-1} = -\dfrac{1}{2}A^* = \begin{bmatrix} -\dfrac{1}{2} & 0 & 0 & 0 \\ 0 & 1 & 0 & 0 \\ 1 & 2 & -1 & 0 \\ 0 & 1 & 0 & -1 \end{bmatrix}$.

例 2.8 设 A 是 5×4 矩阵，$R(A) = 3$，$B = \begin{bmatrix} 1 & 0 & 0 & 0 \\ 2 & 3 & 0 & 0 \\ 4 & 5 & 6 & 0 \\ 7 & 8 & 9 & 10 \end{bmatrix}$，则 $R(AB) =$

_____.

解 因 $|B| = 180 \neq 0$，故 B 可逆. 则 B 可以表为 S 个初等矩阵的乘积，即
$$B = P_1 P_2 \cdots P_s,$$
于是 $AB = AP_1 P_2 \cdots P_s$，由于初等变换不改变矩阵的秩，从而 $R(AB) = R(A) = 3$.

例 2.9　设三阶方阵 $A = \begin{bmatrix} \alpha & \beta & \beta \\ \beta & \alpha & \beta \\ \beta & \beta & \alpha \end{bmatrix}$，且 $R(A^*) = 1$，则 α 与 β 的关系是_____.

解　由于 $R(A^*) = 1$，故 A^* 中至少有一个元素不为零，从而 A 中至少有一个 2 阶子式不为零，于是 $R(A) \geqslant 2$，即 $R(A) = 2$ 或 $R(A) = 3$.

若 $R(A) = 3$，则 $|A| \neq 0$，故 $|A^*| = |A|^{n-1} \neq 0$，有 $R(A^*) = 3$ 与已知条件矛盾，所以 $R(A) = 2$. 由

$$|A| = \begin{vmatrix} \alpha & \beta & \beta \\ \beta & \alpha & \beta \\ \beta & \beta & \alpha \end{vmatrix} = (\alpha + 2\beta)(\alpha - \beta)^2 = 0$$

得 $\alpha = \beta$ 或 $\alpha + 2\beta = 0$. 而当 $\alpha = \beta$ 时，$R(A) = 0$ 或 $R(A) = 1$，于是 $\alpha + 2\beta = 0$，且 $\alpha \neq \beta$.

例 2.10　设 A, B 是 n 阶矩阵，下列运算正确的是(　　).

(A) $A^2 - B^2 = (A - B)(A + B)$；

(B) $|-A| = -|A|$；

(C) $(AB)^k = A^k B^k$；

(D) $(A^*)^{-1} = (A^{-1})^*$，(其中 $|A| \neq 0$).

解　因 $AB \neq BA$，$(A - B)(A + B) = A^2 - AB - BA - B^2 \neq A^2 - B^2$，所以(A) 不成立. 而 $|-A| = (-1)^n |A|$，(B) 不成立. 又因 $(AB)^k = (AB)(AB)\cdots(AB) \neq A^k B^k$，故(C) 也不成立.

由于 $(A^*)^{-1} = (|A|A^{-1})^{-1} = \dfrac{1}{|A|}A$，而 $(A^{-1})^* = |A^{-1}|(A^{-1})^{-1} = \dfrac{1}{|A|}A$，故应选(D).

注：对于 n 阶方阵 A, B，一般情况下：

$(A + B)(A - B) \neq A^2 - B^2$；　　　$(A + B)^2 \neq A^2 + 2AB + B^2$；

$(AB)^k \neq A^k B^k$；　　　　　　　$(A + B)^k \neq \sum\limits_{i=1}^{k} C_k^i A^{k-i} B^i$.

这是因为 $AB \neq BA$(如果 $AB = BA$，此时称 A 与 B 可交换).

例 2.11　设 A 是实 $m \times n$ 阵，则 $A = 0$ 是 $AA^T = 0$ 的(　　)条件.

(A) 充分必要；　　　　　　(B) 充分但非必要；

(C) 必要但非充分；　　　　(D) 即非充分也非必要.

解　因若 $A = 0$，显然 $AA^T = 0$. 反之，设

$$A = \begin{bmatrix} a_{11} & a_{12} & \cdots & a_{1n} \\ a_{21} & a_{22} & \cdots & a_{2n} \\ \vdots & \vdots & & \vdots \\ a_{m1} & a_{m2} & \cdots & a_{mn} \end{bmatrix}$$

设 AA^T 的第 (i,i) 项等于 c_{ii}，则
$$c_{ii} = a_{i1}^2 + a_{i2}^2 + \cdots + a_{in}^2 = 0.$$
因为 A 是实数矩阵，a_{ij} 为实数，故 $a_{ij} = 0$. 而 i,j 是任意的，所以 $A = 0$. 故应选（A）.

例 2.12　设 A,B 均为 n 阶矩阵，下列命题错误的是（　　）.

（A）若 A 是对称阵，且 A^{-1} 存在，则 A^{-1} 也是对称阵；

（B）若 $AB = E$，则 A 必可逆；

（C）若 A 可逆，则 $A + E$ 也可逆；

（D）若 $A^k = 0$（k 为自然数），则 $E - A$ 可逆.

解　因 A 是对称矩阵，即 $A^T = A$，于是有 $A^{-1} = (A^T)^{-1} = (A^{-1})^T$，所以 A^{-1} 是对称阵. 故（A）结论正确.

由 $AB = E$ 得 $|AB| = |E| = 1 \neq 0$，从而 A,B 均可逆. 所以（B）也正确.

若 $A = -E$，则 $A + E = 0$，于是 $A + E$ 不可逆，所以选（C）.

若 $A^k = 0$，由 $E - A^k = (E-A)(E + A + \cdots + A^{k-1})$ 知
$$(E-A)(E + A + \cdots + A^{k-1}) = E,$$
于是 $E - A$ 可逆，且有
$$(E-A)^{-1} = E + A + \cdots + A^{k-1},$$
故（D）结论正确.

例 2.13　设 n 阶方阵 A,B,C 满足 $ABC = E$，则（　　）.

（A）$ACB = E$；　　　　　　（B）$BCA = E$；

（C）$CBA = E$；　　　　　　（D）$BAC = E$.

解　因 $ABC = E$，所以 A,B,C 都可逆. 而且
$$A = (BC)^{-1} = C^{-1}B^{-1}, C = (AB)^{-1} = B^{-1}A^{-1},$$
所以 $BCA = (BC)(C^{-1}B^{-1}) = E$，故应选（B）.

例 2.14　设 $A,B,A+B,A^{-1}+B^{-1}$ 均为 n 阶可逆阵，则 $(A^{-1} + B^{-1})^{-1} = （　　）$.

（A）$A^{-1} + B^{-1}$；　　　　　（B）$A + B$；

（C）$A(A+B)^{-1}B$；　　　　　（D）$(A+B)^{-1}$.

解　因 $(A^{-1} + B^{-1})(A^{-1} + B^{-1}) \neq E$，所以（A）不能入选.

又因　　　　$(A^{-1}+B^{-1})(A+B)=E+A^{-1}B+B^{-1}A+E\neq E,$

因此(B)也不成立. 而

$$(A^{-1}+B^{-1})[A(A+B)^{-1}B]$$

$$=A^{-1}[A(A+B)^{-1}B]+B^{-1}[A(A+B)^{-1}B]$$

$$=(A+B)^{-1}B+(B^{-1}A)(A+B)^{-1}B$$

$$=(E+B^{-1}A)(A+B)^{-1}B$$

$$=B^{-1}(B+A)(A+B)^{-1}B$$

$$=B^{-1}B=E,$$

故应选(C).

例 2.15　已知 $Q=\begin{bmatrix}1&2&3\\2&4&t\\3&6&9\end{bmatrix}$,$P$ 为三阶非零矩阵,且满足 $PQ=0$,

则(　　).

(A) $t=6$ 时,P 的秩必为 1;　　(B) $t=6$ 时,P 的秩必为 2;

(C) $t\neq 6$ 时,P 的秩必为 1;　　(D) $t\neq 6$ 时,P 的秩必为 2.

解　因 P,Q 均为三阶方阵,又 $PQ=0$,所以 $R(P)+R(Q)\leqslant 3$.

当 $t=6$ 时,$R(Q)=\begin{bmatrix}1&2&3\\2&4&6\\3&6&9\end{bmatrix}$ 的秩等于 1,于是 $R(P)\leqslant 2$.

当 $t\neq 6$ 时,$R(Q)=2$,于是 $R(P)\leqslant 1$. 又 $R(P)\geqslant 1$(P 为三阶非零方阵),

故 $R(P)=1$. 故应选(C).

例 2.16　若矩阵 $A=\begin{bmatrix}1&2&4\\2&\lambda&1\\1&1&0\end{bmatrix}$,为使矩阵 A 的秩有最小值,则 λ 应

为(　　)

(A) 2;　　　　(B) -1;　　　　(C) $\dfrac{9}{4}$;　　　　(D) $\dfrac{1}{2}$.

解　因矩阵 A 已有一个二阶子式 $\begin{vmatrix}1&4\\2&1\end{vmatrix}=-7\neq 0$,故 A 的秩的最小值为

2,从而 A 的三阶子式为零,即 $\begin{vmatrix}1&2&4\\2&\lambda&1\\1&1&0\end{vmatrix}=0$,解之得 $\lambda=\dfrac{9}{4}$. 故应为选(C).

例 2.17　设 A 为 3 阶矩阵,P 为 3 阶可逆矩阵,且

$$P^{-1}AP = \begin{bmatrix} 1 & 0 & 0 \\ 0 & 1 & 0 \\ 0 & 0 & 2 \end{bmatrix},$$

若 $P = (\alpha_1, \alpha_2, \alpha_3)$，$Q = (\alpha_1 + \alpha_2, \alpha_2, \alpha_3)$，则 $Q^{-1}AQ = ($　　$)$.

(A) $\begin{bmatrix} 1 & 0 & 0 \\ 0 & 2 & 0 \\ 0 & 0 & 1 \end{bmatrix}$;　(B) $\begin{bmatrix} 1 & 0 & 0 \\ 0 & 1 & 0 \\ 0 & 0 & 2 \end{bmatrix}$;　(C) $\begin{bmatrix} 2 & 0 & 0 \\ 0 & 1 & 0 \\ 0 & 0 & 2 \end{bmatrix}$;　(D) $\begin{bmatrix} 2 & 0 & 0 \\ 0 & 2 & 0 \\ 0 & 0 & 1 \end{bmatrix}$.

解 因 $Q = P\begin{bmatrix} 1 & 0 & 0 \\ 1 & 1 & 0 \\ 0 & 0 & 1 \end{bmatrix}$,

所以 $Q^{-1}AQ = \begin{bmatrix} 1 & 0 & 0 \\ 1 & 1 & 0 \\ 0 & 0 & 1 \end{bmatrix}^{-1} P^{-1}AP \begin{bmatrix} 1 & 0 & 0 \\ 1 & 1 & 0 \\ 0 & 0 & 1 \end{bmatrix}$

$$= \begin{bmatrix} 1 & 0 & 0 \\ -1 & 1 & 0 \\ 0 & 0 & 1 \end{bmatrix}\begin{bmatrix} 1 & 0 & 0 \\ 0 & 1 & 0 \\ 0 & 0 & 2 \end{bmatrix}\begin{bmatrix} 1 & 0 & 0 \\ 1 & 1 & 0 \\ 0 & 0 & 1 \end{bmatrix} = \begin{bmatrix} 1 & 0 & 0 \\ 0 & 1 & 0 \\ 0 & 0 & 2 \end{bmatrix}.$$

故应选 B.

例 2.18 设 $f(x) = x^2 - x - 1$，$A = \begin{bmatrix} 3 & 1 & 1 \\ 3 & 1 & 2 \\ 1 & -1 & 0 \end{bmatrix}$，求 $f(A)$.

解 $f(A) = A^2 - A - E = \begin{bmatrix} 3 & 1 & 1 \\ 3 & 1 & 2 \\ 1 & -1 & 0 \end{bmatrix}^2 - \begin{bmatrix} 3 & 1 & 1 \\ 3 & 1 & 2 \\ 1 & -1 & 0 \end{bmatrix} - \begin{bmatrix} 1 & 0 & 0 \\ 0 & 1 & 0 \\ 0 & 0 & 1 \end{bmatrix}$

$$= \begin{bmatrix} 9 & 2 & 4 \\ 11 & 0 & 3 \\ -1 & 1 & -2 \end{bmatrix}.$$

例 2.19 求解矩阵方程 $AX = B$，其中

$$A = \begin{bmatrix} 1 & 1 & -1 \\ 0 & 2 & 2 \\ 1 & -1 & 0 \end{bmatrix}, B = \begin{bmatrix} 1 & 1 \\ 1 & 0 \\ 0 & -1 \end{bmatrix}.$$

解 $(A \vdots B) = \begin{bmatrix} 1 & 1 & -1 & \vdots & 1 & 1 \\ 0 & 2 & 2 & \vdots & 1 & 0 \\ 1 & -1 & 0 & \vdots & 0 & -1 \end{bmatrix}$

$$\rightarrow \begin{bmatrix} 1 & 1 & -1 & \vdots & 1 & 1 \\ 0 & 2 & 2 & \vdots & 1 & 0 \\ 0 & -2 & 1 & \vdots & -1 & -2 \end{bmatrix} \rightarrow \begin{bmatrix} 1 & 1 & -1 & \vdots & 1 & 1 \\ 0 & 2 & 2 & \vdots & 1 & 0 \\ 0 & 0 & 3 & \vdots & 0 & -2 \end{bmatrix}$$

$$\rightarrow \begin{bmatrix} 1 & 1 & 0 & \vdots & 1 & \dfrac{1}{3} \\ 0 & 2 & 0 & \vdots & 1 & \dfrac{4}{3} \\ 0 & 0 & 1 & \vdots & 0 & -\dfrac{2}{3} \end{bmatrix} \rightarrow \begin{bmatrix} 1 & 0 & 0 & \vdots & \dfrac{1}{2} & -\dfrac{1}{3} \\ 0 & 1 & 0 & \vdots & \dfrac{1}{2} & \dfrac{2}{3} \\ 0 & 0 & 1 & \vdots & 0 & -\dfrac{2}{3} \end{bmatrix},$$

故　　　　　　$$X = \begin{bmatrix} \dfrac{1}{2} & -\dfrac{1}{3} \\ \dfrac{1}{2} & \dfrac{2}{3} \\ 0 & -\dfrac{2}{3} \end{bmatrix}.$$

注：解矩阵方程 $AX = B,(\mid A \mid \neq 0)$ 可通过初等行变换求出：

$$(A \vdots B) \rightarrow (E \vdots A^{-1}B = X),$$

对于 $XA = B, \mid A \mid \neq 0$，可通过初等列变换求出：

$$\begin{bmatrix} A \\ \cdots \\ B \end{bmatrix} \rightarrow \begin{bmatrix} E \\ \cdots \\ BA^{-1} = X \end{bmatrix}.$$

例 2.20　已知 $\alpha = (1,2,3), \beta = (1, \dfrac{1}{2}, \dfrac{1}{3})$，且 $A = \alpha^T\beta$，求 A^n.

解　因　　　$$\alpha^T\beta = \begin{pmatrix} 1 \\ 2 \\ 3 \end{pmatrix}\left(1, \dfrac{1}{2}, \dfrac{1}{3}\right) = \begin{bmatrix} 1 & \dfrac{1}{2} & \dfrac{1}{3} \\ 2 & 1 & \dfrac{2}{3} \\ 3 & \dfrac{3}{2} & 1 \end{bmatrix},$$

$$\beta\alpha^T = \left(1, \dfrac{1}{2}, \dfrac{1}{3}\right)\begin{bmatrix} 1 \\ 2 \\ 3 \end{bmatrix} = 3,$$

所以　　　$$\begin{aligned} A^n &= (\alpha^T\beta)^n = (\alpha^T\beta)(\alpha^T\beta)\cdots(\alpha^T\beta) \\ &= \alpha^T(\beta\alpha^T)(\beta\alpha^T)\cdots(\beta\alpha^T)\beta \\ &= 3^{n-1}\alpha^T\beta \end{aligned}$$

$$= 3^{n-1} \begin{bmatrix} 1 & \dfrac{1}{2} & \dfrac{1}{3} \\ 2 & 1 & \dfrac{2}{3} \\ 3 & \dfrac{3}{2} & 1 \end{bmatrix}.$$

注：本题的关键是利用矩阵乘法的结合律，并注意到 $\alpha^T\beta$ 为 3 阶矩阵，而 $\beta\alpha^T$ 是数.

例 2.21 已知 $A = \begin{bmatrix} \lambda & 1 & 0 \\ 0 & \lambda & 1 \\ 0 & 0 & \lambda \end{bmatrix}$，求 A^n

解 因 $A = \begin{bmatrix} \lambda & 1 & 0 \\ 0 & \lambda & 1 \\ 0 & 0 & \lambda \end{bmatrix} = \lambda\begin{bmatrix} 1 & 0 & 0 \\ 0 & 1 & 0 \\ 0 & 0 & 1 \end{bmatrix} + \begin{bmatrix} 0 & 1 & 0 \\ 0 & 0 & 1 \\ 0 & 0 & 0 \end{bmatrix} = \lambda E + B,$

所以 $\qquad A^n = (\lambda E + B)^n = \sum_{k=0}^{n} C_n^k (\lambda E)^{n-k} B^k = \sum_{k=0}^{n} C_n^k \lambda^{n-k} B^k.$

由于 $\qquad B = \begin{bmatrix} 0 & 1 & 0 \\ 0 & 0 & 1 \\ 0 & 0 & 0 \end{bmatrix}, B^2 = \begin{bmatrix} 0 & 0 & 1 \\ 0 & 0 & 0 \\ 0 & 0 & 0 \end{bmatrix}, B^3 = \begin{bmatrix} 0 & 0 & 0 \\ 0 & 0 & 0 \\ 0 & 0 & 0 \end{bmatrix},$

即 $k \geqslant 3$ 时，$B^k = 0$.

因此 $\qquad A^n = \lambda^n E + n\lambda^{n-1} B + \dfrac{n(n-1)}{2} \lambda^{n-2} B^2$

$$= \begin{bmatrix} \lambda^n & 0 & 0 \\ 0 & \lambda^n & 0 \\ 0 & 0 & \lambda^n \end{bmatrix} + \begin{bmatrix} 0 & n\lambda^{n-1} & 0 \\ 0 & 0 & n\lambda^{n-1} \\ 0 & 0 & 0 \end{bmatrix} + \begin{bmatrix} 0 & 0 & \dfrac{n(n-1)}{2}\lambda^{n-2} \\ 0 & 0 & 0 \\ 0 & 0 & 0 \end{bmatrix}$$

$$= \begin{bmatrix} \lambda^n & n\lambda^{n-1} & \dfrac{n(n-1)}{2}\lambda^{n-2} \\ 0 & \lambda^n & n\lambda^{n-1} \\ 0 & 0 & \lambda^n \end{bmatrix}.$$

注：例 2.21 直接计算 A^n 比较繁，先将 A 化为数量矩阵 λE 与对角元素为零的三角矩阵之和，再利用二项式定理及方阵的幂的性质求出结果. 也可以用递推法或数学归纳法求方阵幂.

例 2.22 设 $\alpha = (1, 0, -1)^T$ 矩阵 $A = \alpha\alpha^T$，n 为正整数，求 $|aE - A^n|$.

解法一　因 $A = \alpha\alpha^T = \begin{bmatrix} 1 \\ 0 \\ -1 \end{bmatrix}(1,\ 0,\ -1) = \begin{bmatrix} 1 & 0 & -1 \\ 0 & 0 & 0 \\ -1 & 0 & 1 \end{bmatrix}$,

$$\alpha^T\alpha = (1,0,-1)\begin{bmatrix} 1 \\ 0 \\ -1 \end{bmatrix} = 2,$$

所以　　　$A^n = (\alpha\alpha^T)^n = (\alpha\alpha^T)(\alpha\alpha^T)\cdots(\alpha\alpha^T)$

$$= \alpha(\alpha^T\alpha)(\alpha^T\alpha)\cdots(\alpha^T\alpha)\alpha^T$$

$$= 2^{n-1}\begin{bmatrix} 1 & 0 & -1 \\ 0 & 0 & 0 \\ -1 & 0 & 1 \end{bmatrix} = \begin{bmatrix} 2^{n-1} & 0 & -2^{n-1} \\ 0 & 0 & 0 \\ -2^{n-1} & 0 & 2^{n-1} \end{bmatrix}.$$

从而　　$|aE - A^n| = \left| \begin{bmatrix} a & 0 & 0 \\ 0 & a & 0 \\ 0 & 0 & a \end{bmatrix} - \begin{bmatrix} 2^{n-1} & 0 & -2^{n-1} \\ 0 & 0 & 0 \\ -2^{n-1} & 0 & 2^{n-1} \end{bmatrix} \right|$

$$= \begin{vmatrix} a - 2^{n-1} & 0 & 2^{n-1} \\ 0 & a & 0 \\ 2^{n-1} & 0 & a - 2^{n-1} \end{vmatrix} = a(a - 2^{n-1})^2 - a2^{2n-2}$$

$$= a^2(a - 2^n).$$

解法二　因 $A^n = (\alpha\alpha^T)(\alpha\alpha^T)\cdots(\alpha\alpha^T)$

$$= \alpha(\alpha^T\alpha)(\alpha^T\alpha)\cdots(\alpha^T\alpha)\alpha^T = 2^{n-1}\alpha\alpha^T,$$

故　　　$|aE - A^n| = |aE - 2^{n-1}\alpha\alpha^T|$

$$= a^3\left|E - \frac{2^{n-1}}{a}\alpha\alpha^T\right| = a^3\left|1 - \frac{2^{n-1}}{a}\alpha^T\alpha\right|$$

$$= a^2(a - 2^n).$$

注：利用了公式 $|I_m - AB| = |I_n - BA|$，其中 A 为 $m \times n$ 矩阵，B 为 $n \times m$ 矩阵.

解法三　由题设 $A = \alpha\alpha^T$，得

$$A = \begin{bmatrix} 1 \\ 0 \\ -1 \end{bmatrix}(1,\ 0,\ -1) = \begin{bmatrix} 1 & 0 & -1 \\ 0 & 0 & 0 \\ -1 & 0 & 1 \end{bmatrix},$$

$$A^2 = A \cdot A = \begin{bmatrix} 1 & 0 & -1 \\ 0 & 0 & 0 \\ -1 & 0 & 1 \end{bmatrix}\begin{bmatrix} 1 & 0 & -1 \\ 0 & 0 & 0 \\ -1 & 0 & 1 \end{bmatrix} = \begin{bmatrix} 2 & 0 & -2 \\ 0 & 0 & 0 \\ -2 & 0 & 2 \end{bmatrix},$$

$$A^3 = A^2 \cdot A = \begin{bmatrix} 2 & 0 & -2 \\ 0 & 0 & 0 \\ -2 & 0 & 2 \end{bmatrix} \begin{bmatrix} 1 & 0 & -1 \\ 0 & 0 & 0 \\ -1 & 0 & 1 \end{bmatrix}$$

$$= \begin{bmatrix} 4 & 0 & -4 \\ 0 & 0 & 0 \\ -4 & 0 & 4 \end{bmatrix} = \begin{bmatrix} 2^2 & 0 & -2^2 \\ 0 & 0 & 0 \\ -2^2 & 0 & 2^2 \end{bmatrix}$$

由此可推测

$$A^n = \begin{bmatrix} 2^{n-1} & 0 & -2^{n-1} \\ 0 & 0 & 0 \\ -2^{n-1} & 0 & 2^{n-1} \end{bmatrix}, \qquad n \geqslant 1.$$

下面用数学归纳法证明：

假设，$n = k$ 时成立，即

$$A^k = \begin{bmatrix} 2^{k-1} & 0 & -2^{k-1} \\ 0 & 0 & 0 \\ -2^{k-1} & 0 & 2^{k-1} \end{bmatrix}.$$

当 $n = k + 1$ 时，

$$A^{k+1} = A^k \cdot A = \begin{bmatrix} 2^{k-1} & 0 & -2^{k-1} \\ 0 & 0 & 0 \\ -2^{k-1} & 0 & 2^{k-1} \end{bmatrix} \begin{bmatrix} 1 & 0 & -1 \\ 0 & 0 & 0 \\ -1 & 0 & 1 \end{bmatrix}$$

$$= \begin{bmatrix} 2^k & 0 & -2^k \\ 0 & 0 & 0 \\ -2^k & 0 & 2^k \end{bmatrix}.$$

故 $n = k + 1$ 时结论亦成立. 从而有

$$| aE - A^n | = \left| \begin{bmatrix} a & 0 & 0 \\ 0 & a & 0 \\ 0 & 0 & a \end{bmatrix} - \begin{bmatrix} 2^{n-1} & 0 & -2^{n-1} \\ 0 & 0 & 0 \\ -2^{n-1} & 0 & 2^{n-1} \end{bmatrix} \right|$$

$$= \begin{vmatrix} a - 2^{n-1} & 0 & 2^{n-1} \\ 0 & a & 0 \\ 2^{n-1} & 0 & a - 2^{n-1} \end{vmatrix}$$

$$= a(a - 2^{n-1})^2 - a 2^{2n-2}$$

$$= a^2 (a - 2^n).$$

解法四 （参阅第五章）　因

$$A = \alpha\,\alpha^T = \begin{bmatrix} 1 \\ 0 \\ -1 \end{bmatrix}(1 \quad 0 \quad -1) = \begin{bmatrix} 1 & 0 & -1 \\ 0 & 0 & 0 \\ -1 & 0 & 1 \end{bmatrix},$$

于是 A 的特征多项式

$$|A - \lambda E| = \begin{vmatrix} 1-\lambda & 0 & -1 \\ 0 & -\lambda & 0 \\ -1 & 0 & 1-\lambda \end{vmatrix} = (2-\lambda)\lambda^2,$$

所以 A 的特征值为 $\lambda_1 = \lambda_2 = 0, \lambda_3 = 2$. 从而 A^n 的特征值为

$$\lambda_1^* = \lambda_2^* = 0, \lambda_3^* = 2^n.$$

故　　　　　　$|aE - A^n| = (a-0)(a-0)(a-2^n) = a^2(a-2^n).$

例 2.23　设 $A = \begin{bmatrix} \lambda & 2 & 3 & \cdots & n \\ 1 & \lambda+1 & 3 & \cdots & n \\ 1 & 2 & \lambda+2 & \cdots & n \\ \vdots & \vdots & \vdots & & \vdots \\ 1 & 2 & 3 & \cdots & \lambda+n-1 \end{bmatrix}$, 求 $|A|$.

解　$|A| = \begin{vmatrix} \lambda & 2 & 3 & \cdots & n \\ 1 & \lambda+1 & 3 & \cdots & n \\ 1 & 2 & \lambda+2 & \cdots & n \\ \vdots & \vdots & \vdots & & \vdots \\ 1 & 2 & 3 & \cdots & \lambda+n-1 \end{vmatrix}$

$$= \left| (\lambda-1)I_n + \begin{bmatrix} 1 \\ 1 \\ \vdots \\ 1 \end{bmatrix}(1,2,\cdots,n) \right|$$

$$= (\lambda-1)^n \left| 1 + \frac{1}{\lambda-1}(1,2,\cdots,n)\begin{bmatrix} 1 \\ 1 \\ \vdots \\ 1 \end{bmatrix} \right|$$

$$= (\lambda-1)^{n-1}\left[\lambda-1+\frac{n(n+1)}{2} \right].$$

例 2.24 设 $A = \begin{bmatrix} 1 & 1 & 1 & 1 \\ 1 & 1 & -1 & -1 \\ 1 & -1 & 1 & -1 \\ 1 & -1 & -1 & 1 \end{bmatrix}$

求 (1) A^6;(2) $|A^6|$;(3) A^{-1};(4) AA^*;(5) $|AA^*|$;(6) $(A^*)^{-1}$.

解 (1) 因 $A^2 = AA = 4E = 2^2E$,

$$A^3 = A^2A = (4E)A = 2^2A,$$
$$A^4 = A^3A = (4A)A = 4A^2 = 4(4E) = 2^4E,$$
$$A^5 = A^4A = (2^4E)A = 2^4A,$$
$$A^6 = A^5A = (2^4A)A = 2^4A^2 = 2^4(2^2E) = 2^6E,$$

所以
$$A^6 = \begin{bmatrix} 2^6 & 0 & 0 & 0 \\ 0 & 2^6 & 0 & 0 \\ 0 & 0 & 2^6 & 0 \\ 0 & 0 & 0 & 2^6 \end{bmatrix}.$$

(2) $|A^6| = |A|^6 = |2^6E| = (2^6)^4 = 2^{24}$.

(3) 由于 $A^2 = 4E$,所以,$A^{-1} = \dfrac{1}{4}A$,故

$$A^{-1} = \frac{1}{4}\begin{bmatrix} 1 & 1 & 1 & 1 \\ 1 & 1 & -1 & -1 \\ 1 & -1 & 1 & -1 \\ 1 & -1 & -1 & 1 \end{bmatrix}.$$

(4) 因 $AA^* = |A|E$,而 $|A| = -16$,所以

$$AA^* = -16E = \begin{bmatrix} -2^4 & 0 & 0 & 0 \\ 0 & -2^4 & 0 & 0 \\ 0 & 0 & -2^4 & 0 \\ 0 & 0 & 0 & -2^4 \end{bmatrix}.$$

(5) $|AA^*| = \left| |A|E \right| = |-2^4E| = (-2^4)^4 = 2^{16}$.

(6) 因 $AA^* = |A|E$,所以

$$(A^*)^{-1} = \frac{1}{|A|}A = -\frac{1}{16}A = -\frac{1}{16}\begin{bmatrix} 1 & 1 & 1 & 1 \\ 1 & 1 & -1 & -1 \\ 1 & -1 & 1 & -1 \\ 1 & -1 & -1 & 1 \end{bmatrix}$$

注:由例 2.24 可见,求方阵 A 高次幂时一定要找出规律性,本题中

$$A^n = \begin{cases} 2^n E, & n \text{ 为偶数}, \\ 2^{n-1}A, & n \text{ 为奇数}. \end{cases}$$

这一结论可用递推法证明.另外求方阵的幂还可以利用相似对角法(参阅第五章).

例 2.25 设方阵 A 满足 $A^3 - A^2 + 2A - E = 0$,求 A^{-1} 和 $(E-A)^{-1}$.

解 由 $A^3 - A^2 + 2A - E = 0$,得

$$A(A^2 - A + 2E) = E, \quad (A^2 - A + 2E)A = E,$$

于是根据逆矩阵的定义知,A 可逆,且

$$A^{-1} = A^2 - A + 2E,$$

又因

$$(E-A)(A^2 + 2E) = E,$$

所以 $E-A$ 可逆,且

$$(E-A)^{-1} = A^2 + 2E.$$

注:例 2.25 利用逆矩阵的定义和运算求逆矩阵.

例 2.26 设 $A = \begin{bmatrix} 3 & 0 & 0 \\ 1 & 4 & 0 \\ 0 & 0 & 3 \end{bmatrix}$,求 $(A-2E)^{-1}$.

解法一 利用伴随矩阵求逆矩阵.

因

$$A - 2E = \begin{bmatrix} 3 & 0 & 0 \\ 1 & 4 & 0 \\ 0 & 0 & 3 \end{bmatrix} - 2\begin{bmatrix} 1 & 0 & 0 \\ 0 & 1 & 0 \\ 0 & 0 & 1 \end{bmatrix} = \begin{bmatrix} 1 & 0 & 0 \\ 1 & 2 & 0 \\ 0 & 0 & 1 \end{bmatrix} = B,$$

且 $|A - 2E| = 2 \neq 0$,所以 $A - 2E$ 可逆.

而 $B_{11} = \begin{vmatrix} 2 & 0 \\ 0 & 1 \end{vmatrix} = 2, \quad B_{12} = -\begin{vmatrix} 1 & 0 \\ 0 & 1 \end{vmatrix} = -1, \quad B_{13} = -\begin{vmatrix} 1 & 2 \\ 0 & 0 \end{vmatrix} = 0,$

$B_{21} = -\begin{vmatrix} 0 & 0 \\ 0 & 1 \end{vmatrix} = 0, \quad B_{22} = \begin{vmatrix} 1 & 0 \\ 0 & 1 \end{vmatrix} = 1, \quad B_{23} = -\begin{vmatrix} 1 & 0 \\ 0 & 0 \end{vmatrix} = 0,$

$B_{31} = \begin{vmatrix} 0 & 0 \\ 2 & 1 \end{vmatrix} = 0, \quad B_{32} = -\begin{vmatrix} 1 & 0 \\ 1 & 0 \end{vmatrix} = 0, \quad B_{33} = \begin{vmatrix} 1 & 0 \\ 1 & 2 \end{vmatrix} = 2.$

所以

$$(A-2E)^{-1} = \frac{1}{2}\begin{bmatrix} 2 & 0 & 0 \\ -1 & 1 & 0 \\ 0 & 0 & 2 \end{bmatrix} = \begin{bmatrix} 1 & 0 & 0 \\ -\dfrac{1}{2} & \dfrac{1}{2} & 0 \\ 0 & 0 & 1 \end{bmatrix}.$$

解法二 利用初等变换求逆矩阵

$$[A - 2E \vdots E] = \begin{bmatrix} 1 & 0 & 0 & \vdots & 1 & 0 & 0 \\ 1 & 2 & 0 & \vdots & 0 & 1 & 0 \\ 0 & 0 & 1 & \vdots & 0 & 0 & 1 \end{bmatrix}$$

$$\longrightarrow \begin{bmatrix} 1 & 0 & 0 & \vdots & 1 & 0 & 0 \\ 0 & 2 & 0 & \vdots & -1 & 1 & 0 \\ 0 & 0 & 1 & \vdots & 0 & 0 & 1 \end{bmatrix},$$

$$\longrightarrow \begin{bmatrix} 1 & 0 & 0 & \vdots & 1 & 0 & 0 \\ 0 & 1 & 0 & \vdots & -\dfrac{1}{2} & \dfrac{1}{2} & 0 \\ 0 & 0 & 1 & \vdots & 0 & 0 & 1 \end{bmatrix},$$

所以
$$(A - 2E)^{-1} = \begin{bmatrix} 1 & 0 & 0 \\ -\dfrac{1}{2} & \dfrac{1}{2} & 0 \\ 0 & 0 & 1 \end{bmatrix}.$$

解法三 利用分块矩阵求逆矩阵

$$A - 2E = \begin{bmatrix} 1 & 0 & \vdots & 0 \\ 1 & 2 & \vdots & 0 \\ \cdots & \cdots & & \cdots \\ 0 & 0 & \vdots & 1 \end{bmatrix},$$

令 $B = \begin{bmatrix} 1 & 0 \\ 1 & 2 \end{bmatrix}, C = (1)$,则 B,C 均可逆. 且

$$B^{-1} = \begin{bmatrix} 1 & 0 \\ -\dfrac{1}{2} & \dfrac{1}{2} \end{bmatrix}, \ C^{-1} = 1.$$

于是
$$(A - 2E)^{-1} = \begin{bmatrix} B & 0 \\ 0 & C \end{bmatrix}^{-1} = \begin{bmatrix} B^{-1} & 0 \\ 0 & C^{-1} \end{bmatrix} = \begin{bmatrix} 1 & 0 & 0 \\ -\dfrac{1}{2} & \dfrac{1}{2} & 0 \\ 0 & 0 & 1 \end{bmatrix}.$$

例 2.27 设

$$A = \begin{bmatrix} 0 & 1 & 0 & \cdots & 0 & 0 & 0 \\ 0 & 0 & 2 & \cdots & 0 & 0 & 0 \\ \vdots & \vdots & \vdots & & \vdots & \vdots & \vdots \\ 0 & 0 & 0 & \cdots & n-1 & 0 & 0 \\ n & 0 & 0 & \cdots & 0 & 0 & 0 \\ 0 & 0 & 0 & \cdots & 0 & 2 & 1 \\ 0 & 0 & 0 & \cdots & 0 & 1 & 1 \end{bmatrix},$$
求 A^{-1}.

解　令

$$A_1 = \begin{bmatrix} 0 & B_1 \\ B_2 & 0 \end{bmatrix}, A_2 = \begin{bmatrix} 2 & 1 \\ 1 & 1 \end{bmatrix}, B_1 = \begin{bmatrix} 1 & 0 & \cdots & 0 \\ 0 & 2 & \cdots & 0 \\ \vdots & \vdots & & \vdots \\ 0 & 0 & \cdots & n-1 \end{bmatrix}, B_2 = (n).$$

则

$$A = \begin{bmatrix} A_1 & 0 \\ 0 & A_2 \end{bmatrix}.$$

因为

$$A_1^{-1} = \begin{bmatrix} 0 & B_2^{-1} \\ B_1^{-1} & 0 \end{bmatrix} = \begin{bmatrix} 0 & 0 & \cdots & 0 & \dfrac{1}{n} \\ 1 & 0 & \cdots & 0 & 0 \\ 0 & \dfrac{1}{2} & \cdots & 0 & 0 \\ \vdots & \vdots & & \vdots & \vdots \\ 0 & 0 & \cdots & \dfrac{1}{n-1} & 0 \end{bmatrix},$$

$$A_2^{-1} = \begin{bmatrix} 1 & -1 \\ -1 & 2 \end{bmatrix},$$

所以

$$A^{-1} = \begin{bmatrix} A_1^{-1} & 0 \\ 0 & A_2^{-1} \end{bmatrix} = \begin{bmatrix} 0 & 0 & \cdots & 0 & \dfrac{1}{n} & 0 & 0 \\ 1 & 0 & \cdots & 0 & 0 & 0 & 0 \\ 0 & \dfrac{1}{2} & \cdots & 0 & 0 & 0 & 0 \\ \vdots & \vdots & & \vdots & \vdots & \vdots & \vdots \\ 0 & 0 & \cdots & \dfrac{1}{n-1} & 0 & 0 & 0 \\ 0 & 0 & \cdots & 0 & 0 & 1 & -1 \\ 0 & 0 & \cdots & 0 & 0 & -1 & 2 \end{bmatrix}.$$

例 2.28　设矩阵 $A = \begin{bmatrix} 1 & 1 & -1 \\ -1 & 1 & 1 \\ 1 & -1 & 1 \end{bmatrix}$,矩阵 X 满足 $A^*X = A^{-1} + 2X$,

其中 A^* 为 A 的伴随矩阵,求矩阵 X.

解　由 $A^*X = A^{-1} + 2X$　得　$(A^* - 2E)X = A^{-1}$.

因　　　　　　　　　　　　　　$A^* = |A| A^{-1}.$

从而 $\qquad (|A|A^{-1}-2E)X=A^{-1}.$

用 A 左乘上式两端,有

$$(|A|E-2A)X=E,$$

易求 $\qquad |A|=4,\ |A|E-2A=\begin{bmatrix} 2 & -2 & 2 \\ 2 & 2 & -2 \\ -2 & 2 & 2 \end{bmatrix},$

于是 $\quad X=\begin{bmatrix} 2 & -2 & 2 \\ 2 & 2 & -2 \\ -2 & 2 & 2 \end{bmatrix}^{-1}=\dfrac{1}{2}\begin{bmatrix} 1 & -1 & 1 \\ 1 & 1 & -1 \\ -1 & 1 & 1 \end{bmatrix}^{-1}$

$$=\dfrac{1}{2}\begin{bmatrix} \dfrac{1}{2} & \dfrac{1}{2} & 0 \\ 0 & \dfrac{1}{2} & \dfrac{1}{2} \\ \dfrac{1}{2} & 0 & \dfrac{1}{2} \end{bmatrix}=\dfrac{1}{4}\begin{bmatrix} 1 & 1 & 0 \\ 0 & 1 & 1 \\ 1 & 0 & 1 \end{bmatrix}.$$

例 2.29 设矩阵 A 的伴随矩阵

$$A^{*}=\begin{bmatrix} 1 & 0 & 0 & 0 \\ 0 & 1 & 0 & 0 \\ 1 & 0 & 1 & 0 \\ 0 & -3 & 0 & 8 \end{bmatrix},$$

且 $ABA^{-1}=BA^{-1}+3E.$ 其中 E 为 4 阶单位矩阵,求 $B.$

解法一 由 $ABA^{-1}=BA^{-1}+3E$ 得 $(A-E)BA^{-1}=3E,$

即 $\qquad (A-E)B=3A.$

于是 $\qquad (E-A^{-1})B=3E.$

由 $|A^{*}|=|A|^{n-1}$ 得 $|A|^{3}=|A^{*}|=8,$ 即 $|A|=2.$

故 $A^{-1}=\dfrac{1}{|A|}A^{*}=\dfrac{1}{2}A^{*},$ 并且 $(2E-A^{*})B=6E.$

从而 $\qquad B=6(2E-A^{*})^{-1}$

$$=6\begin{bmatrix} 1 & 0 & 0 & 0 \\ 0 & 1 & 0 & 0 \\ -1 & 0 & 1 & 0 \\ 0 & 3 & 0 & -6 \end{bmatrix}^{-1}=6\begin{bmatrix} 1 & 0 & 0 & 0 \\ 0 & 1 & 0 & 0 \\ 1 & 0 & 1 & 0 \\ 0 & \dfrac{1}{2} & 0 & -\dfrac{1}{6} \end{bmatrix}$$

$$=\begin{bmatrix} 6 & 0 & 0 & 0 \\ 0 & 6 & 0 & 0 \\ 6 & 0 & 6 & 0 \\ 0 & 3 & 0 & -1 \end{bmatrix}.$$

解法二　由 $A^* = \begin{bmatrix} 1 & 0 & 0 & 0 \\ 0 & 1 & 0 & 0 \\ 1 & 0 & 1 & 0 \\ 0 & -3 & 0 & 8 \end{bmatrix}$ 及 $(A^*)^{-1} = \dfrac{1}{|A^*|}(A^*)^*$ 得

$$(A^*)^{-1} = \begin{bmatrix} 1 & 0 & 0 & 0 \\ 0 & 1 & 0 & 0 \\ -1 & 0 & 1 & 0 \\ 0 & \dfrac{3}{8} & 0 & \dfrac{1}{8} \end{bmatrix},$$

由 $AA^* = |A|E$ 及 $|A^*| = |A|^{n-1}$,得 $|A| = 2$,则 $AA^* = 2E.$

即　　　　　　　$A = 2(A^*)^{-1} = \begin{bmatrix} 2 & 0 & 0 & 0 \\ 0 & 2 & 0 & 0 \\ -2 & 0 & 2 & 0 \\ 0 & \dfrac{3}{4} & 0 & \dfrac{1}{4} \end{bmatrix}.$

于是　　　　　　$A - E = \begin{bmatrix} 1 & 0 & 0 & 0 \\ 0 & 1 & 0 & 0 \\ -2 & 0 & 1 & 0 \\ 0 & \dfrac{3}{4} & 0 & -\dfrac{3}{4} \end{bmatrix},$

所以　　　　　$(A - E)^{-1} = \begin{bmatrix} 1 & 0 & 0 & 0 \\ 0 & 1 & 0 & 0 \\ 2 & 0 & 1 & 0 \\ 0 & 1 & 0 & -\dfrac{4}{3} \end{bmatrix}.$

故

$$B = 3(A - E)^{-1}A = 3\begin{bmatrix} 1 & 0 & 0 & 0 \\ 0 & 1 & 0 & 0 \\ 2 & 0 & 1 & 0 \\ 0 & 1 & 0 & -\dfrac{4}{3} \end{bmatrix}\begin{bmatrix} 2 & 0 & 0 & 0 \\ 0 & 2 & 0 & 0 \\ -2 & 0 & 2 & 0 \\ 0 & \dfrac{3}{4} & 0 & \dfrac{1}{4} \end{bmatrix}$$

$$= \begin{bmatrix} 6 & 0 & 0 & 0 \\ 0 & 6 & 0 & 0 \\ 6 & 0 & 6 & 0 \\ 0 & 3 & 0 & -1 \end{bmatrix}.$$

例 2.30　求矩阵 A 的秩：

$$(1)\ A = \begin{bmatrix} 1 & -1 & 2 & 1 & 0 \\ 2 & -2 & 4 & 2 & 0 \\ 3 & 0 & 6 & -1 & 1 \\ 0 & 3 & 0 & 0 & 1 \end{bmatrix}; \quad (2)\ B = \begin{bmatrix} 2 & -3 & 8 & 2 \\ 2 & 12 & -2 & 12 \\ 1 & 3 & 1 & 4 \end{bmatrix}.$$

解　（1）用初等变换求矩阵的秩

$$A = \begin{bmatrix} 1 & -1 & 2 & 1 & 0 \\ 2 & -2 & 4 & 2 & 0 \\ 3 & 0 & 6 & -1 & 1 \\ 0 & 3 & 0 & 0 & 1 \end{bmatrix} \longrightarrow \begin{bmatrix} 1 & -1 & 2 & 1 & 0 \\ 0 & 0 & 0 & 0 & 0 \\ 0 & 3 & 0 & -4 & 1 \\ 0 & 3 & 0 & 0 & 1 \end{bmatrix} \longrightarrow \begin{bmatrix} 1 & 0 & 2 & 0 & \frac{1}{3} \\ 0 & 3 & 0 & 0 & 1 \\ 0 & 0 & 0 & 1 & 0 \\ 0 & 0 & 0 & 0 & 0 \end{bmatrix},$$

因此 $R(A) = 3$.

（2）用子式求矩阵的秩

一阶子式　$D_1 = |\,2\,| = 2 \neq 0$,

二阶子式　$D_2 = \begin{vmatrix} 2 & -3 \\ 3 & 12 \end{vmatrix} = 30 \neq 0$,

而包含 D_2 的三阶子式共有 2 个

$$\begin{vmatrix} 2 & -3 & 8 \\ 2 & 12 & -2 \\ 1 & 3 & 1 \end{vmatrix} = 0, \quad \begin{vmatrix} 2 & -3 & 2 \\ 2 & 12 & 12 \\ 1 & 3 & 4 \end{vmatrix} = 0,$$

因此 $R(A) = 2$.

例 2.31　求 n 阶方阵 A 的秩

$$A = \begin{bmatrix} a & b & \cdots & b \\ b & a & \cdots & b \\ \vdots & \vdots & & \vdots \\ b & b & \cdots & a \end{bmatrix}, n \geqslant 2,$$

解　对矩阵 A 作初等变换化为阶梯形矩阵

$$A \xrightarrow{\text{把第 } j \text{ 列加到第 1 列上 } j = 2,3,\cdots,n} \begin{bmatrix} a+(n-1)b & b & \cdots & b \\ a+(n-1)b & a & \cdots & b \\ \vdots & \vdots & & \vdots \\ a+(n-1)b & b & \cdots & a \end{bmatrix}$$

$$\xrightarrow{\text{把第 1 行乘}(-1)\text{分别加到第 } i \text{ 行上 } i = 2,3,\cdots,n} \begin{bmatrix} a+(n-1)b & b & \cdots & b \\ 0 & a-b & \cdots & 0 \\ \vdots & \vdots & & \vdots \\ 0 & 0 & \cdots & a-b \end{bmatrix}$$

可见

$$R(A) = \begin{cases} n, & a \neq b \text{ 且 } a + (n-1)b \neq 0, \\ 0, & a = b = 0, \\ 1, & a = b \neq 0, \\ n-1, & a = -(n-1)b. \end{cases}$$

例 2.32　设 A, B 均为 n 阶方阵,证明:

$$R(AB) \geqslant R(A) + R(B) - n$$

证　设 $R(A) = r, R(B) = s$,则存在可逆阵 P_1, Q_1, P_2, Q_2,使

$$P_1 A Q_1 = \begin{bmatrix} E_r & 0 \\ 0 & 0 \end{bmatrix}, P_2 B Q_2 = \begin{bmatrix} E_s & 0 \\ 0 & 0 \end{bmatrix}.$$

于是　　　　　　$P_1 A B Q_2 = P_1 A Q_1 (Q_1^{-1} P_2^{-1}) P_2 B Q_2.$

令　　　　　　　$C = Q_1^{-1} P_2^{-1} = (c_{ij})_{n \times n},$

则

$$P_1 A B Q_2 = \begin{bmatrix} E_r & 0 \\ 0 & 0 \end{bmatrix} \begin{bmatrix} c_{11} & \cdots & c_{1n} \\ \vdots & & \vdots \\ c_{n1} & \cdots & c_{nn} \end{bmatrix} \begin{bmatrix} E_s & 0 \\ 0 & 0 \end{bmatrix}$$

$$= \begin{bmatrix} c_{11} & \cdots & c_{1s} & 0 \\ \vdots & & \vdots & \vdots \\ c_{r1} & \cdots & c_{rs} & 0 \\ 0 & \cdots & 0 & 0 \end{bmatrix}_{n \times n} = C_*$$

由于任一矩阵每减少一行(或列)其秩减少不超过 1,且 $R(C) = n$.

故　　　　　$R(C_*) \geqslant n - (n-r) - (n-s) = r + s - n.$

即　　　　　　　$R(AB) \geqslant R(A) + R(B) - n.$

例 2.33　设 A 为 n 阶方阵,且 $3E_n + 4A - 4A^2 = 0$,则

$$R(E_n + 2A) + R(3E_n - 2A) = n.$$

证　由 $3E_n + 4A - 4A^2 = 0$ 得 $(E_n + 2A)(3E_n - 2A) = 0,$

由　　　$R(AB) \geqslant R(A) + R(B) - n$

知　　　$R(E_n + 2A) + R(3E_n - 2A) \leqslant n,$

再由　　$(E_n + 2A) + (3E_n - 2A) = 4E_n, R(A + B) \leqslant R(A) + R(B)$

得　　　$R(E_n + 2A) + R(3E_n - 2A) \geqslant R(4E_n) = R(E_n) = n.$

综合之,得　　　　$R(E_n + 2A) + R(3E_n - 2A) = n.$

例 2.34　设 A 是对称矩阵,B 是反对称矩阵,则 AB 是反对称矩阵的充分必要条件是 $AB = BA$.

证　必要性:已知 $A^T = A, B^T = -B, (AB)^T = -AB,$

又 $$(AB)^T = B^T A^T = -BA,$$

所以，$-AB = -BA$，即 $AB = BA$.

充分性： 因 $A^T = A, B^T = -B, AB = BA$,

所以，$(AB)^T = B^T A^T = -BA = -AB$，即 $(AB)^T = -AB$. 故 AB 为反对称矩阵.

例 2.35 证明任何一个 n 阶方阵都可表示成一个对称矩阵与一个反对称矩阵之和.

证 设 A 为任意一个 n 阶方阵，A^T 为 A 的转置矩阵，构造矩阵

$$B = \frac{1}{2}(A + A^T), C = \frac{1}{2}(A - A^T),$$

而 $B^T = \frac{1}{2}(A^T + A) = B, C^T = \frac{1}{2}(A^T - A) = -\frac{1}{2}(A - A^T) = -C,$

所以 B 为对称矩阵，C 为反对称矩阵，且 $A = B + C$，故命题得证.

例 2.36 设 A, B 都是对称矩阵，B 和 $E + AB$ 都可逆，求证：$B(E + AB)^{-1}$ 是对称矩阵.

证 因 B 和 $E + AB$ 都可逆，所以

$$B(E + AB)^{-1} = B(B^{-1}B + AB)^{-1} = B[(B^{-1} + A)B]^{-1}$$
$$= BB^{-1}(B^{-1} + A)^{-1} = (B^{-1} + A)^{-1}.$$

又因 A, B 都是对称矩阵，即 $A^T = A, B^T = B$.

所以 $[B(E + AB)^{-1}]^T = [(B^{-1} + A)^{-1}]^T = [(B^{-1} + A)^T]^{-1}$
$$= [(B^T)^{-1} + A^T]^{-1} = (B^{-1} + A)^{-1}$$
$$= B(E + AB)^{-1}.$$

于是 $B(E + AB)^{-1}$ 是对称矩阵.

例 2.37 设 A 是 $m \times n$ 矩阵，B 是矩阵 $n \times m$，证明：

$$|E_m - AB| = |E_n - BA|.$$

证 构造分块矩阵 $\begin{bmatrix} E_m & A \\ B & E_n \end{bmatrix}$.

因为 $\begin{bmatrix} E_m & 0 \\ -B & E_n \end{bmatrix}\begin{bmatrix} E_m & A \\ B & E_n \end{bmatrix} = \begin{bmatrix} E_m & A \\ 0 & E_n - BA \end{bmatrix},$

$\begin{bmatrix} E_m & -A \\ 0 & E_n \end{bmatrix}\begin{bmatrix} E_m & A \\ B & E_n \end{bmatrix} = \begin{bmatrix} E_m - AB & 0 \\ B & E_n \end{bmatrix},$

所以 $\begin{vmatrix} E_m & A \\ B & E_n \end{vmatrix} = \begin{vmatrix} E_m & A \\ 0 & E_n - BA \end{vmatrix} = |E_n - BA|,$

$\begin{vmatrix} E_m & A \\ B & E_n \end{vmatrix} = \begin{vmatrix} E_m - AB & 0 \\ B & E_n \end{vmatrix} = |E_m - AB|.$

故　　　　　　　　　　$|E_m - AB| = |E_n - BA|.$

注:本题结论表明:当 $m > n$ 时,可把 m 阶行列式 $|E_m - BA|$ 转化为 n 阶行列式 $|E_n - BA|$ 来计算.利用 $|E_m - AB| = |E_n - BA|$,还可以证明:当 $m \geqslant n, \lambda \neq 0$ 时,$|\lambda E_m - AB| = \lambda^{m-n}|\lambda E_n - BA|$.事实上 $|\lambda E_m - AB| = \lambda^m\left|E_m - \dfrac{1}{\lambda}AB\right| = \lambda^m\left|E_n - \dfrac{1}{\lambda}BA\right| = \lambda^{m-n}|\lambda E_n - BA|.$

例 2.38　设 n 阶方阵 A 满足 $A^3 + A^2 - A - E = 0$,且 $|A - E| \neq 0$,证明 A^{-1} 存在,且 $A^{-1} = -(A + 2E).$

证　由 $A^3 + A^2 - A - E = 0$ 得

$$A^2(A + E) - (A + E) = (A^2 - E)(A + E) = (A - E)(A + E)^2 = 0,$$

即　　　　　　　　　　$(A - E)(A^2 + 2A + E) = 0.$

因 $|A - E| \neq 0$,故 $A - E$ 可逆,用 $(A - E)^{-1}$ 左乘上式,得

$$A^2 + 2A + E = (A - E)^{-1} \cdot 0 = 0,$$

即　　　　　　　　　　$A^2 + 2A = -E,$

于是　　　　　　　　　　$A[-(A + 2E)] = E,$

由逆矩阵的定义知 A 可逆,且 $A^{-1} = -(A + 2E).$

例 2.39　设 A, B 是同阶方阵,且 $E - AB$ 是可逆阵,证明 $E - BA$ 是可逆阵,并求其逆矩阵.

证　因 $E - AB$ 可逆,则存在矩阵 C,使

$$(E - AB)C = C(E - AB) = E,$$

即　　　　　　　　　$C - ABC = C - CAB = E,$

于是　　$ABC = CAB = C - E$,有 $B(ABC)A = B(CAB)A,$

从而　　$E + BCA - BA - BA(BCA) = E$,即

$$(E - BA)(E + BCA) = E.$$

故 $E - BA$ 可逆,且 $(E - BA)^{-1} = E + BCA.$

例 2.40　设 A, B 都是 n 阶方阵,其中 A 可逆,且存在数 λ 使

$$A = (A - \lambda E)B,$$

试证 $AB = BA.$

证法一　由题设知

$$A = (A - \lambda E)B = AB - \lambda B. \tag{2.1}$$

因为 A 可逆,用 A^{-1} 左乘上式得

$$E = A^{-1}A = A^{-1}AB - A^{-1}\lambda B = B - \lambda A^{-1}B = (E - \lambda A^{-1})B,$$

根据逆矩阵的定义知 $B^{-1} = (E - \lambda A^{-1})$,则

$$B(E - \lambda A^{-1}) = E \quad 即 \quad B(A - \lambda E)A^{-1} = E,$$

用 A 右乘上式,可得 $B(A - \lambda E) = A$,即

$$A = B(A - \lambda E) = BA - \lambda B. \tag{2.2}$$

比较 (2.1),(2.2) 两式可得 $AB = BA$.

证法二 因为 A 可逆,故 $|A| \neq 0$. 又由 $A = (A - \lambda E)B$,知 $|A - \lambda E|$ $|B| = |A| \neq 0$,则 $|A - \lambda E| \neq 0$,且 $|B| \neq 0$,故 $A - \lambda E$ 与 B 均可逆,从而

$$\begin{aligned}
A^{-1}B^{-1} &= [(A - \lambda E)B]^{-1}B^{-1} = B^{-1}(A - \lambda E)^{-1}B^{-1} \\
&= B^{-1}[(E - \lambda A^{-1})A]^{-1}B^{-1} = B^{-1}A^{-1}(E - \lambda A^{-1})^{-1}B^{-1} \\
&= B^{-1}A^{-1}(A - \lambda E)^{-1}AB^{-1} = B^{-1}A^{-1}BA^{-1}AB^{-1} \\
&= B^{-1}A^{-1},
\end{aligned}$$

故 $(A^{-1}B^{-1})^{-1} = (B^{-1}A^{-1})^{-1}$,即 $AB = BA$.

例 2.41 设 n 阶矩阵 A,B 和 $A + B$ 均可逆,证明:

(1) $A^{-1} + B^{-1}$ 也可逆,且

$$(A^{-1} + B^{-1})^{-1} = A(A + B)^{-1}B = B(A + B)^{-1}A;$$

(2) $(A + B)^{-1} = A^{-1} - A^{-1}(A^{-1} + B^{-1})^{-1}A^{-1}$.

证 (1) 因 $\quad (A^{-1} + B^{-1})[A(A + B)^{-1}B]$

$$\begin{aligned}
&= (A + B)^{-1}B + B^{-1}A(A + B)^{-1}B \\
&= (E + B^{-1}A)(A + B)^{-1}B \\
&= (E + B^{-1}A)[B^{-1}(A + B)]^{-1} \\
&= (E + B^{-1}A)(B^{-1}A + E)^{-1} \\
&= E,
\end{aligned}$$

所以 $\quad\quad\quad (A^{-1} + B^{-1})^{-1} = A(A + B)^{-1}B.$

同理可证 $\quad\quad (A^{-1} + B^{-1}) = B(A + B)^{-1}A.$

(2) 由 (1) 的结果有

$$\begin{aligned}
&(A + B)[A^{-1} - A^{-1}(A^{-1} + B^{-1})^{-1}A^{-1}] \\
&= (A + B)[A^{-1} - A^{-1}A(A + B)^{-1}BA^{-1}] \\
&= (A + B)[A^{-1} - (A + B)^{-1}BA^{-1}] \\
&= (A + B)[E - (A + B)^{-1}B]A^{-1} \\
&= (A + B)(A + B)^{-1}[A + B - B]A^{-1} \\
&= (A + B)(A + B)^{-1}AA^{-1} \\
&= E,
\end{aligned}$$

故 $\quad\quad\quad (A + B)^{-1} = A^{-1} - A^{-1}(A^{-1} + B^{-1})^{-1}A^{-1}.$

例 2.42 设 n 阶方阵 A 的行列式 $|A| = k \neq 0$,如果 A 的第 i 行上每一个元素乘同一个非零常数 k 后得到矩阵 B.

(1) 证明 B 可逆,并求 B^{-1}.

(2) 求 AB^{-1} 及 BA^{-1}.

(3) 证明 A^{-1} 的第 i 列上每一个元素乘同一个常数 $\dfrac{1}{k}$ 后得到矩阵 B^{-1}.

(4) 证明 A^* 的第 i 列上每一个元素乘同一个常数 $\dfrac{1}{k}$ 后得到矩阵 $\dfrac{1}{k}B^*$.

证 (1) 由题设知 $|A| \neq 0$,则 A 可逆,又 $A \xrightarrow{\text{第}i\text{行}\times k} B$ 相当于用初等矩阵 $E(i(k))$ 左乘矩阵 A 得到矩阵 B,即 $B = E(i(k))A$. 显然 $E(i(k))$ 可逆,故 B 可逆,且

$$B^{-1} = A^{-1}E^{-1}(i(k)),$$

而

$$E^{-1}(i(k)) = E\left(i\left(\frac{1}{k}\right)\right),$$

故

$$B^{-1} = A^{-1}E\left(i\left(\frac{1}{k}\right)\right).$$

(2) 由 $B = E(i(k))A$,可得 $AB^{-1} = E^{-1}(i(k)) = E\left(i\left(\frac{1}{k}\right)\right)$ 在 $B = E(i(k))A$ 两边右乘 A^{-1},得 $BA^{-1} = E(i(k))$.

(3) 由(1)知 $E^{-1}(i(k)) = E\left(i\left(\frac{1}{k}\right)\right)$,$E\left(i\left(\frac{1}{k}\right)\right)$ 是以数 $\frac{1}{k}(k \neq 0)$ 乘单位矩阵第 i 行得到的初等矩阵,以 $E\left(i\left(\frac{1}{k}\right)\right)$ 右乘矩阵 A^{-1} 得到 B^{-1},由初等变换的有关结论知,B^{-1} 是由 A^{-1} 的第 i 列上每一个元素同乘一个常数 $\frac{1}{k}$ 而得到.

(4) 由 $A^{-1} = \dfrac{1}{|A|}A^*$,得 $A^* = |A|A^{-1}$,则

$$A^*E\left(i\left(\frac{1}{k}\right)\right) = |A|A^{-1}E\left(i\left(\frac{1}{k}\right)\right),$$

由(1)知 $B^{-1} = A^{-1}E\left(i\left(\frac{1}{k}\right)\right)$,且 $|B| = |E(i(k))A| = k|A|$,

即 $|A| = \dfrac{1}{k}|B|$,所以

$$A^*E\left(i\left(\frac{1}{k}\right)\right) = |A|A^{-1}E\left(i\left(\frac{1}{k}\right)\right) = \frac{|B|}{k}B^{-1} = \frac{1}{k}B^*.$$

从而说明 $\qquad\qquad A^* \xrightarrow{\text{第}i\text{列}\times \frac{1}{k}} \frac{1}{k}B^*.$

习　题　二

(一) 填空题

1. 设 A, B, C 为同阶方阵,且 $AB = AC$,则当_____时,有 $B = C$.

2. 已知 $A = \begin{bmatrix} -1 & 0 & 0 \\ 1 & -1 & 0 \\ 1 & -1 & 1 \end{bmatrix}$, E 为单位阵,则 $(A - 2E)^{-1}(A^2 - 4E) = $_____.

3. 已知 $A = \begin{bmatrix} \frac{\sqrt{2}}{2} & a & 0 \\ 0 & 0 & 1 \\ b & c & 0 \end{bmatrix}$,则当 a, b, c 满足_____时. A 为可逆阵.

4. 设 $A = \begin{bmatrix} 1 & 0 \\ \lambda & 1 \end{bmatrix}$,则 $A^k = $_____.

5. 设 A、B 为 n 阶方阵且 $|A| = 2$, $|B| = 3$,则 $\Big| |A| B \Big| = $_____.

6. 设 $A = \begin{bmatrix} 1 & 2 \\ 1 & 0 \end{bmatrix}$, $B = \begin{bmatrix} -1 & 1 \\ 0 & 1 \end{bmatrix}$,则 $(AB)^T = $_____, $|(AB)^{-1}| = $_____, $|(AB)^2| = $_____.

7. 已知 $A = \begin{bmatrix} -1 & 1 & 0 \\ 1 & -1 & 0 \\ 0 & 0 & 0 \end{bmatrix}$, $r(B_{3 \times 5}) = 2$,则 $r((E + A)B) = $_____.

8. $|kA|_n = $_____ $|A|_n$.

9. $A = \begin{bmatrix} 1 & 2 & 5 & \lambda + t \\ \lambda - t & 1 & 3 & 4 \\ 5 & 3 & 2 & 2 \\ 0 & 4 & 2 & 3 \end{bmatrix}$,当 $\lambda = $_____, $t = $_____ 时, A 为对称矩阵.

10. 设矩阵 A 中有一个 r 阶子式 $D \neq 0$,而所有包含 D 的 $r + 1$ 阶子式(如果存在的话)全为 0.则 A 中所有 $r + 1$ 阶子式全为_____,从而 $R(A) = $_____.

11. 设 A 为 4 阶方阵,又 $|A| = 2$,则 $|3A| = $_____.

12. 设 A 为 n 阶可逆阵, A^* 是 A 的伴随矩阵,则 AA^*_____, $(A^*)^{-1} = $_____.

13. A, B 均为 n 阶方阵,则 $|AB| = $_____.

14. 设 $A = \begin{bmatrix} 2 & -1 \\ -3 & 3 \end{bmatrix}$, $f(\lambda) = \lambda^2 - 5\lambda + 3$,则 $f(A) = A^2 - 5A + 3E = $_____.

15. 若 A 与 B 都是 n 阶矩阵,则 AB 不可逆的充要条件是_____.

16. $A = \begin{bmatrix} 1 & 1 & 1 \\ 0 & 1 & 1 \\ 0 & 0 & 1 \end{bmatrix}$　$B = \begin{bmatrix} 1 & -2 & 0 \\ 3 & 0 & -3 \\ 0 & 1 & 0 \end{bmatrix}$，则 $|(AB)^3| = $ _____．

17. 若将 n 阶行列式 D 中每个元素添上负号得一新的行列式 $\overline{D}$，则 $\overline{D} = $ _____ D．

18. 已知 $A = \begin{bmatrix} 1 & 0 & 0 \\ 2 & 3 & 0 \\ 4 & 6 & 3 \end{bmatrix}$，则 $A^{-1} = $ _____；已知 $B^{-1} = \begin{bmatrix} 1 & 0 & 0 \\ 2 & 3 & 0 \\ 4 & 6 & 3 \end{bmatrix}$，则 $B^* = $ _____；已

知 $C^* = \begin{bmatrix} 1 & 0 & 0 \\ 2 & 3 & 0 \\ 4 & 6 & 3 \end{bmatrix}$，则 $C = $ _____．

19. $m \times n$ 阶矩阵 A 与 B 等价的充分必要条件是：存在 _____ 阶可逆方阵 P 及 _____ 阶可逆方阵 Q，使 $PAQ = B$．

(二) 选择题

1. A 为四阶方阵，则 $|3A|$ 为（　　）．

　　(A) $4^3 |A|$；　　　　(B) $3|A|$；　　　　(C) $4|A|$；　　　　(D) $3^4 |A|$．

2. 若 $|A| = 2$，且 A 为 5 阶方阵，则 $|-2A| = $（　　）．

　　(A) 4；　　　　　　(B) -4；　　　　　(C) -64；　　　　(D) 64．

3. 设 A 是任一 $n(n \geqslant 3)$ 阶方阵，A^* 是其伴随矩阵，又 k 为常数，且 $k \neq 0, \pm 1$，则必有
   $(kA)^* = $（　　）．

　　(A) kA^*；　　　　(B) $k^{n-1}A^*$；　　　　(C) $k^n A^*$；　　　　(D) $k^{-1}A^*$．

4. 设 A, B 是两个 n 阶可逆矩阵，则分块矩阵 $\begin{bmatrix} 0 & A \\ B & 0 \end{bmatrix}$ 的逆矩阵 $\begin{bmatrix} 0 & A \\ B & 0 \end{bmatrix}^{-1}$ 为（　　）．

　　(A) $\begin{bmatrix} 0 & A^{-1} \\ B^{-1} & 0 \end{bmatrix}$；　　　　　　　　(B) $\begin{bmatrix} 0 & B^{-1} \\ A^{-1} & 0 \end{bmatrix}$；

　　(C) $\begin{bmatrix} A^{-1} & 0 \\ 0 & B^{-1} \end{bmatrix}$；　　　　　　　　(D) $\begin{bmatrix} B^{-1} & 0 \\ 0 & A^{-1} \end{bmatrix}$．

5. 对任一矩阵 A，则 AA^T 为 _____．

　　(A) 对称矩阵；　　(B) 可逆阵；　　　(C) 单位阵；　　　(D) 正交矩阵．

6. 若 A 为方阵，且 $A^2 = A$，则 _____．

　　(A) $A = E$；　　　　　　　　　　　(B) $A = 0$ 或 $A = E$；

　　(C) A 可以既不零阵，也不是单位阵；　(D) A 只能是零阵．

7. 若 $AB = 0$，则 _____．

　　(A) A, B 都可能是非零矩阵；　　　　(B) A, B 一定是非零矩阵；

　　(C) A 或 B 一定是零矩阵；　　　　　(D) A 和 B 一定都是零矩阵．

8.若 A 为 n 阶方阵,则 $|A|E=$ _____(其中 E 为 n 阶单位阵).

(A) $|A|$;　　　　　　　　　　　　(B) $|A|^n$;

(C) $\begin{bmatrix} |A| & & & 0 \\ & |A| & & \\ & & \ddots & \\ 0 & & & |A| \end{bmatrix}_{n\times n}$;　　(D) A.

9.设 A 是 n 阶可逆方阵,A^* 是 A 的伴随矩阵则_____.

(A) $|A^*|=|A|^{n-1}$;　　　　　　(B) $|A^*|=|A|^n$;

(C) $|A^*|=|A^{-1}|$;　　　　　　(D) $|A^*|=|A|^{n+1}$.

10.设 $A_{3\times4}$,$B_{4\times3}$,则下列结论中( )是不正确的.

(A) $|BA|\neq 0$;　　　　　　　　(B) $|A^TB^T|$ 有意义;

(C) $R(A)=R(A^T)\leqslant 3$;　　　(D) $R(AB)\leqslant 3$.

11.设 $A=\begin{bmatrix} A_1 & B \\ 0 & A_2 \end{bmatrix}$,其中 A_1,A_2 都是方阵,且 $|A|\neq 0$,则有( ).

(A) A_1 可逆;　　　　　　　　　(B) A_2 可逆;

(C) A_1,A_2 可逆性无法判定;　(D) A_1,A_2 均可逆.

12.若 A 与 B 为同阶可逆方阵,则方阵 $\begin{bmatrix} A & C \\ 0 & B \end{bmatrix}$ 的逆矩阵是( ).

(A) $\begin{bmatrix} A^{-1} & C \\ 0 & B^{-1} \end{bmatrix}$;　　　　　　(B) $\begin{bmatrix} A^{-1} & 0 \\ C & B^{-1} \end{bmatrix}$;

(C) $\begin{bmatrix} A^{-1} & -A^{-1}CB^{-1} \\ 0 & B^{-1} \end{bmatrix}$;　　(D) 不存在.

13.A,B 为对称阵,则 AB 是( ).

(A) 对称阵;　　　　　　　　　　(B) 不一定是对称阵;

(C) 可逆对称阵;　　　　　　　　(D) 反对称阵.

14.$C=AB$(C,A,B 皆为矩阵),则 $R(C)$( )$R(A)$.

(A) $>$;　　　　(B) $\geqslant$;　　　　(C) $<$;　　　　(D) $\leqslant$.

15.若 A,B,C 为同阶方阵,且 A 可逆,下式( )必成立.

(A) 若 $AB=AC$,则 $B=C$;　　　　(B) 若 $AB=CB$,则 $A=C$;

(C) 若 $AC=BC$,则 $A=B$;　　　　(D) 若 $BC=0$,则 $B=0$ 或 $C=0$.

16.设矩阵 A 与 B 等价,A 有一个 k 阶子式不等于零,则 $R(B)$ _____ k.

(A) $<$;　　　　(B) $=$;　　　　(C) $\geqslant$;　　　　(D) $\leqslant$.

17.设 $P=\begin{bmatrix} 2 & 0 & 0 \\ 0 & 3 & 0 \\ 0 & 0 & 4 \end{bmatrix}$,$A=\begin{bmatrix} a_1 & a_2 & a_3 \\ b_1 & b_2 & b_3 \\ c_1 & c_2 & c_3 \end{bmatrix}$,则( ).

$$(A)\ PA = \begin{bmatrix} 2a_1 & 3a_2 & 4a_3 \\ 2b_1 & 3b_2 & 4b_3 \\ 2c_1 & 3c_2 & 4c_3 \end{bmatrix};\qquad (B)\ PA = \begin{bmatrix} 2a_1 & 2a_2 & 2a_3 \\ 3b_1 & 3b_2 & 3b_3 \\ 4c_1 & 4c_2 & 4c_3 \end{bmatrix};$$

$$(C)\ PA = \begin{bmatrix} 2a_1 & a_2 & a_3 \\ b_1 & 3b_2 & b_3 \\ c_1 & c_2 & 4c_3 \end{bmatrix};\qquad (D)\ PA = \begin{bmatrix} 4a_1 & a_2 & a_3 \\ b_1 & 3b_2 & b_3 \\ c_1 & c_2 & 2c_3 \end{bmatrix}.$$

18. 设 $A\begin{bmatrix} a_1 & a_2 & a_3 \\ b_1 & b_2 & b_3 \end{bmatrix}$, B,C 都是方阵,且 ABC 有意义,则(　　).

(A) B,C 都是 2 阶方阵;　　　　　　(B) B,C 分别是 2,3 阶方阵;

(C) B,C 都是 3 阶方阵;　　　　　　(D) B,C 分别是 3,2 阶方阵.

19. 设 A 为三阶方阵,且与所有的三阶方阵 B 可交换(即 $AB = BA$),则(　　).

$$(A)\ A = \begin{bmatrix} a_1 & & \\ & a_2 & \\ & & a_3 \end{bmatrix}\ a_1,a_2,a_3\ 互不相等;$$

$$(B)\ A = \begin{bmatrix} 1 & 0 & 0 \\ 0 & 1 & 0 \\ 0 & 0 & 1 \end{bmatrix};$$

(C) A 是数量矩阵;

(D) $A = 0$.

20. 设 $A = \begin{bmatrix} a_1 & & \\ & a_2 & \\ & & a_3 \end{bmatrix}$, a_1,a_2,a_3 互不相等, $B = \begin{bmatrix} b_{11} & b_{12} & b_{13} \\ b_{21} & b_{22} & b_{33} \\ b_{31} & b_{32} & b_{33} \end{bmatrix}$ 且 $AB = BA$,

则(　　).

(A) $B = E$;　　　　　　　　　　(B) $B = A$;

$$(C)\ B = 0;\qquad\qquad (D)\ B = \begin{bmatrix} b_{11} & 0 & 0 \\ 0 & b_{22} & 0 \\ 0 & 0 & b_{33} \end{bmatrix}.$$

21. 设 $A = \begin{bmatrix} a_{11} & a_{12} & a_{13} \\ a_{21} & a_{22} & a_{23} \\ a_{31} & a_{32} & a_{33} \end{bmatrix}$, $B = \begin{bmatrix} A_{11} & A_{12} & A_{13} \\ A_{21} & A_{22} & A_{23} \\ A_{31} & A_{32} & A_{33} \end{bmatrix}$. 其中 A_{ij} 是 A 中元素 a_{ij} 的代数余子

式,则(　　).

(A) $|B| = |A|$;　　(B) $|B| = |A|^2$;　　(C) $|B| = |A|^3$;　　(D) $|B| = 0$.

22. 设 $A = \begin{bmatrix} a_1 & & \\ & a_2 & \\ & & a_3 \end{bmatrix}$, a_1,a_2,a_3 互不相等的三个数,则 A 为(　　).

(A) 可逆矩阵；　　(B) 反对称矩阵；　(C) 上三角矩阵；　(D) 退化矩阵.

23.设 A 是三阶反对称矩阵,则(　　).

(A) $|A| = 0$；　　(B) $|A| \neq 0$；　　(C) $|A| = 1$；　　(D) $|A|$ 的值不确定.

24.设 A 是 $n \times m$ 矩阵,B 是 $m \times s$ 矩阵,则(　　).

(A) 秩$(AB) \leqslant \min[秩(A),秩(B)]$；

(B) 秩$(AB) = \max[秩(A),秩(B)]$；

(C) 秩$(AB) \geqslant \min[秩(A),秩(B)]$；

(D) 秩$(AB) \geqslant \max[秩(A),秩(B)]$.

25.设 A,B 都是 $m \times n$ 矩阵,则(　　).

(A) 秩$(A+B) = 秩(A) + 秩(B)$；　　(B) 秩$(A+B) \leqslant 秩(A) + 秩(B)$；

(C) 秩$(A+B) < 秩(A) + 秩(B)$；　　(D) 秩$(A+B) \geqslant 秩(A) + 秩(B)$.

26.A 是 n 阶方阵,则(　　).

(A) 秩$(A^n) < 秩(A^{n+1})$；　　　　(B) 秩$(A^n) > 秩(A^{n+1})$；

(C) 秩$(A^n) = 秩(A^{n+1})$；　　　　(D) 以是三者都不对.

27.设 A 是三阶方阵,P 是三阶初等矩阵,则(　　).

(A) 秩$(PA) < 秩(A)$；　　　　　　(B) 秩$(PA) > 秩(A)$；

(C) 秩$(PA) = 秩(A)$；　　　　　　(D) 秩$(PA) = 3$.

28.设 A,B,C 是三个同阶方阵,且 $ABC = E$.下列等式:$ACB = E$;$BAC = E$;$BCA = E$;$CAB = E$;$CBA = E$.其中正确的个数有(　　).

(A) 1个；　　　　(B) 2个；　　　　(C) 3个；　　　　(D) 4个.

29.设 A 是 n 阶方阵,且 $A^S = 0$,则(　　).

(A) $(E-A)^{-1} = 1/(E-A)$；　　　(B) $(E-A)^{-1} = E - A^{-1}$；

(C) $(E-A)^{-1} = A + A^2 + \cdots + A^S$；　(D) $(E-A)^{-1} = E + A + \cdots + A^{S-1}$.

30.设 A^* 是矩阵 $A = (a_{ji})_{n \times n}$ 的伴随矩阵,则 AA^* 中位于 (i,j) 的元素为(　　).

(A) $\sum_{k=1}^{n} a_{ik}A_{jk}$；　(B) $\sum_{k=1}^{n} a_{ik}A_{kj}$；　(C) $\sum_{k=1}^{n} a_{ki}A_{kj}$；　(D) $\sum_{k=1}^{n} a_{ki}A_{jk}$.

31.设 A,B,C 是三个 n 阶矩阵,则(　　).

(A) 如果 A 与 B 相似,B 与 C 不相似,那么 A 与 C 有可能相似；

(B) 如果 A 与 B 相似,B 与 C 不相似,那么 A 与 C 一定不相似；

(C) 如果 A 与 B 不相似,B 与 C 也不相似,那么 A 与 C 一定不相似；

(D) 如果 A 与 B 相似,B 与 C 相似,那么 A 与 C 有可能不相似.

(三) 计算题

1.已知 $AP = PB$,其中 $B = \begin{bmatrix} 1 & 0 & 0 \\ 0 & 0 & 0 \\ 0 & 0 & -1 \end{bmatrix}, P = \begin{bmatrix} 1 & 0 & 0 \\ 2 & -1 & 0 \\ 2 & 1 & 1 \end{bmatrix}$,求 A 及 A^5.

2.设四阶矩阵 $B = \begin{bmatrix} 1 & -1 & 0 & 0 \\ 0 & 1 & -1 & 0 \\ 0 & 0 & 1 & -1 \\ 0 & 0 & 0 & 1 \end{bmatrix}$，$C = \begin{bmatrix} 2 & 1 & 3 & 4 \\ 0 & 2 & 1 & 3 \\ 0 & 0 & 2 & 1 \\ 0 & 0 & 0 & 2 \end{bmatrix}$，且矩阵 A 满足关系式

$A(E - C^{-1}B)^T C^T = E$，其中 E 为四阶单位矩阵，C^{-1} 表示 C 的逆矩阵，C^T 表示 C 的转置矩阵，将上述关系式化简并求矩阵 A.

3.已知矩阵 $A = \begin{bmatrix} 1 & 1 \\ 0 & 1 \end{bmatrix}$，$B = \begin{bmatrix} 2 & 1 \\ 3 & 2 \end{bmatrix}$，试求 $(B^{-1}AB)^{100}$.

4.设 $A = \begin{bmatrix} 1 & 0 & 1 \\ 0 & 2 & 0 \\ 1 & 0 & 1 \end{bmatrix}$，而 $n \geqslant 2$ 为整数，求 $A^n - 2A^{n-1}$.

4.设 A,B 为 3 阶矩阵，E 为 3 阶单位阵，满足 $AB + E = A^2 + B$，又知 $A = \begin{bmatrix} 1 & 0 & 1 \\ 0 & 2 & 0 \\ -1 & 0 & 1 \end{bmatrix}$，求矩阵 B.

6.设 A 是 n 阶矩阵，满足 $AA' = E$（E 是 n 阶单位矩阵，A' 是 A 的转置矩阵），$|A| < 0$，求 $|A + E|$.

7.设 $\begin{bmatrix} 1 & -2 & 0 \\ 3 & -5 & 2 \\ -2 & 5 & 1 \end{bmatrix} X = \begin{bmatrix} 1 & 1 \\ 4 & 3 \\ 2 & 2 \end{bmatrix}$，求 X.

8.设 A 为 10×10 矩阵 $A = \begin{bmatrix} 0 & 1 & 0 & \cdots & 0 & 0 \\ 0 & 0 & 1 & \cdots & 0 & 0 \\ \vdots & \vdots & \vdots & & \vdots & \vdots \\ 0 & 0 & 0 & \cdots & 0 & 1 \\ 10^{10} & 0 & 0 & \cdots & 0 & 0 \end{bmatrix}$，计算行列式 $|\lambda E - A|$，其中 E 为 10 阶单位矩阵，λ 为常数.

9.已知三阶矩阵 A 的逆矩阵为 $A^{-1} = \begin{bmatrix} 1 & 1 & 1 \\ 1 & 2 & 1 \\ 1 & 1 & 3 \end{bmatrix}$，试求其伴随矩阵 A^* 的逆矩阵.

10.已知 $A^6 = E$，试求 A^{11}，其中：$A = \begin{bmatrix} \dfrac{\sqrt{2}}{2} & -\dfrac{\sqrt{2}}{2} \\ \dfrac{\sqrt{2}}{2} & \dfrac{\sqrt{2}}{2} \end{bmatrix}$.

11.设 A,B 为同阶可逆方阵，计算 $(A+B)(A^{-1} - A^{-1}(A^{-1} + B^{-1})^{-1}A^{-1})$.

12.已知矩阵 $A = \begin{bmatrix} 2 & -1 & 2 \\ 4 & -2 & 4 \\ 2 & -1 & 2 \end{bmatrix}$,求 A^n.

13.设矩阵 $A = \begin{bmatrix} 1 & 0 & 1 \\ 0 & 2 & 0 \\ 4 & 0 & 2 \end{bmatrix}$,矩阵 X 满足 $2AX + 3E = 2A^2 + X$,求矩阵 X.

14.已知矩阵 $A = \begin{bmatrix} 1 & 0 & 0 \\ 1 & 1 & 0 \\ 1 & 1 & 1 \end{bmatrix}$,$B = \begin{bmatrix} 0 & 1 & 1 \\ 1 & 0 & 1 \\ 1 & 1 & 0 \end{bmatrix}$,且矩阵 X 满足

$$AXA + BXB = AXB + BXA + E,$$

其中 E 是 3 阶单位阵,求 X.

(四) 证明题

1.设 A 是 n 阶可逆阵,试证:$|A^{-1}| = |A|^{-1}$.

2.设 A 是一个 n 阶方阵且 $|A| \neq 0 (n \geqslant 2)$ 求证:$|A^*| = |A|^{n-1} (A^*$ 为 A 的伴随矩阵$)$.

3.设 A 是非退化矩阵,证明:$(A^*)^{-1} = (A^{-1})^* = \dfrac{A}{|A|}$.

4.设 A, B, C, D 都是 $n \times n$ 矩阵,且 $|A| \neq 0$,证明:$\begin{vmatrix} A & B \\ C & D \end{vmatrix} = |AD - ACA^{-1}B|$.

5.设 n 阶方阵 A 满足 $A^2 + A + E = 0$,证明 A 可逆,并求 A^{-1}.

6.设 A 是 n 阶方阵,求证:A 可逆 $\Leftrightarrow A^*$ 可逆.

7.设 A 为 $n(n > 1)$ 阶可逆矩阵,求证:$(A^*)^* = |A|^{n-2}A$.

8.设 (a_{ij}) 为 $n(n > 1)$ 阶矩阵,求证:1° 若 $r(A) = n$ 则 $r(A^*) = n$;2° 若 $r(A) = n-1$,则 $r(A^*) = 1$;3° 若 $r(A) < n-1$ 则 $r(A^*) = 0$.

9.已知 A, B 为 3 阶矩阵,且满足 $2A^{-1}B = B - 4E$,其中 E 是 3 阶单位矩阵.

(1) 证明:矩阵 $A - 2E$ 可逆;

(2) 若 $B = \begin{bmatrix} 1 & -2 & 0 \\ 1 & 2 & 0 \\ 0 & 0 & 2 \end{bmatrix}$,求矩阵 A.

10.设 A 为 n 阶非零矩阵,且 $a_{ij} = A_{ij}$,求 $R(A)$,并证明 $n \geqslant 3$ 时,$|A| = 1$.

第三章 向 量

一、基本概念与理论

(一)n 维向量及其运算

1. n 维向量的概念

n 个实数 $a_1, a_2, \cdots, a_n$ 构成的有序数组 $(a_1, a_2, \cdots, a_n)$ 称为一个 n 维向量,记为

$$\alpha = (a_1, a_2, \cdots, a_n).$$

$$\beta = \begin{bmatrix} b_1 \\ b_2 \\ \vdots \\ b_n \end{bmatrix}$$ 称为 n 维列向量，β 可写 $\beta = (b_1, b_2, \cdots, b_n)^T$.

所有分量均为零的向量，称为零向量，记为 $\mathbf{0} = (0, 0, \cdots, 0)$.

由 n 维向量 $\alpha = (a_1, a_2, \cdots, a_n)$ 的各分量的相反数所构成的 n 维向量称为 α 的负向量，记为 $-\alpha$，即 $-\alpha = (-a_1, -a_2, \cdots, -a_n)$.

维数相同且对应分量均相等的向量称为相等向量.

2. n 维向量的线性运算及性质

设 $\alpha = (a_1, a_2, \cdots, a_n), \beta = (b_1, b_2, \cdots, b_n)$. k 为常数，则
$$\alpha \pm \beta = (a_1 \pm b_1, a_2 \pm b_2, \cdots, a_n \pm b_n),$$
$$k\alpha = (ka_1, ka_2, \cdots, ka_n).$$

设 α, β, γ 均为 n 维向量，λ, μ 为常数，则

$\alpha + \beta = \beta + \alpha$;　　　　　　$(\alpha + \beta) + \gamma = \alpha + (\beta + \gamma)$;

$\alpha + 0 = \alpha$;　　　　　　　　　$\alpha + (-\alpha) = 0$;

$1 \cdot \alpha = \alpha$;　　　　　　　　　$\lambda(\mu\alpha) = (\lambda\mu)\alpha$;

$\lambda(\alpha + \beta) = \lambda\alpha + \lambda\beta$;　　　　$(\lambda + \mu)\alpha = \lambda\alpha + \mu\alpha$.

(二) 线性相关与线性无关

定义 3.1　对于 n 维向量 $\alpha, \alpha_1, \alpha_2, \cdots, \alpha_m$，如果存在一组数 $k_1, k_2, \cdots, k_m$ 使得
$$\alpha = k_1\alpha_1 + k_2\alpha_2 + \cdots + k_m\alpha_m$$
成立，则称 α 是 $\alpha_1, \alpha_2, \cdots, \alpha_m$ 的线性组合，或称 α 可由 $\alpha_1, \alpha_2, \cdots, \alpha_m$ 线性表示.

定义 3.2　设有 n 维向量组 $\alpha_1, \alpha_2, \cdots, \alpha_m$，如果存在一组不全为零的数 $k_1, k_2, \cdots, k_m$ 使得
$$k_1\alpha_1 + k_2\alpha_2 + \cdots + k_m\alpha_m = 0 \tag{3.1}$$
成立，则称向量组 $\alpha_1, \alpha_2, \cdots, \alpha_m$ 线性相关.

如果当且仅当 $k_1 = k_2 = \cdots = k_m = 0$ 时，关系式(3.1)才成立，则称向量组 $\alpha_1, \alpha_2, \cdots, \alpha_m$ 线性无关.

向量组 $\alpha_1, \alpha_2, \cdots, \alpha_m$ 是否线性相关 $\Leftrightarrow$ 是否存在一组不全为零常数 $k_1, k_2, \cdots, k_m$，使得关系式(3.1)成立.

令　$\alpha_i = (\alpha_{i1}, \alpha_{i2}, \cdots, \alpha_{in})^T, i = 1, 2, \cdots, m$，则

$$k_1\alpha_1 + k_2\alpha_2 + \cdots + k_m\alpha_m = 0 \Leftrightarrow \begin{cases} a_{11}k_1 + a_{21}k_2 + \cdots + a_{m1}k_m = 0 \\ a_{12}k_1 + a_{22}k_2 + \cdots + a_{m2}k_m = 0 \\ \cdots\cdots \\ a_{1n}k_1 + a_{2n}k_2 + \cdots + a_{mn}k_m = 0 \end{cases} \quad (3.2)$$

因此,向量组 $\alpha_1,\alpha_2,\cdots,\alpha_m$ 线性相关 $\Leftrightarrow$ 齐次线性方程组(3.2)有非零解. 若齐次线性方程组(3.2)只有零解,则 $\alpha_1,\alpha_2,\cdots,\alpha_m$ 线性无关.

关于向量组线性相关性的判断,有如下常用命题:

(1) 仅含一个 $\dfrac{零}{非零}$ 向量的向量组必线性 $\dfrac{相}{无}$ 关.

(2) 对应分量 $\dfrac{成}{不成}$ 比例的两个向量必线性 $\dfrac{相}{无}$ 关.

(3) 含有零向量的向量组一定线性相关.

(4) 对线性 $\dfrac{相}{无}$ 关的向量组 $\dfrac{增加}{减少}$ 若干向量后所构成的新向量组必线性 $\dfrac{相}{无}$ 关.

(即:部分相关整体必相关;整体无关部分必无关).

(5) 向量组 $\alpha_1,\alpha_2,\cdots,\alpha_m (m \geqslant 2)$ 线性 $\dfrac{相}{无}$ 关 $\Leftrightarrow$ 向量组中 $\dfrac{必有}{任何}$ 一个向量均 $\dfrac{能}{不能}$ 由其余的向量线性表示.

(6) 向量的个数大于向量的维数的向量组必线性相关.

(7) 行列式的行向量组线性 $\dfrac{相}{无}$ 关 $\Leftrightarrow$ 行列式的值 $\dfrac{等于}{不等于}$ 零.

(8) 矩阵的秩 $\dfrac{小}{等}$ 于其行(列)数时,则其行(列)向量组线性 $\dfrac{相}{无}$ 关.

(9) 若向量组 $\alpha_1,\alpha_2,\cdots,\alpha_r$ 线性无关,而向量组 $\alpha_1,\alpha_2,\cdots,\alpha_r,\beta$ 线性相关,则 β 可由向量组 $\alpha_1,\alpha_2,\cdots,\alpha_r$ 线性表示且表法唯一.

(三) 极大线性无关组

定义 3.3　设 T 是 n 维向量所组成的向量组,如果

(1) 在 T 中有 r 个向量 $\alpha_1,\alpha_2,\cdots,\alpha_r$ 线性无关;

(2) T 中任意 $r+1$ 个向量均线性相关;则称 $\alpha_1,\alpha_2,\cdots,\alpha_r$ 是向量组 T 的一个极大无关组,数 r 称为向量组 T 的秩.

注:(1) 只含零向量的向量组的秩,规定为"0".

(2) 一个向量组的极大线性无关组不一定唯一,但它所含有的向量个数相同.

(3) 向量组中任一向量均可由极大线性无关组线性表示.

（四）向量组的等价

定义 3.4　设有两个向量组

$$A:\alpha_1,\alpha_2,\cdots,\alpha_r \qquad B:\beta_1,\beta_2,\cdots,\beta_s.$$

如果向量组 A 中的每个向量都能由向量组 B 中的向量线性表出,则称向量组 A 能由向量组 B 线性表出;如果向量组 A 与向量组 B 能互相线性表出,则称向量组 A 与 B 等价.

向量组等价具有以下性质:

(1) 反身性:向量组 A 与它自身等价.

(2) 对称性:若向量组 A 与向量组 B 等价,则向量组 B 与向量组 A 等价.

(3) 传递性:若向量组 A 与向量组 B 等价,向量组 B 与向量组 C 等价,则向量组 A 与向量组 C 等价.

等价向量组的有关结论:

(1) 两个等价的线性无关组所含向量个数相同.

(2) 两个等价的向量组的秩相等.

(3) 设 $\alpha_1,\alpha_2,\cdots,\alpha_r$ 为向量组 T 的极大无关组,则 $\alpha_1,\alpha_2,\cdots,\alpha_r$ 与向量组 T 等价.

(4) 设有两个向量组

$$A:\alpha_1,\alpha_2,\cdots,\alpha_r \qquad B:\beta_1,\beta_2,\cdots,\beta_s.$$

若向量组 A 线性无关,且向量组 A 可由向量组 B 线性表出,则向量组 A 所含向量的个数 r 不大于向量组 B 所含向量个数 s,即 $r \leqslant s$.

（五）向量空间

定义 3.5　设 V 是非空的向量集合,如果对任意 $\alpha,\beta \in V$ 及任意实数 k 都有 $\alpha+\beta \in V, k\alpha \in V$,则该称向量集合 V 为(实数域上的)一个向量空间.

定义 3.6　设有两个向量空间 V_1 及 V_2,若 $V_1 \subset V_2$,则 V_1 为 V_2 的子空间.

定义 3.7　设 V 为向量空间,如果存在 r 个向量 $\alpha_1,\alpha_2,\cdots,\alpha_r \in V$,且满足

(1) $\alpha_1,\alpha_2,\cdots,\alpha_r$ 线性无关;

(2) V 中任意向量 β 均可由 $\alpha_1,\alpha_2,\cdots,\alpha_r$ 线性表出,即

$$\beta = x_1\alpha_1 + x_2\alpha_2 + \cdots + x_r\alpha_r$$

则称向量组 $\alpha_1,\alpha_2,\cdots,\alpha_r$ 为向量空间 V 的一个基,r 称为向量空间 V 的维数,由 β 和基 $\alpha_1,\alpha_2,\cdots,\alpha_r$ 唯一确定的一组系数 $x_1,x_2,\cdots,x_r$ 称为向量 β 在基 $\alpha_1,\alpha_2,\cdots,\alpha_r$ 上的坐标,记为 $(x_1,x_2,\cdots,x_r)$.

注：零空间的维数定义为 0．

定义 3.8　设向量组 $\alpha_1,\alpha_2,\cdots,\alpha_n$ 与 $\beta_1,\beta_2,\cdots,\beta_n$ 是 R^n 的两组基，并且有

$$\begin{cases} \beta_1 = a_{11}a_1 + a_{21}a_2 + \cdots + a_{n1}a_n \\ \beta_2 = a_{12}a_1 + a_{22}a_2 + \cdots + a_{n2}a_n \\ \cdots\cdots \\ \beta_n = a_{1n}a_1 + a_{2n}a_2 + \cdots + a_{nn}a_n \end{cases}$$

则

$$A = \begin{bmatrix} a_{11} & a_{12} & \cdots & a_{1n} \\ a_{21} & a_{22} & \cdots & a_{2n} \\ \vdots & \vdots & & \vdots \\ a_{n1} & a_{n2} & \cdots & a_{nn} \end{bmatrix}$$

称为旧基 $\alpha_1,\alpha_2,\cdots,\alpha_n$ 到新基 $\beta_1,\beta_2,\cdots,\beta_n$ 的过渡矩阵．

（六）向量的内积、模与夹角

1．向量的内积

定义 3.9　设有两个向量 $\alpha=(a_1,a_2,\cdots,a_n)$，$\beta=(b_1,b_2,\cdots,b_n)$，则 α 与 β 的内积定义为 $a_1b_1 + a_2b_2 + \cdots + a_nb_n$ 记为 (α,β) 或 $\alpha\cdot\beta$，即

$$(\alpha,\beta) = a_1b_1 + a_2b_2 + \cdots + a_nb_n.$$

内积的性质：

$(\alpha,\beta) = (\beta,\alpha)$，

$(k\alpha,\beta) = k(\alpha,\beta),k$ 为常数，

$(\alpha+\beta,\gamma) = (\alpha,\gamma) + (\beta,\gamma)$，

$(\alpha,\alpha) \geqslant 0$，当且仅当 $\alpha=0$ 时 $(\alpha,\alpha)=0$．

2．向量的模型

定义 3.10　设 α 是向量空间 V 中的一个 n 维向量，称非负实数

$$\sqrt{(\alpha,\alpha)} = \sqrt{\alpha_1^2 + \alpha_2^2 + \cdots + \alpha_n^2}$$

为 n 维向量 α 的模，或 α 的长度记为 $\|\alpha\|$．

向量的模性质

（1）非负性：当 $\alpha \neq 0$ 时，$\|\alpha\| > 0$；当 $\alpha = 0$ 时，$\|\alpha\| = 0$．

（2）齐次性：$\|\lambda\alpha\| = |\lambda|\|\alpha\|$．

（3）三角不等性：$\|\alpha+\beta\| \leqslant \|\alpha\| + \|\beta\|$．

注：模为 1 的向量，称为单位向量．

3．向量的夹角

定义 3.11　当 $\|\alpha\| \neq 0$ 且 $\|\beta\| \neq 0$ 时，

$$\theta = \arccos\frac{(\alpha,\beta)}{\|\alpha\|\|\beta\|}$$

称为 n 维向量 α 与 β 的夹角,当 α,β 中有一个为零时,规定它们的夹角为 $\dfrac{\pi}{2}$.

柯西 — 许瓦兹不等式:$(\alpha,\beta)^2 \leqslant (\alpha,\alpha)(\beta,\beta)$.

(七) 向量的正交化

1. 正交向量组

定义 3.12 若 n 维向量 α 与 β 的内积为零,则称 α 与 β 正交.

定义 3.13 若一组非零 n 维向量 $\alpha_1,\alpha_2,\cdots,\alpha_n$ 两两正交,则称此向量组为正交向量组.

注:正交向量组必线性无关,但反之不成立.

2. 标准正交基

定义 3.14 设向量空间 V 有一组基 $\alpha_1,\alpha_2,\cdots,\alpha_n$,它们两两正交且每个向量长度等于 1,则称这组基是 V 的一组标准正交基.

3. 施密特(Schimidt)正交化方法

设 $\alpha_1,\alpha_2,\cdots,\alpha_m$ 是向量空间 V 中线性无关的向量组,则

令 $\beta_1 = \alpha_1$,

$$\beta_2 = \alpha_2 - \frac{(\alpha_2,\beta_1)}{\parallel \beta_1 \parallel^2}\beta_1,$$

$$\beta_3 = \alpha_3 - \frac{(\alpha_3,\beta_1)}{\parallel \beta_1 \parallel^2}\beta_1 - \frac{(\alpha_3,\beta_2)}{\parallel \beta_2 \parallel^2}\beta_2$$

......

$$\beta_m = \alpha_m - \frac{(\alpha_m,\beta_1)}{\parallel \beta_1 \parallel^2}\beta_1 - \frac{(\alpha_m,\beta_2)}{\parallel \beta_2 \parallel^2}\beta_2 - \cdots - \frac{(\alpha_m,\beta_{m-1})}{\parallel \beta_{m-1} \parallel^2}\beta_{m-1},$$

则 $\beta_1,\beta_2,\cdots,\beta_m$ 是正交向量组,且 $\beta_1,\beta_2,\cdots,\beta_m$ 与 $\alpha_1,\alpha_2,\cdots,\alpha_m$ 等价,若再将它们单位化,令

$$\eta_1 = \frac{\beta_1}{\parallel \beta_1 \parallel},\eta_2 = \frac{\beta_2}{\parallel \beta_2 \parallel},\cdots,\eta_m = \frac{\beta_m}{\parallel \beta_m \parallel}.$$

则 $\eta_1,\eta_2,\cdots,\eta_m$ 是一组标准正交基,且 $\eta_1,\eta_2,\cdots,\eta_m$ 与 $\alpha_1,\alpha_2,\cdots,\alpha_m$ 等价.

(八) 正交矩阵

定义 3.15 设 A 是 n 阶实方阵,如果满足 $AA^T = E$,则称 A 是正交矩阵.

正交矩阵的性质:

(1) 方阵 A 是正交阵 $\Leftrightarrow A^{-1} = A^T$.

(2) 若 A 是正交阵,则 A^{-1},A^T 都是正交阵.

(3) 若 A、B 均为 n 阶正交阵,则 AB 与 BA 都是正交阵.

（4）若 A 是正交阵，则 $|A|=\pm 1$.

（5）若 A 是正交阵。则称 $Y=AX$ 为正交变换.

（6）n 阶实方阵 A 是正交阵 $\Leftrightarrow A$ 的 n 个行（列）向量构成 n 维向量空间的一个标准正交基.

二、基本题型与解题方法

例 3.1　判断下列命题是否正确?正确的说明理由;错误的举出反例（或证明）.

（1）对于向量组 $\alpha_1,\alpha_2,\cdots,\alpha_s$，如果存在 s 个全为零的数 $k_1,k_2,\cdots,k_s$，使得
$$k_1\alpha_1+k_2\alpha_2+\cdots+k_s\alpha_s=0$$
成立，则 $\alpha_1,\alpha_2,\cdots,\alpha_s$ 线性无关.

（2）如果对于任何不全为零的 $k_1,k_2,\cdots,k_s$ 都有 $k_1\alpha_1+k_2\alpha_2+\cdots+k_s\alpha_s\neq0$，则 $\alpha_1,\alpha_2,\cdots,\alpha_s$ 线性无关.

（3）当 $l_1\alpha_1+l_2\alpha_2+\cdots+l_s\alpha_s=0$ 时，必有 $l_1,l_2,\cdots,l_s$ 全为零，则 $\alpha_1,\alpha_2,\cdots,\alpha_s$ 线性无关.

（4）对任何 $k_1\neq0,k_2\neq0,\cdots,k_s\neq0$，都有 $k_1\alpha_1+k_2\alpha_2+\cdots+k_s\alpha_s\neq0$，则 $\alpha_1,\alpha_2,\cdots,\alpha_s$ 线性无关.

（5）若 $\alpha_1,\alpha_2,\cdots,\alpha_s$ 线性相关，α_s 不能由 $\alpha_1,\alpha_2,\cdots,\alpha_{s-1}$ 线性表示，则 $\alpha_1,\alpha_2,\cdots,\alpha_{s-1}$ 线性相关.

（6）设向量 β 可由向量组 $\alpha_1,\alpha_2,\cdots,\alpha_m$ 线性表示，且 $\alpha_1,\alpha_2,\cdots,\alpha_m$ 线性相关，则 β 的表示法唯一.

（7）如果向量组 $\alpha_1,\alpha_2,\cdots,\alpha_m(m\geqslant2)$ 是线性相关的，那么其中每一个向量都可由其余向量线性表示.

（8）若向量组 $\alpha_1,\alpha_2,\cdots,\alpha_m$ 线性无关，则向量组
$$\beta_1=\alpha_1,\beta_2=\alpha_1+\alpha_2,\cdots,\beta_m=\alpha_1+\alpha_2+\cdots+\alpha_m$$
也线性无关.

（9）设向量组 $\alpha_1,\alpha_2,\alpha_3$ 线性相关，向量组 $\alpha_2,\alpha_3,\alpha_4$ 线性无关，则 α_1 能由 α_2,α_3 线性表示.

（10）设向量组 $\alpha_1,\alpha_2,\alpha_3$ 线性相关，向量组 $\alpha_2,\alpha_3,\alpha_4$ 线性无关，则 α_4 不能由 $\alpha_1,\alpha_2,\alpha_3$ 线性表示.

解　（1）不正确. 例如：$\alpha_1=(1,0),\alpha_2=(2,0)$ 有 $0\alpha_1+0\alpha_2=0$ 但 α_1,α_2 却线性相关.

（2）正确.对任何不全为零的数 $k_1, k_2, \cdots, k_s$，都有 $k_1\alpha_1 + k_2\alpha_2 + \cdots + k_s\alpha_s \neq 0$，这表明 $k_1, k_2, \cdots, k_s$ 必须全为零时有 $k_1\alpha_1 + k_2\alpha_2 + \cdots + k_s\alpha_s = 0$ 成立，由定义知 $\alpha_1, \alpha_2, \cdots, \alpha_s$ 线性无关.

（3）正确.因为 $l_1\alpha_1 + l_2\alpha_2 + \cdots + l_s\alpha_s = 0$ 成立，必有 $l_1, l_2, \cdots, l_s$ 全为零.由线性无关的定义知 $\alpha_1, \alpha_2, \cdots, \alpha_s$ 线性无关.

（4）不正确.例如 $\alpha_1 = (2,1), \alpha_2 = (0,0)$ 对任意的 $k_1 \neq 0, k_2 \neq 0$ 都有，$k_1(2,1) + k_2(0,0) = (2k_1, k_1) \neq 0$，但 α_1, α_2 却线性相关.

（5）正确.用反证法，假设 $\alpha_1, \alpha_2, \cdots, \alpha_{s-1}$ 线性无关，而已知 $\alpha_1, \alpha_2, \cdots, \alpha_s$ 线性相关，则 α_s 必可由 $\alpha_1, \alpha_2, \cdots, \alpha_{s-1}$ 线性表示（且表示式唯一）这与已知条件矛盾，所以 $\alpha_1, \alpha_2, \cdots, \alpha_{s-1}$ 线性相关.

（6）不正确.设
$$k_1\alpha_1 + k_2\alpha_2 + \cdots + k_m\alpha_m = \beta, \tag{3.3}$$
因 $\alpha_1, \alpha_2, \cdots, \alpha_m$ 线性相关，故存在不全为零的数 $l_1, l_2, \cdots, l_m$ 使
$$l_1\alpha_1 + l_2\alpha_2 + \cdots + l_m\alpha_m = 0, \tag{3.4}$$
由（3.3）和（3.4）两式得
$$(k_1 + l_1)\alpha_1 + (k_2 + l_2)\alpha_2 + \cdots + (k_m + l_m)\alpha_m = \beta, \tag{3.5}$$
比较（3.3）和（3.5）两式，这是 β 的两种不同的表示，因此不唯一.

（7）不正确.因为根据线性相关的定义，只要求其中至少有一向量能由其余向量线性表示，并不要求向量组中每一个向量都能表为其余向量的线性组合.

例如 $\alpha_1 = (0,0,0), \alpha_2 = (1,1,0)$ 显然向量 α_1, α_2 线性相关，但 α_2 不能由 α_1 线性表示.

（8）正确.因为 m 阶矩阵
$$\begin{bmatrix} 1 & 0 & \cdots & 0 \\ 1 & 1 & \cdots & 0 \\ \vdots & \vdots & & \vdots \\ 1 & 1 & \cdots & 1 \end{bmatrix}$$
是下三角阵，其秩为 m，因此向量组 $\beta_1, \beta_2, \cdots, \beta_m$ 线性无关.

（9）正确.因为 $\alpha_2, \alpha_3, \alpha_4$ 线性无关，所以 α_2, α_3 必线性无关（整体无关部分无关），又因为 $\alpha_1, \alpha_2, \alpha_3$ 线性相关，所以存在一组不全为零的常数 k_1, k_2, k_3，使得
$$k_1\alpha_1 + k_2\alpha_2 + k_3\alpha_3 = 0,$$
由于 α_2, α_3 线性无关，因此 $k_1 \neq 0$（否则，α_2, α_3 线性相关），于是
$$\alpha_1 = -\frac{k_2}{k_1}\alpha_2 - \frac{k_3}{k_1}\alpha_3,$$

即 α_1 能由 α_2, α_3 线性表示.

（10）正确. 反证法：若

$$\alpha_4 = k_1\alpha_1 + k_2\alpha_2 + k_3\alpha_3$$
$$= k_1(\lambda_1\alpha_2 + \lambda_2\alpha_2) + k_2\alpha_2 + k_3\alpha_3 \quad （由（9）知）$$
$$= (k_1\lambda_1 + k_2)\alpha_2 + (k_1\lambda_2 + k_3)\alpha_3,$$

从而 $\alpha_2, \alpha_3, \alpha_4$ 线性相关,这与题设矛盾,故 α_4 不能用 $\alpha_1, \alpha_2, \alpha_3$ 表示.

例 3.2　　讨论下列向量组的线性相关性

（1）$\alpha_1 = (1,2,3), \alpha_2 = (4,8,12), \alpha_3 = (3,0,1), \alpha_4 = (4,5,8)$;

（2）$\alpha_1 = (1,0,0,2,5), \alpha_2 = (0,1,0,-3,4), \alpha_3 = (0,0,1,4,7),$
　　　$\alpha_4 = (2,-3,4,11,12)$;

（3）$\alpha_1 = (1,-1,3), \alpha_2 = (2,-1,4), \alpha_3 = (-1,2,-4)$;

（4）$\alpha_1 = (1,0,1,1), \alpha_2 = (2,1,2,1), \alpha_3 = (4,5,a-2,-1)$
　　　$\alpha_4 = (3,b+4,3,1)$.

解　（1）由于向量的个数 4 大于向量的维数 3,所以向量组必线性相关.

（2）考虑各向量只取前 4 个分量的向量组,有

$$\begin{vmatrix} 1 & 0 & 0 & 2 \\ 0 & 1 & 0 & -3 \\ 0 & 0 & 1 & 4 \\ 2 & -3 & 4 & 11 \end{vmatrix} \neq 0,$$

故"截短"的向量组线性无关,于是原向量组亦线性无关（短无关,长亦无关；长相关,短亦相关）.

（3）**解法一**　（用定义判断）

令　　　　　　　　　$k_1a_1 + k_2a_2 + k_3a_3 = 0,$

整理得 $\begin{cases} k_1 + 2k_2 - k_3 = 0, \\ -k_1 - k_2 + 2k_3 = 0, \\ 3k_1 + 4k_2 - 4k_3 = 0; \end{cases}$ 　　解方程得 $\begin{cases} k_1 = 0, \\ k_2 = 0, \\ k_3 = 0. \end{cases}$

故向量组 a_1, a_2, a_3 线性无关.

解法二　（用行列式的值判断）

因为 $\begin{vmatrix} 1 & -1 & 3 \\ 2 & -1 & 4 \\ -1 & 2 & -4 \end{vmatrix} = 1 \neq 0,$ 所以向量组 a_1, a_2, a_3 线性无关.

解法三　（用矩阵的秩判断）

以 a_1, a_2, a_3 为列构成矩阵 A,再进行行初等变换.

$$\begin{bmatrix} 1 & 2 & -1 \\ -1 & -1 & 2 \\ 3 & 4 & -4 \end{bmatrix} \xrightarrow{\text{初等行变换}} \begin{bmatrix} 1 & 2 & -1 \\ 0 & 1 & 0 \\ 0 & 0 & 1 \end{bmatrix}.$$

因为 $R(A) = 3 = n$,所以向量组线性无关.

(4) **解法一**

$$\begin{vmatrix} 1 & 2 & 4 & 3 \\ 0 & 1 & 5 & b+4 \\ 1 & 2 & a-2 & 3 \\ 1 & 1 & -1 & 1 \end{vmatrix} = (a-6)(b+2),$$

所以当 $a \neq 6$ 且 $b \neq -2$ 时,原向量组线性无关,否则线性相关.

解法二　以 a_1, a_2, a_3, a_4 为列构成矩阵

$$\begin{bmatrix} 1 & 2 & 4 & 3 \\ 0 & 1 & 5 & b+4 \\ 1 & 2 & a-2 & 3 \\ 1 & 1 & -1 & 1 \end{bmatrix} \xrightarrow{\text{初等行变换}} \begin{bmatrix} 1 & 1 & -1 & 1 \\ 0 & 1 & 5 & 2 \\ 0 & 0 & a-6 & 0 \\ 0 & 0 & 0 & b+2 \end{bmatrix}$$

所以当 $a \neq 6$ 且 $b \neq -2$ 时,$R(A) = 4$,从而向量组 a_1, a_2, a_3, a_4 线性无关.否则 $R(A) < 4$,向量组 a_1, a_2, a_3, a_4 线性相关.

例 3.3　设有三维列向量

$$a_1 = \begin{bmatrix} 1+\lambda \\ 1 \\ 1 \end{bmatrix}, a_2 = \begin{bmatrix} 1 \\ 1+\lambda \\ 1 \end{bmatrix}, a_3 = \begin{bmatrix} 1 \\ 1 \\ 1+\lambda \end{bmatrix}, \beta = \begin{bmatrix} 0 \\ \lambda \\ \lambda^2 \end{bmatrix}.$$

问 λ 何值时:

(1) β 可由 $\alpha_1, \alpha_2, \alpha_3$ 线性表示,且表示法唯一?

(2) β 可由 $\alpha_1, \alpha_2, \alpha_3$ 线性表示,且表示法不唯一?

(3) β 不能由 $\alpha_1, \alpha_2, \alpha_3$ 线性表示?

[**解题思路**]　给定一个向量 β 及向量组 $\alpha_1, \alpha_2, \cdots, \alpha_s$,如何判别 β 是否为 $\alpha_1, \alpha_2, \cdots, \alpha_s$ 线性组合,步骤如下:

1.令　$\beta = k_1\alpha_1 + k_2\alpha_2 + \cdots + k_s\alpha_s$.

2.由向量相等关系将上式写成方程

$$\begin{cases} a_{11}k_1 + a_{21}k_2 + \cdots + a_{s1}k_s = b_1, \\ a_{12}k_1 + a_{22}k_2 + \cdots + a_{s2}k_s = b_2, \\ \cdots \\ a_{1n}k_1 + a_{2n}k_2 + \cdots + a_{sn}k_s = b_n. \end{cases}$$

3.解方程组,若方程组无解,则 β 不能由 $\alpha_1,\alpha_2,\cdots,\alpha_s$ 表示,若方程组有解,则 β 为 $\alpha_1,\alpha_2,\cdots,\alpha_s$ 的线性组合.

解　设 $\beta = k_1\alpha_1 + k_2\alpha_2 + k_3a_3$,则

$$\begin{cases} (1+\lambda)k_1 + & k_2 + & k_3 = 0, \\ k_1 + (1+\lambda) k_2 + & k_3 = \lambda, \\ k_1 + & k_2 + (1+\lambda)k_3 = \lambda^2, \end{cases}$$

其系数行列式

$$|A| = \begin{vmatrix} 1+\lambda & 1 & 1 \\ 1 & 1+\lambda & 1 \\ 1 & 1 & 1+\lambda \end{vmatrix} = \lambda^2(\lambda+3).$$

(1) 若 $\lambda \neq 0$ 且 $\lambda \neq -3$,则方程组有唯一解,此时 β 可由 $\alpha_1,\alpha_2,\alpha_3$ 唯一线性表示.

(2) 若 $\lambda = 0$,则 $R(A) = R(\overline{A}) = 1 < 3$(未知量的个数),此时方程组有无穷多个解,所以 β 可由 $\alpha_1,\alpha_2,\alpha_3$ 线性表示,但表示法不唯一.

(3) 若 $\lambda = -3$ 时,对增广矩阵 $\overline{A}$ 实行行初等变换

$$\begin{bmatrix} -2 & 1 & 1 & \vdots & 0 \\ 1 & -2 & 1 & \vdots & -3 \\ 1 & 1 & -2 & \vdots & 9 \end{bmatrix} \longrightarrow \begin{bmatrix} 0 & 3 & -3 & \vdots & 18 \\ 0 & -3 & 3 & \vdots & -12 \\ 1 & 1 & -2 & \vdots & 9 \end{bmatrix}$$

$$\longrightarrow \begin{bmatrix} 0 & 0 & 0 & \vdots & 6 \\ 0 & -3 & 3 & \vdots & -12 \\ 1 & 1 & -2 & \vdots & 9 \end{bmatrix},$$

由于 $R(A) = 2 \neq R(\overline{A}) = 3$,所以方程组无解,从而当 $\lambda = -3$ 时,β 不能由 $\alpha_1,\alpha_2,\alpha_3$ 线性表示.

例 3.4　设有向量组

（Ⅰ）：$\alpha_1 = (1,0,2)^T, \alpha_2 = (1,1,3)^T, \alpha_3 = (1,-1,a+2)^T$.

（Ⅱ）：$\beta_1 = (1,2,a+3)^T, \beta_2 = (2,1,a+6)^T, \beta_3 = (2,1,a+4)^T$.

试问:当 a 为何值时,向量组（Ⅰ）与（Ⅱ）等价?当 a 为何值时,向量组（Ⅰ）与（Ⅱ）不等价?

解　作初等行变换,有

$$(\alpha_1,\alpha_2,\alpha_3 \vdots \beta_1,\beta_2,\beta_3) = \begin{bmatrix} 1 & 1 & 1 & \vdots & 1 & 2 & 2 \\ 0 & 1 & -1 & \vdots & 2 & 1 & 1 \\ 2 & 3 & a+2 & \vdots & a+3 & a+6 & a+4 \end{bmatrix}$$

$$\rightarrow \cdots \rightarrow \begin{bmatrix} 1 & 0 & 2 & \vdots & -1 & 1 & 1 \\ 0 & 1 & -1 & \vdots & 2 & 1 & 1 \\ 0 & 0 & a+1 & \vdots & a-1 & a+1 & a-1 \end{bmatrix}.$$

(1) 当 $a \neq -1$ 时,有行列式 $|\alpha_1, \alpha_2, \alpha_3| = a+1 \neq 0$,秩$(\alpha_1, \alpha_2, \alpha_3) = 3$,故线性方程组 $x_1\alpha_1 + x_2\alpha_2 + x_3\alpha_3 = \beta_i (i = 1, 2, 3)$ 均有唯一解. 所以 $\beta_1, \beta_2, \beta_3$ 可由向量组(Ⅰ)线性表示.

同时,行列式 $|\beta_1, \beta_2, \beta_3| = 6 \neq 0$,秩$(\beta_1, \beta_2, \beta_3) = 3$,故 $\alpha_1, \alpha_2, \alpha_3$ 可由向量组(Ⅱ)线性表示. 因此,向量组(Ⅰ)与(Ⅱ)等价.

(2) 当 $a = -1$ 时,有

$$(\alpha_1, \alpha_2, \alpha_3, \vdots \beta_1, \beta_2, \beta_3) = \begin{bmatrix} 1 & 1 & 1 & \vdots & 1 & 2 & 2 \\ 0 & 1 & -1 & \vdots & 2 & 1 & 1 \\ 2 & 3 & 1 & \vdots & 2 & 5 & 3 \end{bmatrix}$$

$$\rightarrow \begin{bmatrix} 1 & 0 & 2 & \vdots & -1 & 1 & 1 \\ 0 & 1 & -1 & \vdots & 2 & 1 & 1 \\ 0 & 0 & 0 & \vdots & -2 & 0 & -2 \end{bmatrix},$$

由于秩$(\alpha_1, \alpha_2, \alpha_3) \neq$ 秩$(\alpha_1, \alpha_2, \alpha_3, \vdots \beta_1)$,线性方程组

$$x_1\alpha_1 + x_2\alpha_2 + x_3\alpha_3 = \beta_1$$

无解,故向量 β_1 不能由 $\alpha_1, \alpha_2, \alpha_3$ 线性表示. 因此,向量组(Ⅰ)与(Ⅱ)不等价.

例 3.5 若 $\alpha_1, \alpha_2, \cdots, \alpha_s$ 线性无关,而 $\beta, \alpha_1, \alpha_2, \cdots \alpha_s$ 线性相关,证明:β 是 $\alpha_1, \alpha_2, \cdots, \alpha_s$ 的线性组合.

证明思路:证明 β 可用向量组 $\alpha_1, \alpha_2, \cdots, \alpha_s$ 线性表出,只要证表达式

$$k_1\alpha_1 + k_2\alpha_2 + \cdots + k_s\alpha_s + k_{s+1}\beta = 0,$$

其中 $k_{s+1} \neq 0$ 即可.

证 因为 $\beta, \alpha_1, \alpha_1 \cdots, \alpha_s$ 线性相关,故存在不全为零的数 $k_1, k_2, \cdots, k_s, k_{s+1}$ 使得

$$k_1\alpha_1 + k_2\alpha_2 + \cdots + k_s\alpha_s + k_{s+1}\beta = 0.$$

若 $k_{s+1} = 0$,则 $k_1\alpha_1 + k_2\alpha_2 + \cdots + k_s\alpha_s = 0$,其中 $k_1, k_2, \cdots, k_s$ 不全为零. 于是 $\alpha_1, \alpha_2, \cdots, \alpha_s$ 线性相关,与假设矛盾,故 $k_{s+1} \neq 0$,由第一个方程式可得

$$\beta = -\frac{k_1}{k_{s+1}}\alpha_1 - \frac{k_2}{k_{s+1}}\alpha_2 - \cdots - \frac{k_s}{k_{s+1}}\alpha_s,$$

即 β 是 $\alpha_1, \alpha_2, \cdots, \alpha_s$ 的线性组合.

例 3.6 设向量组 $\alpha_1, \alpha_2, \cdots, \alpha_m (m > 1)$ 线性无关,且

$$\beta = \alpha_1 + \alpha_2 + \cdots + \alpha_m.$$

证明:向量组 $\beta - \alpha_1, \beta - \alpha_2, \cdots, \beta - \alpha_m$ 线性无关.

证　设数组 $k_1, k_2, \cdots, k_m,$ 使
$$k_1(\beta - \alpha_1) + k_2(\beta - \alpha_2) + \cdots + k_m(\beta - \alpha_m) = 0,$$
即
$$(k_2 + k_3 + \cdots + k_m)a_1 + (k_1 + k_3 + \cdots + k_m)a_2 + \cdots + (k_1 + k_2 + \cdots + k_{m-1})a_m = 0.$$
因为 $\alpha_1, \alpha_2, \cdots, \alpha_m$ 线性无关,所以有
$$\begin{cases} k_2 + k_3 + \cdots + k_{m-1} + k_m = 0, \\ k_1 \quad\quad + k_3 + \cdots + k_{m-1} + k_m = 0, \\ \cdots\cdots \\ k_1 + k_2 + k_3 + \cdots + k_{m-1} \quad\quad = 0. \end{cases}$$
它的系数行列式
$$D_m = \begin{vmatrix} 0 & 1 & \cdots & 1 & 1 \\ 1 & 0 & \cdots & 1 & 1 \\ \vdots & \vdots & & \vdots & \vdots \\ 1 & 1 & \cdots & 1 & 0 \end{vmatrix} = (-1)^{m-1}(m-1) \neq 0.$$
所以齐次线性方程组只有零解,即 $k_1 = k_2 = \cdots = k_m = 0.$
故 $\beta - \alpha_1, \beta - \alpha_2, \cdots, \beta - \alpha_m$ 线性无关.

例 3.7　设 A 是 n 阶方阵,x 是 n 维向量,若存在正整数 k,使线性方程组 $A^k x = 0$ 有解向量 α,且 $A^{k-1}\alpha \neq 0$. 证明:向量组 $\alpha, A\alpha, \cdots, A^{k-1}\alpha$ 线性无关.

证　设有常数 $\lambda_1, \lambda_2, \cdots, \lambda_k$ 使得
$$\lambda_1\alpha + \lambda_2 A\alpha + \lambda_3 A^2\alpha + \cdots + \lambda_k A^{k-1}\alpha = 0,$$
在上式两端左乘以 A^{k-1} 有
$$A^{k-1}(\lambda_1\alpha + \lambda_2 A\alpha + \lambda_3 A^2\alpha + \lambda_k A^{k-1}\alpha) = 0,$$
因 $A^k\alpha = 0$ 且 $A^{k-1}\alpha \neq 0$,所以 $\lambda_1 = 0$. 于是
$$\lambda_2 A\alpha + \lambda_3 A^2\alpha + \cdots + \lambda_k A^{k-1}\alpha = 0.$$
上式两端左乘以 A^{k-2},由 $A^k\alpha = 0$ 有 $\lambda_2 A^{k-1}\alpha = 0$ 由于 $A^{k-1}\alpha \neq 0$,所以 $\lambda_2 = 0$. 类似可证得 $\lambda_3 = \lambda_4 = \cdots = \lambda_k = 0$,因此向量组 $\alpha, A\alpha, \cdots, A^{k-1}\alpha$ 线性无关.

例 3.8　证明:n 维列向量 $\alpha_1, \alpha_2, \cdots, \alpha_n$ 线性无关的充分必要条件是
$$D = \begin{vmatrix} \alpha_1^T\alpha_1 & \alpha_1^T\alpha_2 & \cdots & \alpha_1^T\alpha_n \\ \alpha_2^T\alpha_1 & \alpha_2^T\alpha_2 & \cdots & \alpha_2^T\alpha_n \\ \vdots & \vdots & & \vdots \\ \alpha_n^T\alpha_1 & \alpha_n^T\alpha_2 & \cdots & \alpha_n^T\alpha_n \end{vmatrix} \neq 0,$$
其中 α_i^T 表示列 α_i 向量的转置 $i = 1, 2, \cdots, n$.

证 令 $A = (\alpha_1, \alpha_2, \cdots, \alpha_n)$ (A 是 n 阶方阵) 则向量组 $\alpha_1, \alpha_2, \cdots, \alpha_n$ 线性无关的充分必要条件是 $|A| \neq 0$.

因为

$$A^T A = \begin{bmatrix} \alpha_1^T \\ \alpha_2^T \\ \vdots \\ \alpha_n^T \end{bmatrix} (\alpha_1, \alpha_2, \cdots, \alpha_n) = \begin{bmatrix} \alpha_1^T \alpha_1 & \alpha_1^T \alpha_2 & \cdots & \alpha_1^T \alpha_n \\ \alpha_2^T \alpha_1 & \alpha_2^T \alpha_2 & \cdots & \alpha_2^T \alpha_n \\ \vdots & \vdots & & \vdots \\ \alpha_n^T \alpha_1 & \alpha_n^T \alpha_2 & \cdots & \alpha_n^T \alpha_n \end{bmatrix},$$

于是 $|A^T A| = |A|^2 \neq 0$,所以 $|A| \neq 0$ 与 $D \neq 0$ 等价.

例 3.9 设 A 是 $n \times m$ 矩阵,B 是 $m \times n$ 矩阵,$n < m$,E 是 n 阶单位阵,若 $AB = E$,证明:B 的列向量组线性无关.

证 设 $B = (\beta_1, \beta_2, \cdots, \beta_n)$,其中 $\beta_i (i = 1, 2, \cdots, n)$ 为 B 的列向量,设有一组 $k_1, k_2, \cdots, k_n$ 使

$$k_1 \beta_1 + k_2 \beta_2 + \cdots + k_n \beta_n = 0,$$

即

$$(\beta_1 \beta_2 \cdots \beta_n) \begin{bmatrix} k_1 \\ k_2 \\ \vdots \\ k_n \end{bmatrix} = BK = 0,$$

上式两边左乘以 A,得

$$ABK = 0.$$

因为 $AB = E$,所以 $EK = 0$,从而 $K = 0$,故 $\beta_1, \beta_2, \cdots, \beta_n$ 线性无关.

例 3.10 设 n 维向量 $\alpha_1, \alpha_2, \cdots, \alpha_n$ 线性无关,若

$$\beta = k_1 \alpha_1 + k_2 \alpha_2 + \cdots + k_n \alpha_n, \text{且 } k_i \neq 0, 1 \leqslant i \leqslant n.$$

证明:$\alpha_1, \alpha_2, \cdots, \alpha_{i-1}, \beta, \alpha_{i+1}, \cdots, \alpha_n$ 也线性无关.

证法一 (用定义证明)

令 $l_1 \alpha_1 + l_2 \alpha_2 + \cdots + l_{i-1} \alpha_{i-1} + l\beta + l_{i+1} \alpha_{i+1} + \cdots + l_n \alpha_n = 0$,则 $l = 0$.

否则 $\beta = -\dfrac{l_1}{l} \alpha_1 - \dfrac{l_2}{l} \alpha_2 - \cdots - \dfrac{l_i}{l} \alpha_{i-1} - \dfrac{l_{i+1}}{l} \alpha_{i+1} - \cdots - \dfrac{l_n}{l} \alpha_n.$

显然 α_i 的系数为 0,与题设 $\beta = k_1 \alpha_1 + k_2 \alpha_2 + \cdots + k_n \alpha_n$,且 $k_i \neq 0, 1 \leqslant i \leqslant n$ 矛盾.

又因为 $\alpha_1, \alpha_2, \cdots, \alpha_{i-1}, \alpha_i, \alpha_{i+1}, \cdots, \alpha_n$ 线性无关,从而 $\alpha_1, \alpha_2, \cdots, \alpha_{i-1}, \alpha_{i+1}, \cdots, \alpha_n$ 线性无关. 因此,只有

$$l_1 = l_2 = \cdots = l_{l-1} = l_{i+1} = \cdots = l_n = 0,$$

故 $\alpha_1, \alpha_2, \cdots, \alpha_{i-1}, \beta, \alpha_{i+1}, \cdots, \alpha_n$ 线性无关.

证法二 以 $\alpha_1, \alpha_2, \cdots, \alpha_{i-1}, \beta, \alpha_{i+1}, \cdots, \alpha_n$ 为行构成矩阵,将 $\alpha_1, \alpha_2, \cdots, \alpha_n, \beta$ 看

作行向量.令

$$B = \begin{bmatrix} \alpha_1 \\ \vdots \\ \alpha_{i-1} \\ \beta \\ \alpha_{i+1} \\ \vdots \\ \alpha_n \end{bmatrix} = \begin{bmatrix} \alpha_1 \\ \vdots \\ \alpha_{i-1} \\ k_1\alpha_1 + k_2\alpha_2 + \cdots + k_n\alpha_n \\ \alpha_{i+1} \\ \vdots \\ \alpha_n \end{bmatrix} \longrightarrow \begin{bmatrix} \alpha_1 \\ \vdots \\ \alpha_{i-1} \\ k_i\alpha_i \\ \alpha_{i+1} \\ \vdots \\ \alpha_n \end{bmatrix} \longrightarrow \begin{bmatrix} \alpha_1 \\ \vdots \\ \alpha_{i-1} \\ \alpha_i \\ \alpha_{i+1} \\ \vdots \\ \alpha_n \end{bmatrix} = A.$$

由于初等变换不改变矩阵的秩,所以 $R(A) = R(B)$,而 $\alpha_1, \alpha_2, \cdots, \alpha_{i-1}, \alpha_i, \alpha_{i+1}, \cdots, \alpha_n$ 线性无关,故 $R(A) = n$ 从而 $R(B) = n$. 故 $\alpha_1, \alpha_2, \cdots, \alpha_{i-1}, \beta, \alpha_{i+1}, \cdots, \alpha_n$ 线性无关.

证法三　令

$$B = \begin{bmatrix} \alpha_1 \\ \vdots \\ \alpha_{i-1} \\ \beta \\ \alpha_{i+1} \\ \vdots \\ \alpha_n \end{bmatrix} = \begin{bmatrix} 1 & \cdots & 0 & 0 & 0 & \cdots & 0 \\ \vdots & & \vdots & \vdots & \vdots & & \vdots \\ 0 & \cdots & 1 & 0 & 0 & \cdots & 0 \\ k_1 & \cdots & k_{i-1} & k_i & k_{i+1} & \cdots & k_n \\ 0 & \cdots & 0 & 0 & 1 & \cdots & 0 \\ \vdots & & \vdots & \vdots & \vdots & & \vdots \\ 0 & \cdots & 0 & 0 & 0 & \cdots & 1 \end{bmatrix} \begin{bmatrix} \alpha_1 \\ \vdots \\ \alpha_{i-1} \\ \alpha_i \\ \alpha_{i+1} \\ \vdots \\ \alpha_n \end{bmatrix} = CA.$$

由于　$|C| = \begin{vmatrix} 1 & \cdots & 0 & 0 & 0 & \cdots & 0 \\ \vdots & & \vdots & \vdots & \vdots & & \vdots \\ 0 & \cdots & 1 & 0 & 0 & \cdots & 0 \\ k_1 & \cdots & k_{i-1} & k_i & i_{i+1} & \cdots & k_n \\ 0 & \cdots & 0 & 0 & 1 & \cdots & 0 \\ \vdots & & \vdots & \vdots & \vdots & & \vdots \\ 0 & \cdots & 0 & 0 & 0 & \cdots & 1 \end{vmatrix} = k_i \neq 0,$

则 $R(B) = R(CA) = R(A)$,又由题设 $\alpha_1, \alpha_2, \cdots, \alpha_n$, 线性无关,所以 $R(A) = n$, 从而 $R(B) = n$,故 $\alpha_1, \alpha_2, \cdots, \alpha_{i-1}, \beta, \alpha_{i+1}, \cdots, \alpha_n$ 线性无关.

证法四　设向量组

$$A:\quad \alpha_i, \alpha_2, \cdots, \alpha_{i-1}, \alpha_i, \alpha_{i+1}, \cdots, \alpha_n.$$
$$B:\quad \alpha_i, \alpha_2, \cdots, \alpha_{i-1}, \beta, \alpha_{i+1}, \cdots, \alpha_n.$$

由题设知向量 B 可由向量组 A 线性表示,又由题设

$$\beta = k_1\alpha_1 + k_2\alpha_2 + \cdots + k_i\alpha_i + \cdots + k_n\alpha_n, \text{且 } k_i \neq 0, i = 1, 2, \cdots, n.$$

则

$$\alpha_i = -\frac{k_1}{k_i}\alpha_1 - \frac{k_2}{k_i}\alpha_2 - \cdots - \frac{k_{i-1}}{k_i}\alpha_{i-1} - \frac{k_{i+1}}{k_i}\alpha_{i+1} - \cdots - \frac{k_n}{k_i}\alpha_n + \frac{1}{k_i}\beta.$$

这就说明向量组 A 可由向量组 B 线性表示,因此向量组 A 与 B 等价,所以 $R(A)$ $= R(B)$. 因为向量组 A 线性无关,因此 $R(A) = n$,则 $R(B) = n$. 从而 $\alpha_i, \alpha_2, \cdots,$ $\alpha_{i-1}, \beta, \alpha_{i+1}, \cdots, \alpha_n$ 线性无关.

例 3.11 设 $\alpha_1 = (1,0,1), \alpha_2 = (1,1,0), \alpha_3 = (0,1,1), \alpha_4 = (1,1,1)$.

求:(1) 向量组的秩;

(2) 全部极大无关组;

(3) 选定一个极大无关组,将其余向量用它线性表示.

解 以 $\alpha_1, \alpha_2, \alpha_3, \alpha_4$ 为列构成矩阵 A 再作初等行变换(不能作列变换)

$$A = \begin{bmatrix} 1 & 1 & 0 & 1 \\ 0 & 1 & 1 & 1 \\ 1 & 0 & 1 & 1 \end{bmatrix} \longrightarrow \begin{bmatrix} 1 & 1 & 0 & 1 \\ 0 & 1 & 1 & 1 \\ 0 & -1 & 1 & 0 \end{bmatrix} \longrightarrow \begin{bmatrix} 1 & 1 & 0 & 1 \\ 0 & 1 & 1 & 1 \\ 0 & 0 & 2 & 1 \end{bmatrix}.$$

(1) 从最后一个矩阵可以看出非零子式的最高阶数为 3,即 $R(A) = 3$,所以 向量组的秩为 3.

(2) $\alpha_1, \alpha_2, \alpha_3; \alpha_1, \alpha_2, \alpha_4; \alpha_1, \alpha_3, \alpha_4; \alpha_2, \alpha_3, \alpha_4$ 都是极大无关组.

(3) 选定 $\alpha_1, \alpha_2, \alpha_3$ 为极大无关组,则 $\alpha_4 = \frac{1}{2}\alpha_1 + \frac{1}{2}\alpha_2 + \frac{1}{2}\alpha_3$.

注:求极大无关组的方法有:

(1) 录选法;

(2) 列摆行变换或行摆列变换法.

例 3.12 求向量组

$$\alpha_1 = (1,-1,1,3)^T, \alpha_2 = (-1,3,5,1)^T, \alpha_3 = (-2,6,10,a)^T,$$

$$\alpha_4 = (4,-1,6,10)^T, \alpha_5 = (3,-2,-1,c)^T$$

的秩和一个极大无关组.

解 以 $\alpha_1, \alpha_2, \alpha_3, \alpha_4, \alpha_5$ 为列构成的矩阵 A 进行初等行变换

$$A = \begin{bmatrix} 1 & -1 & -2 & 4 & 3 \\ -1 & 3 & 6 & -1 & -2 \\ 1 & 5 & 10 & 6 & -1 \\ 3 & 1 & a & 10 & c \end{bmatrix} \longrightarrow \begin{bmatrix} 1 & -1 & -2 & 4 & 3 \\ 0 & 2 & 4 & 3 & 1 \\ 0 & 6 & 12 & 2 & -4 \\ 0 & 4 & a+6 & -2 & c-9 \end{bmatrix}$$

$$\rightarrow \begin{bmatrix} 1 & -1 & -2 & 4 & 3 \\ 0 & 2 & 4 & 3 & 1 \\ 0 & 0 & 0 & -7 & -7 \\ 0 & 0 & a-2 & -8 & c-11 \end{bmatrix} \rightarrow \begin{bmatrix} 1 & -1 & -2 & 4 & 3 \\ 0 & 2 & 4 & 3 & 1 \\ 0 & 0 & 0 & 1 & 1 \\ 0 & 0 & a-2 & 0 & c-3 \end{bmatrix}.$$

当 $a=2$ 且 $c=3$ 时,$R(A)=3$.故向量组的秩为3,且 $\alpha_1,\alpha_2,\alpha_4$ 是一个极大无关组.

当 $a\neq 2$ 时,$R(A)=4$.故向量组的秩为4,且 $\alpha_1,\alpha_2,\alpha_3,\alpha_4$ 是一个极大无关组.

当 $c\neq 3$ 时,$R(A)=4$.故向量组的秩为4,且 $\alpha_1,\alpha_2,\alpha_4,\alpha_5$ 是一个极大无关组.

例 3.13　设 $\alpha_1,\alpha_2,\alpha_3$ 是三维向量组的极大线性无关组,且

$$\beta_1=\alpha_1+\alpha_2+\alpha_3,\quad \beta_2=\alpha_1+\alpha_2+2\alpha_3,\quad \beta_3=\alpha_1+2\alpha_2+3\alpha_3.$$

证明:β_1,β_2,β_3 也是三维向量组的极大无关组.

[证题思路]　只要证明向量组 β_1,β_2,β_3 与 $\alpha_1,\alpha_2,\alpha_3$ 等价即可.

证　因为

$$\begin{cases} \alpha_1+\alpha_2+\alpha_3=\beta_1, \\ \alpha_1+\alpha_2+2\alpha_3=\beta_2, \\ \alpha_1+2\alpha_2+3\alpha_3=\beta_3; \end{cases}$$

即

$$\begin{bmatrix} 1 & 1 & 1 \\ 1 & 1 & 2 \\ 1 & 2 & 3 \end{bmatrix}\begin{bmatrix} \alpha_1 \\ \alpha_2 \\ \alpha_3 \end{bmatrix}=\begin{bmatrix} \beta_1 \\ \beta_2 \\ \beta_3 \end{bmatrix},$$

其系数行列式

$$|A|=\begin{vmatrix} 1 & 1 & 1 \\ 1 & 1 & 2 \\ 1 & 2 & 3 \end{vmatrix}=-1\neq 0,$$

所以 A 可逆,有

$$\begin{bmatrix} \alpha_1 \\ \alpha_2 \\ \alpha_3 \end{bmatrix}=A^{-1}\begin{bmatrix} \beta_1 \\ \beta_2 \\ \beta_3 \end{bmatrix},$$

即

$$\begin{cases} \alpha_1=\beta_1+\beta_2-\beta_3, \\ \alpha_2=\beta_1-2\beta_2+\beta_3, \\ \alpha_3=-\beta_1+\beta_2+0\beta_3. \end{cases}$$

因此, $\alpha_1, \alpha_2, \alpha_3$ 可由 $\beta_1, \beta_2, \beta_3$ 线性表示, 故 $\alpha_1, \alpha_2, \alpha_3$ 与 $\beta_1, \beta_2, \beta_3$ 等价. 因为 $\alpha_1, \alpha_2,$ α_3 为三维向量组的极大无关组, 故 $\beta_1, \beta_2, \beta_3$ 也为三维向量组的极大无关组.

注: 关于极大线性无关组的证明问题, 方法有:

(1) 用定义证明;

(2) 利用等价性证明. 如已知某向量组为向量组 T 的极大无关组, 且又可证明向量组 T 的部分组与某向量组等价, 则可证明该部分组为向量组 T 的极大无关组.

例 3.14　设向量组

（Ⅰ）: $\alpha_1, \alpha_2, \alpha_3, \alpha_4$ 的秩为 3;

（Ⅱ）: $\alpha_1, \alpha_2, \alpha_3, \alpha_5$ 的秩为 4;

证明: 向量组 $\alpha_1, \alpha_2, \alpha_3, \alpha_5 - \alpha_4$ 的秩为 4.

证　由向量组（Ⅱ）的秩为 4, 知 $\alpha_1, \alpha_2, \alpha_3$ 线性无关. 又由向量组（Ⅰ）的秩为 3, 知 $\alpha_1, \alpha_2, \alpha_3, \alpha_4$ 线性相关, 从而 α_4 可由 $\alpha_1, \alpha_2, \alpha_3$ 线性表示, 即有数组 l_1, l_2, l_3, 使

$$\alpha_4 = l_1\alpha_1 + l_2\alpha_2 + l_3\alpha_3 \tag{3.6}$$

设数组 k_1, k_2, k_3, k_4 使

$$k_1\alpha_1 + k_2\alpha_2 + k_3\alpha_3 + k_4(\alpha_5 - \alpha_4) = 0, \tag{3.7}$$

将 (3.6) 式代入 (3.7) 式, 得

$$(k_1 - k_4 l_1)\alpha_1 + (k_2 - k_4 l_2)\alpha_2 + (k_3 - k_4 l_3)\alpha_3 + k_4\alpha_5 = 0,$$

由 $\alpha_1, \alpha_2, \alpha_3, \alpha_5$ 线性无关, 所以

$$\begin{cases} k_1 \qquad\; - k_4 l_1 = 0, \\ \quad\; k_2 \quad\; - k_4 l_2 = 0, \\ \qquad\; k_3 - k_4 l_3 = 0, \\ \qquad\qquad\quad k_4 = 0. \end{cases}$$

该方程组只有零解 $k_1 = k_2 = k_3 = k_4 = 0$, 故 $\alpha_1, \alpha_2, \alpha_3, \alpha_5 - \alpha_4$ 线性无关, 也就是该向量组的秩为 4.

例 3.15　设向量组

（Ⅰ）: $\alpha_1, \alpha_2, \cdots, \alpha_s$ 的秩为 r_1;

（Ⅱ）: $\beta_1, \beta_2, \cdots, \beta_t$ 的秩为 r_2;

（Ⅲ）: $\alpha_1, \alpha_2, \cdots, \alpha_s, \beta_1, \beta_2, \cdots, \beta_t$ 的秩为 r.

证明: $r \leqslant r_1 + r_2$.

证　若 r_1 和 r_2 中至少有一个为零, 显然有 $r = r_1 + r_2$.

若 r_1 和 r_2 都不为零, 不妨设向量组（Ⅰ）的极大无关组为 $\alpha_1, \alpha_2, \cdots, \alpha_{r_1}$, 向量

组（Ⅱ）的极大无关组为 $\beta_1,\beta_2,\cdots,\beta_{r_2}$，则向量组（Ⅰ）可由 $\alpha_1,\alpha_2,\cdots,\alpha_{r_1}$ 线性表示．向量组（Ⅱ）可由 $\beta_1,\beta_2,\cdots,\beta_{r_2}$ 线性表示．于是向量（Ⅲ）可由向量组 $\alpha_1,\alpha_2,\cdots,\alpha_{r_1},\beta_1,\beta_2,\cdots,\beta_{r_2}$，线性表示，故

$$r \leqslant \{\alpha_1,\alpha_2,\cdots,\alpha_{r_1},\beta_1,\beta_2,\cdots,\beta_{r_2}\} \leqslant r_1 + r_2.$$

例 3.16　设向量组 $\alpha_1,\alpha_2,\cdots,\alpha_m(m>1)$ 的秩为 r，$\beta_1 = \alpha_2 + \alpha_3 + \cdots \alpha_m,\beta_2 = \alpha_1 + \alpha_3 + \cdots + \alpha_m,\cdots,\beta_m = \alpha_1 + \alpha_2 + \cdots + \alpha_{m-1}$，证明：$\beta_1,\beta_2,\cdots,\beta_m$ 的秩为 r．

证　只需证向量组 $\beta_1,\beta_2,\cdots,\beta_m$ 与向量组 $\alpha_1,\alpha_2,\cdots,\alpha_m$ 等价即可．

由题设可知 $\beta_i = \alpha_1 + \cdots + \alpha_{i-1} + 0\alpha_i + \alpha_{i+1} + \cdots + \alpha_m$ $(i=1,2,\cdots,m)$，所以 $\beta_1,\beta_2,\cdots,\beta_m$ 可由 $\alpha_1,\alpha_2,\cdots,\alpha_m$ 线性表示．且

$$\beta_1 + \beta_2 + \cdots + \beta_m = (m-1)(\alpha_1 + \alpha_2 + \cdots + \alpha_m),$$

即

$$\frac{1}{m-1}(\beta_1 + \beta_2 + \cdots + \beta_m) = \alpha_1 + \alpha_2 + \cdots + \alpha_m,$$

从而

$$\alpha_i + \beta_i = \frac{1}{m-1}(\beta_1 + \beta_2 + \cdots + \beta_m) \quad (i=1,2,\cdots,m).$$

这表明 $\alpha_1,\alpha_2,\cdots,\alpha_m$ 可由 $\beta_1,\beta_2,\cdots,\beta_m$ 线性表示，故向量组 $\alpha_1,\alpha_2,\cdots,\alpha_m$ 与向量组 $\beta_1,\beta_2,\cdots,\beta_m$ 等价，从而它们的秩相同．

例 3.17　下列集合是否构成向量空间？为什么？若能构成向量空间，求出它的维数和一组基．

(1) $V_1 = \{(x_1,0,\cdots,0,x_n):x_1,x_n \in R\}$，其中 $n \geqslant 2$．

(2) $V_2 = \{(x_1,x_2,\cdots,x_n):x_1+x_2+\cdots+x_n=0,x_i \in R\}$．

(3) $V_3 = \{(x_1,x_2,\cdots,x_n):x_1+x_2+\cdots+x_n=1,x_i \in R\}$．

解　(1) V_1 是向量空间．因为 $(0,0,\cdots,0) \in V_1$ 所以 V_1 非空．

设 $\alpha = (x_1,0,\cdots,x_n) \in V_1$，$\beta = (y_1,0,\cdots,0,y_n) \in V_1,k \in R$，则

$$\alpha + \beta = (x_1+y_1,0,\cdots,0,x_n+y_n) \in V_1,$$
$$k\alpha = (kx_1,0,\cdots,0,kx_n) \in V_1.$$

故 V_1 是向量空间．

取 V_1 中二向量 $e_1 = (1,0,\cdots,0,0),e_n = (0,0,\cdots,0,1)$，易证 e_1,e_n 线性无关，且对任意 $\alpha = (x_1,0,\cdots,0,x_n) \in V_1$ 有 $\alpha = x_1 e_1 + x_n e_n$，故 e_1,e_n 是 V_1 的一组基，且 V_1 的维数为 2．

(2) V_2 是向量空间．因为 $(0,0,\cdots,0) \in V_2$，所以 V_2 非空．

设 $\alpha = (x_1,x_2,\cdots,x_n) \in V_2$，$\beta = (y_1,y_2,\cdots,y_n) \in V_2,k \in R$，则

$$x_1 + x_2 + \cdots + x_n = 0, \quad y_1 + y_2 + \cdots + y_n = 0.$$

由于 $\qquad (x_1 + y_2) + (x_2 + y_2) + \cdots + (x_n + y_n)$

$$= (x_1 + x_1 + \cdots + x_n) + (y_1 + y_2 + \cdots + y_n) = 0,$$

所以 $\qquad \alpha + \beta = (x_1 + y_1, x_2 + y_2, \cdots, x_n + y_n) \in V_2.$

对于 $k \in R$, 有

$$kx_1 + kx_2 + \cdots + kx_n = k(x_1 + x_2 + \cdots + x_n) = 0,$$

所以 $k\alpha = (kx_1, kx_2, \cdots, kx_n) \in V_2$, 因此 V_2 是向量空间.

取 V_2 中 $n-1$ 个向量

$$\alpha_1 = (1, -1, 0, 0, \cdots, 0),$$

$$\alpha_2 = (1, 0, -1, 0, \cdots, 0),$$

$$\cdots \cdots$$

$$\alpha_{n-1} = (1, 0, \cdots, 0, -1),$$

易证 $\alpha_1, \alpha_2, \cdots, \alpha_{n-1}$ 线性无关, 对任意 $\alpha = (x_1, x_2, \cdots, x_n) \in V_2$, 有

$$x_1 + x_2 + \cdots + x_n = 0,$$

以 $\alpha_1, \alpha_2, \cdots, \alpha_{n-1}, \alpha$ 为行构成的 n 阶行列式

$$\begin{vmatrix} 1 & -1 & 0 & \cdots & 0 \\ 1 & 0 & -1 & \cdots & 0 \\ \vdots & \vdots & \vdots & & \vdots \\ 1 & 0 & 0 & \cdots & -1 \\ x_1 & x_2 & x_3 & \cdots & x_n \end{vmatrix} = \begin{vmatrix} 0 & -1 & 0 & \cdots & 0 \\ 0 & 0 & -1 & \cdots & 0 \\ \vdots & \vdots & \vdots & & \vdots \\ 0 & 0 & 0 & \cdots & -1 \\ \sum_{k=1}^{n} x_k & x_2 & x_3 & \cdots & x_n \end{vmatrix} = \sum_{k=1}^{n} x_k = 0,$$

所以 $\alpha_1, \alpha_2, \cdots, \alpha_{n-1}, \alpha$ 线性相关, 从而 α 可由 $\alpha_1, \alpha_2, \cdots, \alpha_{n-1}$ 线性表示.

故 $\alpha_1, \alpha_2, \cdots, \alpha_{n-1}$ 是 V_2 的一组基, 且 V_2 的维数为 $n-1$.

（3）V_3 不是向量空间. 因为取 $\alpha = (x_1, x_2, \cdots, x_n) \in V_3$, 有

$$x_1 + x_2 + \cdots + x_n = 1,$$

但 $\qquad 2x_1 + 2x_2 + \cdots + 2x_n = 2(x_1 + x_2 + \cdots + x_n) = 2,$

所以 $2\alpha = (2x_1, 2x_2, \cdots, 2x_n) \notin V_3$, 即数乘运算不封闭.

例 3.18 设 R^4 的两组基为

$$\alpha_1 = \begin{bmatrix} 5 \\ 2 \\ 0 \\ 0 \end{bmatrix}, \alpha_2 = \begin{bmatrix} 2 \\ 1 \\ 0 \\ 0 \end{bmatrix}, \alpha_3 = \begin{bmatrix} 0 \\ 0 \\ 8 \\ 5 \end{bmatrix}, \alpha_4 = \begin{bmatrix} 0 \\ 0 \\ 3 \\ 2 \end{bmatrix};$$

$$\beta_1 = \begin{bmatrix} 1 \\ 0 \\ 0 \\ 0 \end{bmatrix}, \beta_2 = \begin{bmatrix} 0 \\ 2 \\ 0 \\ 0 \end{bmatrix}, \beta_3 = \begin{bmatrix} 0 \\ 1 \\ 2 \\ 0 \end{bmatrix}, \beta_4 = \begin{bmatrix} 1 \\ 0 \\ 1 \\ 1 \end{bmatrix}.$$

求:(1) 由基 $\alpha_1,\alpha_2,\alpha_3,\alpha_4$ 到基 $\beta_1,\beta_2,\beta_3,\beta_4$ 的过渡矩阵.

(2) 向最 $\beta = 3\beta_1 + 2\beta_2 + \beta_3$ 在基 $\alpha_1,\alpha_2,\alpha_3,\alpha_4$ 下的坐标.

[**解题思路**]　求过渡阵通常采用待定法和中介基法.

解法一　设基 $\alpha_1,\alpha_2,\alpha_3,\alpha_4$ 到基 $\beta_1,\beta_2,\beta_3,\beta_4$ 的过渡矩阵为 P,则

$$(\beta_1,\beta_2,\beta_3,\beta_4) = (\alpha_1,\alpha_2,\alpha_3,\alpha_4)P,$$

所以　　　　　　　$P = (\alpha_1,\alpha_2,\alpha_3,\alpha_4)^{-1}(\beta_1,\beta_2,\beta_3,\beta_4).$

而　　$(\alpha_1,\alpha_2,\alpha_3,\alpha_4)^{-1} = \begin{bmatrix} 5 & 2 & 0 & 0 \\ 2 & 1 & 0 & 0 \\ 0 & 0 & 8 & 3 \\ 0 & 0 & 5 & 2 \end{bmatrix}^{-1} = \begin{bmatrix} 1 & -2 & 0 & 0 \\ -2 & 5 & 0 & 0 \\ 0 & 0 & 2 & -3 \\ 0 & 0 & -5 & 8 \end{bmatrix},$

故由基 $\alpha_1,\alpha_2,\alpha_3,\alpha_4$ 到基 $\beta_1,\beta_2,\beta_3,\beta_4$ 的过渡矩阵

$$P = (\alpha_1,\alpha_2,\alpha_3,\alpha_4)^{-1}(\beta_1,\beta_2,\beta_3,\beta_4)$$

$$= \begin{bmatrix} 1 & -2 & 0 & 0 \\ -2 & 5 & 0 & 0 \\ 0 & 0 & 2 & -3 \\ 0 & 0 & -5 & 8 \end{bmatrix}\begin{bmatrix} 1 & 0 & 0 & 1 \\ 0 & 2 & 1 & 0 \\ 0 & 0 & 2 & 1 \\ 0 & 0 & 0 & 1 \end{bmatrix}$$

$$= \begin{bmatrix} 1 & -4 & -2 & 1 \\ -2 & 10 & 5 & -2 \\ 0 & 0 & 4 & -1 \\ 0 & 0 & -10 & 3 \end{bmatrix}.$$

解法二　引进 R^4 的标准基 e_1,e_2,e_3,e_4. 设

$$A = (\alpha_1,\alpha_2,\alpha_3,\alpha_4) = \begin{bmatrix} 5 & 2 & 0 & 0 \\ 2 & 1 & 0 & 0 \\ 0 & 0 & 8 & 3 \\ 0 & 0 & 5 & 2 \end{bmatrix},$$

$$B = (\beta_1,\beta_2,\beta_3,\beta_4) = \begin{bmatrix} 1 & 0 & 0 & 1 \\ 0 & 2 & 1 & 0 \\ 0 & 0 & 2 & 1 \\ 0 & 0 & 0 & 1 \end{bmatrix},$$

则　　　　　　　　$(\alpha_1,\alpha_2,\alpha_3,\alpha_4) = (e_1,e_2,e_3,e_4)A,$

　　　　　　　　　$(\beta_1,\beta_2,\beta_3,\beta_4) = (e_1,e_2,e_3,e_4)B,$

于是　　　　　　　$(\beta_1,\beta_2,\beta_3,\beta_4) = (\alpha_1,\alpha_2,\alpha_3,\alpha_4)A^{-1}B.$

故由基 $\alpha_1,\alpha_2,\alpha_3,\alpha_4$ 到基 $\beta_1,\beta_2,\beta_3,\beta_4$ 的过渡矩阵 P 为

$$P = A^{-1}B = \begin{bmatrix} 1 & -4 & -2 & 1 \\ -2 & 10 & 5 & -2 \\ 0 & 0 & 4 & -1 \\ 0 & 0 & -10 & 3 \end{bmatrix}.$$

（2）设 β 在基 $\alpha_1,\alpha_2,\alpha_3,\alpha_4$ 下的坐标为 $(x_1,x_2,x_3,x_4)^T$，则有

$$\beta = x_1\alpha_1 + x_2\alpha_2 + x_3\alpha_3 + x_4\alpha_4,$$

解得

$$\begin{bmatrix} x_1 \\ x_2 \\ x_3 \\ x_4 \end{bmatrix} = A^{-1}B \begin{bmatrix} 3 \\ 2 \\ 1 \\ 0 \end{bmatrix} = \begin{bmatrix} -7 \\ 19 \\ 4 \\ -10 \end{bmatrix}.$$

例 3.19 利用施密特正交化方法，试由向量组

$$\alpha_1 = \begin{bmatrix} 0 \\ 1 \\ 1 \end{bmatrix}, \alpha_2 = \begin{bmatrix} 1 \\ 1 \\ 0 \end{bmatrix}, \alpha_3 = \begin{bmatrix} 1 \\ 0 \\ 1 \end{bmatrix}.$$

构造出一组标准正交基

解 方法一：先正交化，后单位化. 取

$$\beta_1 = \alpha_1 = \begin{bmatrix} 0 \\ 1 \\ 1 \end{bmatrix},$$

$$\beta_2 = \alpha_2 - \frac{(\alpha_2,\beta_1)}{(\beta_1,\beta_1)}\beta_1 = \begin{bmatrix} 1 \\ 1 \\ 0 \end{bmatrix} - \frac{1}{2}\begin{bmatrix} 0 \\ 1 \\ 1 \end{bmatrix} = \frac{1}{2}\begin{bmatrix} 2 \\ 1 \\ -1 \end{bmatrix},$$

$$\beta_3 = \alpha_3 - \frac{(\alpha_3,\beta_1)}{(\beta_1,\beta_1)}\beta_1 - \frac{(\alpha_3,\beta_2)}{(\beta_2,\beta_2)}\beta_2 = \begin{bmatrix} 1 \\ 0 \\ 1 \end{bmatrix} - \frac{1}{2}\begin{bmatrix} 0 \\ 1 \\ 1 \end{bmatrix} - \frac{1}{3}\begin{bmatrix} 1 \\ \frac{1}{2} \\ -\frac{1}{2} \end{bmatrix} = \frac{2}{3}\begin{bmatrix} 1 \\ -1 \\ 1 \end{bmatrix},$$

再单位化

$$\eta_1 = \frac{\beta_1}{\|\beta_1\|} = \frac{1}{\sqrt{2}}\begin{bmatrix} 0 \\ 1 \\ 1 \end{bmatrix}, \eta_2 = \frac{\beta_2}{\|\beta_2\|} = \frac{1}{\sqrt{6}}\begin{bmatrix} 2 \\ 1 \\ -1 \end{bmatrix}, \eta_3 = \frac{\beta_3}{\|\beta_3\|} = \frac{1}{\sqrt{3}}\begin{bmatrix} 1 \\ -1 \\ 1 \end{bmatrix}.$$

方法二：边正交化边单位化. 令

$$\eta_1 = \frac{\alpha_1}{\|\alpha_1\|} = \frac{1}{\sqrt{2}}\begin{bmatrix} 0 \\ 1 \\ 1 \end{bmatrix},$$

$$\beta_2 = \alpha_2 - (\alpha_2, \eta_1)\eta_1 = \begin{bmatrix} 1 \\ 1 \\ 0 \end{bmatrix} - \frac{1}{2}\begin{bmatrix} 0 \\ 1 \\ 1 \end{bmatrix} = \frac{1}{2}\begin{bmatrix} 2 \\ 1 \\ -1 \end{bmatrix},$$

$$\eta_2 = \frac{\beta_2}{\parallel \beta_2 \parallel} = \frac{1}{\sqrt{6}}\begin{bmatrix} 2 \\ 1 \\ -1 \end{bmatrix},$$

$$\beta_3 = \alpha_3 - (\alpha_3, \eta_1)\eta_1 - (\alpha_3, \eta_2)\eta_2 = \begin{bmatrix} 1 \\ 0 \\ 1 \end{bmatrix} - \frac{1}{2}\begin{bmatrix} 0 \\ 1 \\ 1 \end{bmatrix} - \frac{1}{6}\begin{bmatrix} 2 \\ 1 \\ -1 \end{bmatrix} = \frac{2}{3}\begin{bmatrix} 1 \\ -1 \\ 1 \end{bmatrix},$$

$$\eta_3 = \frac{\beta_3}{\parallel \beta_3 \parallel} = \frac{1}{\sqrt{3}}\begin{bmatrix} 1 \\ -1 \\ 1 \end{bmatrix}.$$

故得一组标准正交基为 η_1, η_2, η_3.

注：一般说来，方法一稍微简单些，但要特别注意，不能先单位化，后正交化，因为单位向量在正交化后，一般不再是单位向量，另外，在单位化时，可以不考虑向量前的系数，如

$$\beta_3 = \frac{2}{3}\begin{bmatrix} 1 \\ -1 \\ 1 \end{bmatrix} \text{可令} \ \beta_3^* = \begin{bmatrix} 1 \\ -1 \\ 1 \end{bmatrix}, \text{则} \ \eta_3 = \frac{\beta_3}{\parallel \beta_3 \parallel} = \frac{\beta_3^*}{\parallel \beta_3^* \parallel} = \frac{1}{\sqrt{3}}\begin{bmatrix} 1 \\ -1 \\ 1 \end{bmatrix}.$$

例 3.20　设 $\alpha_1, \alpha_2, \cdots, \alpha_n$ 是 R^n 的一个基.

(1) 证明 $\alpha_1, \alpha_1 + \alpha_2, \alpha_1 + \alpha_2 + \alpha_3, \cdots, \alpha_1 + \alpha_2 + \cdots + \alpha_n$ 也是 R^n 的基；

(2) 求从旧基 $\alpha_1, \alpha_2, \cdots, \alpha_n$ 到新基
$$\alpha_1, \alpha_1 + \alpha_2, \alpha_1 + \alpha_2 + \alpha_3, \cdots, \alpha_1 + \alpha_2 + \cdots + \alpha_n$$
的过渡矩阵；

(3) 求向量 α 的旧坐标 $(x_1, x_2, \cdots, x_n)^T$ 和新坐标 $(y_1, y_2, \cdots, y_n)^T$ 间的变换公式.

解　(1) 证明 $\alpha_1, \alpha_1 + \alpha_2, \alpha_1 + \alpha_2 + \alpha_3, \cdots, \alpha_1 + \alpha_2 + \cdots + \alpha_n$ 也是 R^n 的基，只需证 $\alpha_1, \alpha_1 + \alpha_2, \alpha_1 + \alpha_2 + \alpha_3, \cdots, \alpha_1 + \alpha_2 + \cdots + \alpha_n$ 线性无关. 因为

$$(\alpha_1, \alpha_1 + \alpha_2, \alpha_1 + \alpha_2 + \alpha_3, \cdots, \alpha_1 + \alpha_2 + \cdots + \alpha_n)$$
$$= (\alpha_1, \alpha_2, \cdots, \alpha_n)\begin{bmatrix} 1 & 1 & 1 & \cdots & 1 \\ 0 & 1 & 1 & \cdots & 1 \\ 0 & 0 & 1 & \cdots & 1 \\ \vdots & \vdots & \vdots & & \vdots \\ 0 & 0 & 0 & \cdots & 1 \end{bmatrix} = (\alpha_1, \alpha_2, \cdots, \alpha_n)P,$$

又因

$$|P| = \begin{vmatrix} 1 & 1 & 1 & \cdots & 1 \\ 0 & 1 & 1 & \cdots & 1 \\ 0 & 0 & 1 & \cdots & 1 \\ \vdots & \vdots & \vdots & & \vdots \\ 0 & 0 & 0 & \cdots & 1 \end{vmatrix} = 1 \neq 0,$$

故 P 可逆,从而向量组 $\alpha_1, \alpha_2, \cdots, \alpha_n$ 与向量

$$\alpha_1, \alpha_1 + \alpha_2, \alpha_1 + \alpha_2 + \alpha_3, \cdots, \alpha_1 + \alpha_2 + \cdots + \alpha_n$$

等价,由题设知 $\alpha_1, \alpha_2, \cdots, \alpha_n$ 是 R^n 的一个基,从而线性无关,所以向量组

$$\alpha_1, \alpha_1 + \alpha_2, \alpha_1 + \alpha_2 + \alpha_3, \cdots, \alpha_1 + \alpha_2 + \cdots + \alpha_n$$

也线性无关. 故 $\alpha_1, \alpha_1 + \alpha_2, \alpha_1 + \alpha_2 + \alpha_3, \cdots, \alpha_1 + \alpha_2 + \cdots + \alpha_n$ 也是 R^n 的一个基.

(2) 由(1)知,基 $\alpha_1, \alpha_2, \cdots, \alpha_n$ 到基

$$\alpha_1, \alpha_1 + \alpha_2, \alpha_1 + \alpha_2 + \alpha_3, \cdots, \alpha_1 + \alpha_2 + \cdots + \alpha_n$$

的过渡矩阵为

$$P = \begin{bmatrix} 1 & 1 & 1 & \cdots & 1 \\ 0 & 1 & 1 & \cdots & 1 \\ 0 & 0 & 1 & \cdots & 1 \\ \vdots & \vdots & \vdots & & \vdots \\ 0 & 0 & 0 & \cdots & 1 \end{bmatrix}.$$

(3) 由(2)知,由基 $\alpha_1, \alpha_2, \cdots, \alpha_n$ 到基

$$\alpha_1, \alpha_1 + \alpha_2, \alpha_1 + \alpha_2 + \alpha_3, \cdots, \alpha_1 + \alpha_2 + \cdots + \alpha_n$$

的过渡矩阵为 P,则

$$\begin{bmatrix} y_1 \\ y_2 \\ \vdots \\ y_n \end{bmatrix} = P^{-1} \begin{bmatrix} x_1 \\ x_2 \\ \vdots \\ x_n \end{bmatrix} = \begin{bmatrix} 1 & 1 & 1 & \cdots & 1 \\ 0 & 1 & 1 & \cdots & 1 \\ 0 & 0 & 1 & \cdots & 1 \\ \vdots & \vdots & \vdots & & \vdots \\ 0 & 0 & 0 & \cdots & 1 \end{bmatrix}^{-1} \begin{bmatrix} x_1 \\ x_2 \\ \vdots \\ x_n \end{bmatrix}.$$

例 3.21 设 $\alpha_1 = \begin{bmatrix} 1 \\ 1 \\ 1 \end{bmatrix}$,求 α_2, α_3,从而使 $\alpha_1, \alpha_2, \alpha_3$ 互相正交.

解 设所求向量为

$$X = \begin{bmatrix} x_1 \\ x_2 \\ x_3 \end{bmatrix},$$

因为 X 与 α_1 正交,所以 $(X, \alpha_1) = X^T \alpha_1 = x_1 + x_2 + x_3 = 0$. 即

$$x_1 = -x_2 - x_3.$$

取
$$\xi_1 = \begin{bmatrix} 1 \\ -1 \\ 0 \end{bmatrix}, \xi_2 = \begin{bmatrix} 1 \\ 0 \\ -1 \end{bmatrix},$$

得
$$\alpha_2 = \xi_1 = \begin{bmatrix} 1 \\ -1 \\ 0 \end{bmatrix},$$

$$\alpha_3 = \xi_2 - \frac{(\xi_2, \alpha_2)}{(\xi_2, \xi_2)} \alpha_2 = \begin{bmatrix} 1 \\ 0 \\ -1 \end{bmatrix} - \frac{1}{2} \begin{bmatrix} 1 \\ -1 \\ 0 \end{bmatrix} = \begin{bmatrix} \dfrac{1}{2} \\ \dfrac{1}{2} \\ -1 \end{bmatrix}.$$

所以 $\alpha_1, \alpha_2, \alpha_3$ 互相正交.

例 3.22 设 $\alpha_1, \alpha_2, \alpha_3$ 是 R^3 的一个标准正交基,试证 $\beta_1 = \dfrac{1}{3}(2\alpha_1 + 2\alpha_2 - \alpha_3)$,

$\beta_2 = \dfrac{1}{3}(2\alpha_1 - \alpha_2 + 2\alpha_3), \beta_3 = \dfrac{1}{3}(\alpha_1 - 2\alpha_2 - 2\alpha_3)$,也是 R^3 的一个标准正交基.

证 因 $(\beta_1, \beta_1) = \dfrac{1}{9}(2\alpha_1 + 2\alpha_2 - \alpha_3, 2\alpha_1 + 2\alpha_2 - \alpha_3) = \dfrac{1}{9}(4 + 4 + 1) = 1$,

故 $\| \beta_1 \| = \sqrt{(\beta_1, \beta_1)} = 1$. 同理可证 $(\beta_2, \beta_2) = 1, (\beta_3, \beta_3) = 1$,故 $\| \beta_2 \| = 1$,$\| \beta_3 \| = 1$.

又 $(\beta_1, \beta_2) = \dfrac{1}{9}(2\alpha_1 + 2\alpha_2 - \alpha_3, 2\alpha_1 - \alpha_2 + 2\alpha_3) = \dfrac{1}{9}(4 - 2 - 2) = 0$,故 β_1 与 β_2 正交.

$(\beta_1, \beta_3) = \dfrac{1}{9}(2\alpha_1 + 2\alpha_2 - \alpha_3, \alpha_1 - 2\alpha_2 - 2\alpha_3) = \dfrac{1}{9}(2 - 4 + 2) = 0$,

故 β_1, β_3 正交. 同理可证 β_2 与 β_3 正交. 因此 $\beta_1, \beta_2, \beta_3$ 也是 R^3 的一个标准正交基.

例 3.23 设 $\alpha_1, \alpha_2, \alpha_3, \alpha_4$ 是 $n(n > 3)$ 维列向量,已知 α_1, α_2 线性无关,α_3, α_4 线性无关,又有 $(\alpha_1, \alpha_3) = 0, (\alpha_1, \alpha_4) = 0, (\alpha_2, \alpha_3) = 0, (\alpha_2, \alpha_4) = 0$,试证 $\alpha_1, \alpha_2, \alpha_3, \alpha_4$ 线性无关.

证 设存在数 k_1, k_2, k_3, k_4, 使

$$k_1\alpha_1 + k_2\alpha_2 + k_3\alpha_3 + k_4\alpha_4 = 0, \tag{3.6}$$

(3.6) 式两边对 α_3 作内积, 得

$$k_1(\alpha_1, \alpha_3) + k_2(\alpha_2, \alpha_3) + k_3(\alpha_3, \alpha_3) + k_4(\alpha_4, \alpha_3) = 0, \tag{3.7}$$

(3.6) 式两边对 α_4 作内积, 得

$$k_1(\alpha_1, \alpha_4) + k_2(\alpha_2, \alpha_4) + k_3(\alpha_3, \alpha_4) + k_4(\alpha_4, \alpha_4) = 0, \tag{3.8}$$

将 $(\alpha_1, \alpha_3) = (\alpha_2, \alpha_3) = 0$ 代入 (3.7) 式得

$$k_3 = -\frac{k_4(\alpha_4, \alpha_3)}{(\alpha_3, \alpha_3)},$$

将 $(\alpha_1, \alpha_4) = (\alpha_2, \alpha_4) = 0$ 代入 (3.8) 式得

$$-\frac{k_4(\alpha_3, \alpha_4)^2}{(\alpha_3, \alpha_3)} + k_4(\alpha_4, \alpha_4) = 0,$$

若 $k_4 \neq 0$, 则有

$$(\alpha_3, \alpha_4)^2 = (\alpha_3, \alpha_3)(\alpha_4, \alpha_4).$$

这是柯西 — 许瓦兹不等式中等号成立的情形. 故 α_3, α_4 线性相关, 这与已知 α_3, α_4 线性无关的条件矛盾. 所以, 必有 $k_4 = 0$. 代回 (3.7) 式中知 $k_3 = 0$, 再将 $k_3 = k_4 = 0$ 代入 (3.6) 式得 $k_1\alpha_1 + k_2\alpha_2 = 0$. 又已知 α_1, α_2 线性无关, 故得 $k_1 = k_2 = 0$. 因此知 (3.6) 式当且仅当 $k_1 = k_2 = k_3 = k_4 = 0$ 时成立. 故 $\alpha_1, \alpha_2, \alpha_3, \alpha_4$, 线性无关.

例 3.24 设 A 为实对称矩阵, B 为反对称矩阵, 且 $AB = BA, A - B$ 可逆, 证明 $(A + B)(A - B)^{-1}$ 是正交矩阵.

证 由 $AB = BA$, 得

$$(A + B)(A - B) = A^2 - AB + BA - B^2 = A^2 - B^2 = (A - B)(A + B),$$

因为 $A^T = A, B^T = -B$, 于是

$$[(A + B)(A - B)^{-1}]^T[(A + B)(A - B)^{-1}].$$
$$= [(A - B)^{-1}]^T(A + B)^T(A + B)(A - B)^{-1}$$
$$= [(A - B)^T]^{-1}(A^T + B^T)(A + B)(A - B)^{-1}$$
$$= (A^T - B^T)^{-1}(A^T + B^T)(A + B)(A - B)^{-1}$$
$$= (A + B)^{-1}(A - B)(A + B)(A - B)^{-1}$$
$$= (A + B)^{-1}(A + B)(A - B)(A - B)^{-1}$$
$$= E.$$

所以 $(A + B)(A - B)^{-1}$ 是正交矩阵.

例 3.25 设向量组 $\alpha_1, \alpha_2, \alpha_3$ 是 3 维向量空间 R^3 的一个基，$\beta_1 = 2\alpha_1 + 2K\alpha_3$，$\beta_2 = 2\alpha_2, \beta_3 = \alpha_1 + (K+1)\alpha_3$.

(1) 证明向量组 $\beta_1, \beta_2, \beta_3$ 为 R^3 的一个基；

(2) 当 K 为何值时，存在非零向量 ξ 在基 $\alpha_1, \alpha_2, \alpha_3$ 与基 $\beta_1, \beta_2, \beta_3$ 下的坐标相同，并求所有的 ξ.

解 (1) 因为 $(\beta_1, \beta_2, \beta_3) = (\alpha_1, \alpha_2, \alpha_3) \begin{bmatrix} 2 & 0 & 1 \\ 0 & 2 & 0 \\ 2K & 0 & K+1 \end{bmatrix}$,

并且 $|P| = \begin{vmatrix} 2 & 0 & 1 \\ 0 & 2 & 0 \\ 2K & 0 & K+1 \end{vmatrix} = 2\begin{vmatrix} 2 & 1 \\ 2K & K+1 \end{vmatrix} = 4 \neq 0$,故 P 可逆,从而向量

组 $\alpha_1, \alpha_2, \alpha_3$ 与向量组 $\beta_1, \beta_2, \beta_3$ 等价,由题意知 $\alpha_1, \alpha_2, \alpha_3$ 是 R^3 的一个基,所以 β_1, β_2, β_3 为 R^3 的一个基.

(2) 由题意知 $\xi = k_1\alpha_1 + k_2\alpha_2 + k_3\alpha_3 = k_1\beta_1 + k_2\beta_2 + k_3\beta_3$,

即 $k_1(\beta_1 - \alpha_1) + k_2(\beta_2 - \alpha_2) + k_3(\beta_3 - \alpha_3) = 0$,

因此 $k_1(\alpha_1 + 2K\alpha_3) + k_2\alpha_2 + k_3(\alpha_1 + K\alpha_3) = 0$,有非零解,

$$\begin{vmatrix} 1 & 0 & 1 \\ 0 & 1 & 0 \\ 2K & 0 & K \end{vmatrix} = 0, 得 K = 0,$$

从而有 $k_1\alpha_1 + k_2\alpha_2 + k_3\alpha_1 = 0$,所以 $k_2 = 0, k_1 + k_3 = 0$,故 $\xi = k_1\alpha_1 - k_1\alpha_3$, $k_1 \neq 0$.

习 题 三

(一) 填空题

1. $\alpha = (\alpha_1, \alpha_2); \beta = (b_1, b_2); \gamma = (c_1, c_2)$,则 α, β, γ 是线性_____,理由是_____.

2. 若向量组 A 可由 B 线性表示,则 $R(A)$ _____ $R(B)$.

3. 设向量组 $\alpha_1 = (2,1,3,-1), \alpha_2 = (3,-1,2,0), \alpha_3 = (4,2,6,-2), \alpha_4 = (4,-3,1,1)$, 则该向量组的秩为_____.

4. 已知向量组 $A: \alpha_1 = (2,-1), \alpha_2 = (1,-2), \alpha_3 = (0,0), \alpha_4 = (-2,4)$,则向量组 A 线性相关性的结论是_____,得出上述结论的理由是_____(至少说出其中两个理由).

5. 从矩阵 A 中划去一行得到矩阵 B,则 A, B 的秩的关系为_____.

6. 已知向量组 $\alpha_1 = (1,2,-1,1), \alpha_2 = (2,0,t,0), \alpha_3 = (0,-4,5,-2)$ 的秩为 2,则 $t =$ _____.

7.已知三维线性空间的一组基为 $\alpha_1 = (1,1,0)$,$\alpha_2 = (1,0,1)$,$\alpha_3 = (0,1,1)$,则向量 u_n $= (2,0,0)$ 在上述基下的坐标是_____.

8.设 4×4 矩阵 $A(\alpha,\gamma_2,\gamma_3,\gamma_4)$,$B = (\beta,\gamma_2,\gamma_3,\gamma_4)$,其中 $\alpha,\beta,\gamma_2,\gamma_3,\gamma_4$ 均为 4 维列向量,且已知行列式 $|A| = 4$,$|B| = 1$,则行列式 $|A + B| =$ _____.

9.设 α 为 3 维列向量,α^T 是 α 的转置,若 $\alpha\alpha^T = \begin{bmatrix} 1 & -1 & 1 \\ -1 & 1 & -1 \\ 1 & -1 & 1 \end{bmatrix}$,则 $\alpha^T\alpha =$ _____.

10.若 $A = A^T = A^{-1}$,则 A _____.

11.若 A 为正交矩阵,则 $|A| =$ _____.

12.P 为正交矩阵,$X = PY$ 为正交变换,则 $\|X\|$ 与 $\|Y\|$ 的关系是_____.

13.方阵 A 为正交矩阵的充分必要条件是 A 的列向量都是_____ 向量,且_____.

14.已知 $\alpha_1,\alpha_2,\alpha_3$ 为两两单位正交的向量组,则 $(\alpha_1,k_1\alpha_1 + k_2\alpha_2 + k_3\alpha_3) =$ _____.

(二) 选择题

1.若向量 $(2,3,-1,0,1)$ 与 $(-4,-6,2,\alpha,-2)$ 线性相关,则 a 的取值为( ).

　(A) $a = 0$;　　　(B) $a \neq 0$;　　　(C) $a > 0$;　　　(D) a 为任何数.

2.设向量组 $(a+1,2,-6)$,$(1,a,-3)$,$(1,1,a-4)$ 线性无关,则 a 的取值为( ).

　(A) $a = 0$;　　　(B) $a \neq 0$;　　　(C) $a = 1$;　　　(D) $a \neq 1$.

3.设向量组 α,β,γ 线性无关,向量组 α,β,δ 线性相关,则( ).

　(A) α 必可由 β,γ,δ 线性表示;　　　(B) β 必不可由 β,γ,δ 线性表示;

　(C) δ 必可由 α,β,γ 线性表示;　　　(D) δ 必不可由 α,β,γ 线性表示.

4.$\alpha_1 = (1,0,0)$,$\alpha_2 = (1,1,0)$,$\alpha_3 = (1,1,1)$,$\alpha_4 = (0,0,0)$ 任何三维向量 $\beta = (a,b,c)$ 都可表为下列向量组中的一个的线性组合,这个向量组为( ).

　(A) α_1,α_2;　　　(B) $\alpha_1,\alpha_2,\alpha_3$;　　　(C) $\alpha_1,\alpha_2,\alpha_4$;　　　(D) α_3,α_4.

5.设有向量组(Ⅰ),(Ⅱ)是(Ⅰ)的部分组,则下列断语正确的是( ).

　(A) 若(Ⅰ)线性相关,则(Ⅱ)也线性相关;

　(B) 若(Ⅰ)线性无关,则(Ⅱ)也线性无关;

　(C) 若(Ⅱ)线性无关,则(Ⅰ)也线性无关;

　(D) (Ⅰ)的相关性与(Ⅱ)的相关性没有联系.

6.向量组 $\alpha_1,\alpha_2,\cdots,\alpha_s$ 线性无关是向量组 $\alpha_1,\alpha_1 + \alpha_2,\cdots,\alpha_1 + \alpha_2 + \cdots + \alpha_s$ 线性无关的( ).

　(A) 充分但非必要的条件;　　　(B) 必要但非充分条件;

　(C) 充分且必要的条件;　　　(D) 既不充分也不必要的条件.

7.如果向量组 $\alpha_1,\alpha_2,\cdots,\alpha_r$ 可由向量组 $\beta_1,\beta_2,\cdots,\beta_s$ 线性表出,那么( ).

　(A) 当 $r > s$ 时,$\alpha_1,\alpha_2,\cdots,\alpha_r$ 线性相关;

　(B) 当 $r \geqslant s$ 时,$\alpha_1,\alpha_2,\cdots,\alpha_r$ 线性相关;

　(C) 当 $r < s$ 时,$\alpha_1,\alpha_2,\cdots,\alpha_r$ 线性相关;

(D) 当 $r \leqslant s$ 时, $\alpha_1, \alpha_2, \cdots, \alpha_r$ 线性相关.

8. 已知向量组 $\alpha = (a_1, a_2, a_3), \beta = (b_1, b_2, b_3)$ 线性无关,则下列向量组中也线性无关的是(　　).

(A) $\begin{cases} \alpha_1 = (a_1, a_2) \\ \beta_1 = (b_1, b_2) \end{cases}$;　　　　　　　　(B) $\begin{cases} \alpha_1 = (a_1, a_2, 0) \\ \beta_1 = (b_1, b_2, 0) \end{cases}$;

(C) $\begin{cases} \alpha_3 = (a_1, a_2, a_3, a_4) \\ \beta_3 = (b_1, b_2, b_3, b_4) \end{cases}$;　　　(D) $\begin{cases} \alpha_4 = (a_1, 0, a_3) \\ \beta_4 = (b_1, 0, b_3) \end{cases}$.

9. 在 xOy 平面上,任一向量 $\overrightarrow{OP}$ 都可由向量 $\overrightarrow{OA}, \overrightarrow{OB}$ 线性表示的充要条件是(　　).

(A) $\overrightarrow{OA}, \overrightarrow{OB}$ 都不是零向量;　　　　　(B) $\overrightarrow{OA}, \overrightarrow{OB}$ 互相垂直;

(C) $\overrightarrow{OA}, \overrightarrow{OB}$ 不共线;　　　　　　　(B) $\overrightarrow{OA}, \overrightarrow{OB}$ 共线.

10. 在三维几何空间 $Oxyz$ 中,任一向量 $\overrightarrow{OP}$ 都可由向量 $\overrightarrow{OA}, \overrightarrow{OB}, \overrightarrow{OC}$ 线性表示的充要条件是(　　).

(A) $\overrightarrow{OA}, \overrightarrow{OB}, \overrightarrow{OC}$ 不共线;　　　　(B) $\overrightarrow{OA}, \overrightarrow{OB}, \overrightarrow{OC}$ 不共面;

(B) $\overrightarrow{OA}, \overrightarrow{OB}, \overrightarrow{OC}$ 两两垂直;　　(D) $\overrightarrow{OA}, \overrightarrow{OB}, \overrightarrow{OC}$ 都不是零向量.

11. 向是 $\alpha_1, \alpha_2, \cdots, \alpha_n$ 线性无关,则其中不能由其余向量线性表示的是(　　).

(A) 任一向量;　　　　　　　　(B) 某一向量;

(C) 部分向量;　　　　　　　　(D) 仅第一个向量.

12. 下面说法正确的是(　　).

(A) 有一组全为零的数 $k_1, k_2, \cdots, k_s$ 使 $k_1\alpha_1 + k_2\alpha_2 + k_3\alpha_3 + \cdots + k_s\alpha_s = 0$ 则 $\alpha_1, \cdots, \alpha_s$ 线性无关;

(B) 有一组数 $k_1, k_2, \cdots, k_s$ 使 $k_1\alpha_1 + k_2\alpha_2 + k_3\alpha_3 + \cdots + k_s\alpha_s = 0$,则 $\alpha_2, \alpha_2, \cdots, \alpha_s$ 线性相关;

(C) 有一组不全为零的数 $k_1, \cdots, k_s$ 使 $k_1\alpha_1 + k_2\alpha_2 + k_3\alpha_3 + \cdots + k_s\alpha_s = 0$,则 $\alpha_1, \alpha_2, \cdots, \alpha_s$ 线性相关;

(D) 有一组不全为零的数 $k_1, \cdots, k_s$ 使 $k_1\alpha_1 + k_2\alpha_2 + k_3\alpha_3 + \cdots + k_s\alpha_s = 0$ 则 $\alpha_1, \alpha_2, \cdots, \alpha_s$ 线性无关.

13. 设向量组 $\alpha_1, \alpha_2, \cdots, \alpha_r$ 线性无关,则 $\alpha_1, \alpha_2, \cdots, \alpha_r, \alpha_{r+1}, \cdots, \alpha_m$ 必(　　).

(A) 线性无关;　　　　　　　　(B) 线性相关;

(C) 不能确定;　　　　　　　　(D) 能由 $\alpha_1, \alpha_2, \cdots, \alpha_r$ 线性表示.

14. 设 $\alpha_1, \cdots, \alpha_r, \alpha_{r+1}, \cdots, \alpha_m$ 线性无关,则(　　).

(A) $\alpha_1, \cdots, \alpha_r$ 线性相关;

(B) $\alpha_1, \cdots, \alpha_r$ 线性无关;

(C) $\alpha_1, \cdots, \alpha_r$ 可能线性相关,也可能线性无关;

(D) $\alpha_1, \alpha_2, \cdots, \alpha_r$ 中必有零向量.

15. $\alpha_1,\cdots,\alpha_r$ 这 r 个向量线性相关,是指( ).

(A) 只有唯一的一组 $\lambda_1,\cdots,\lambda_r$,使 $\lambda_1\alpha_1+\cdots+\lambda_r\alpha_r=0$;

(B) 存在一组不全为零的 $\lambda_1,\cdots,\lambda_r$,使 $\lambda_1\alpha_1+\cdots+\lambda_r\alpha_r=0$;

(C) 有相互不同的 $\lambda_1,\cdots,\lambda_r$,使 $\lambda_1\alpha_1+\cdots+\lambda_r\alpha_r=0$;

(D) 任一组不全为零的 $\lambda_1,\cdots,\lambda_r$,使 $\lambda_1\alpha_1+\cdots+\lambda_r\alpha_r=0$.

16. 若 n 维向量 $\alpha_1,\alpha_2,\cdots,\alpha_m$ 线性相关,β 为任一 n 维向量则( ).

(A) $\alpha_1,\alpha_2,\cdots,\alpha_m,\beta$ 线性相关;

(B) $\alpha_1,\alpha_2,\cdots,\alpha_m,\beta$ 线性无关;

(C) β 能由 $\alpha_1,\alpha_2,\cdots,\alpha_m$ 线性表示;

(D) $\alpha_1,\alpha_2,\cdots,\alpha_m,\beta$ 的相关性无法确定.

17. 已知向量 $\alpha_1=(1,0,2,1),\alpha_2=(1,2,0,1),\alpha_3=(0,1,1,1),\alpha_4=(1,1,1,0),\alpha_5=(3,2,4,0)$.则这个向量组的一个极大线性无关组可以取向量组( ).

(A) α_1,α_2; (B) $\alpha_1,\alpha_2,\alpha_3$; (C) $\alpha_1,\alpha_2,\alpha_4$; (D) $\alpha_1,\alpha_2,\alpha_3,\alpha_5$.

18. 若向量组 $\alpha_1,\alpha_2,\cdots,\alpha_r$ 可由向量组 $\beta_1,\beta_2,\cdots,\beta_s$ 线性表出,且 $\alpha_1,\alpha_2,\cdots,\alpha_r$ 线性无关,则 r 与 s 的关系为( ).

(A) $r\leqslant s$; (B) $r<s$; (C) $r\geqslant s$; (D) $r>s$.

19. 如果向量组(Ⅰ)与向量组(Ⅱ)等价,那么( ).

(A)(Ⅰ)的秩 $<$(Ⅱ)的秩; (B)(Ⅰ)的秩 $=$(Ⅱ)的秩;

(C)(Ⅰ)的秩 $>$(Ⅱ)的秩; (D) 以上都不对.

20. 设有向量组:(1) $\alpha_1,\alpha_2,\cdots,\alpha_s$;(2) $\beta_1,\beta_2,\cdots,\beta_t$;(3) $\alpha_1,\alpha_2,\cdots,\alpha_s,\beta_1,\beta_2,\cdots\beta_t$.它们的秩分别为 r_1,r_2,r_3,则( ).

(A) $\max(r_1,r_2)\leqslant r_3\leqslant r_1+r_2$; (B) $\max(r_1,r_2)\geqslant r_3\geqslant r_1+r_2$;

(C) $\max(r_1,r_2)\leqslant r_1+r_2\leqslant r_3$; (D) $r_1\leqslant r_2\leqslant r_3$.

21. 设向量组 $\alpha_1,\alpha_2,\alpha_3$ 线性无关,则下列向量组中线性无关的是( ).

(A) $\alpha_1+\alpha_2,\alpha_2+\alpha_3,\alpha_3-\alpha_1$;

(B) $\alpha_1+\alpha_2,\alpha_2+\alpha_3,\alpha_1+2\alpha_2+\alpha_3$;

(C) $\alpha_1+2\alpha_2,2\alpha_2+3\alpha_3,3\alpha_3+\alpha_1$;

(D) $\alpha_1+\alpha_2+\alpha_3,2\alpha_1-3\alpha_2+22\alpha_3,3\alpha_1+5\alpha_2-5\alpha_3$.

22. 若 A 是实正交方阵,则下述各式中( )是不正确的.

(A) $AA^T=E$; (B) $A^TA=E$; (C) $A^T=A$; (D) $A^T=A^{-1}$.

23. $\alpha=\begin{bmatrix}0\\y\\-1/\sqrt{2}\end{bmatrix}$,$\beta=\begin{bmatrix}x\\0\\0\end{bmatrix}$,它们规范正交,则( ).

(A) x 任意,$y=-1/\sqrt{2}$; (B) x 任意,$y=1/\sqrt{2}$;

(C) $x=\pm 1,y=\pm 1/\sqrt{2}$; (D) $x=y=1$.

24. 设 $H=E-2XX^T$,其中 E 为 n 阶单位矩阵,X 为 n 维列单位向量,则( ).

(A) H 是对称矩阵,但不是正交矩阵;

(B) H 是正交矩阵,但不是对称矩阵;

(C) H 是对称矩阵,同时也是正交矩阵;

(D) H 是对角矩阵.

(三) 计算题

1.设 $\alpha_1=(1,1,1),\alpha_2=(1,2,3),\alpha_3=(1,3,t)$.

(1) 问当 t 为何值时,向量组 $\alpha_1,\alpha_2,\alpha_3$ 线性无关?

(2) 当 t 为何值时,向量组 $\alpha_1,\alpha_2,\alpha_3$ 线性相关?

(3) 当向量组 $\alpha_1,\alpha_2,\alpha_3$ 线性相关时,将 α_3 表示为 α_1 和 α_2 的线性组合.

2.已知 4 维向量空间有两组基,Ⅰ:$\varepsilon_1,\varepsilon_2,\varepsilon_3,\varepsilon_4$;Ⅱ:$2\varepsilon_1+\varepsilon_2,\varepsilon_2+\varepsilon_3,\varepsilon_3+\varepsilon_4,\varepsilon_4$.求:(1) 从基 Ⅰ 到基 Ⅱ 的过渡矩阵;(2) 若 α 在基 Ⅰ 下的坐标是 $(1,1,1,1)$,求 α 在 Ⅱ 下的坐标.

3.设 $A=\begin{bmatrix} a & b & c & d \\ -b & a & -d & c \\ -c & d & a & -b \\ -d & -c & b & a \end{bmatrix}$.(1) A 是否为正交矩阵?　(2) 求 $|A|$.

4.在 R^4 中已知 $\alpha_1=(1,0,1,0)^T,\alpha_2=(0,1,2,1)^T,\alpha_3=(-2,1,0,1)^T$.

(1) 求 R^4 的子空间 $L(\alpha_1,\alpha_2,\alpha_3)$ 的一组标准正交基;

(2) 将 $L(\alpha_1,\alpha_2,\alpha_3)$ 的标准正交基扩充成为 R^4 的标准正交基.

(四) 证明题

1.设 A 为 n 阶正交矩阵,$\alpha_1,\alpha_2,\cdots,\alpha_n$ 为 R^n 的一组标准正交基.求证 $A\alpha_1,A\alpha_2,\cdots,A\alpha_n$ 也是 R^n 的一组标准正交基.

2.设 A 为 n 阶实反对称矩阵,且存在列向量 $X,Y\in R^n$,使 $AX=Y$,求证,X 与 Y 正交.

3.设 $\alpha\in R^n,\alpha=(\alpha_1,\alpha_2,\cdots,\alpha_n)^T\neq 0$,求证 $A=E-\dfrac{2}{\alpha^T\alpha}\alpha\alpha^T$ 是正交矩阵.

4.设 $\alpha_1,\alpha_2,\cdots,\alpha_n$ 为 R^n 的一组标准正交基,且存在 n 阶实矩阵 A,使得 $(\beta_1,\beta_2,\cdots,\beta_n)=(\alpha_1,\alpha_2,\cdots,\alpha_n)A$,求证:$\beta_1,\beta_2,\cdots,\beta_n$ 也是 R^n 的一组标准正交基的充分必要条件是 A 为正交矩阵.

第四章 线性方程组

复习与考试要求

1.理解齐次线性方程组有非零解的充分必要条件及非齐次线性方程组有解的充分必要条件.

2.理解齐次线性方程组的基础解系、通解及解空间的概念.

3.理解非齐次线性方程组解的结构及通解的概念.

4.掌握用行初等变换求线性方程组通解的方法.

一、基本概念与理论

(一) 基本概念

方程组
$$\begin{cases} a_{11}x_1 + a_{12}x_2 + \cdots + a_{1n}x_n = b_1 \\ a_{21}x_1 + a_{22}x_2 + \cdots + a_{2n}x_n = b_2 \\ \cdots\cdots \\ a_{m1}x_1 + a_{m2}x_2 + \cdots + a_{mn}x_n = b_m \end{cases} \tag{4.1}$$

称为 n 个未知数 m 个方程的非齐次线性方程组.

若 $b_1 = b_2 = \cdots = b_m = 0$,则(4.1)式化为

$$\begin{cases} a_{11}x_1 + a_{12}x_2 + \cdots + a_{1n}x_n = 0 \\ a_{21}x_1 + a_{22}x_2 + \cdots + a_{2n}x_n = 0 \\ \cdots\cdots \\ a_{m1}x_1 + a_{m2}x_2 + \cdots + a_{mn}x_n = 0 \end{cases} \tag{4.2}$$

方程组(4.2)称为(4.1)式的导出组,也称方程组(4.2)为方程组(4.1)对应的齐次线性方程组.

令　$X = \begin{bmatrix} x_1 \\ x_2 \\ \vdots \\ x_n \end{bmatrix}, B = \begin{bmatrix} b_1 \\ b_2 \\ \vdots \\ b_m \end{bmatrix}, A = \begin{bmatrix} a_{11} & a_{12} & \cdots & a_{1n} \\ a_{21} & a_{22} & \cdots & a_{2n} \\ \vdots & \vdots & & \vdots \\ a_{m1} & a_{m2} & \cdots & a_{mn} \end{bmatrix},$

则 A 称为(4.1)或(4.2)式的系数矩阵. $\overline{A} = [A \vdots B]$ 称为方程组(4.1)式的增广矩阵.

于是(4.1)式和(4.2)式可写成矩阵形式

$$AX = B \quad 及 \quad AX = 0.$$

(二) 线性方程组解的性质

1. 设 ξ_1, ξ_2 为齐次线性方程组 $AX = 0$ 的解,则 $X = \xi_1 \pm \xi_2$ 也是方程组 $AX = 0$ 的解.

2. 设 ξ 为齐次线性方程组 $AX = 0$ 的解,k 为常数,则 $X = k\xi$ 也是方程组 $AX = 0$ 的解.

3. 设 η_1, η_2 为非齐次线性方程组 $AX = B$ 的解,则 $X = \eta_1 - \eta_2$ 是对应齐次线性方程组 $AX = 0$ 的解.

4. 设 η 为非齐次线性方程组 $AX = B$ 的解,ξ 为对应齐次线性方程组 $AX = 0$ 的解,则 $X = \xi + \eta$ 是非齐次线性方程组 $AX = B$ 的解.

5. 若 $\eta_1, \eta_2, \cdots, \eta_s$ 是方程组 $AX = B$ 的解,$k_1, k_2, \cdots, k_s$ 为常数,且 $k_1 + k_2 + \cdots + k_s = 1$,则 $X = k_1 \eta_1 + k_2 \eta_2 + \cdots + k_s \eta_s$ 也是 $AX = B$ 的解.

(三) 线性方程组解的结构

定义 4.1　齐次线性方程组(4.2)的一组解 $\xi_1, \xi_2, \cdots, \xi_t$ 如果满足:

(1) $\xi_1, \xi_2, \cdots, \xi_t$ 线性无关;

(2) 方程组(4.2)的任一个解都能表成 $\xi_1, \xi_2, \cdots, \xi_t$ 的线性组合.

则称 $\xi_1, \xi_2, \cdots, \xi_t$ 是齐次线性方程组(4.2)的一个基础解系.

定理 4.1　若齐次线性方程组(4.2)有非零解,则它有基础解系,并且基础解系所含解向量的个为为 $n - r$,这里 r 表示系数矩阵的秩.

定理 4.2 若 $\xi_1, \xi_2, \cdots, \xi_{n-r}$ 是齐次线性方程组 $AX = 0$ 的基础解系,则 $AX = 0$ 的通解为 $X = k_1\xi_1 + k_2\xi_2 + \cdots + k_{n-r}\xi_{n-r}$,其中 $k_i(i = 1, 2, \cdots, n-r)$ 为任意常数.

定理 4.3 设 η 为线性方程组 $AX = B$ 的特解,$\xi_1, \xi_2, \cdots, \xi_{n-r}$ 为其导出组 $AX = 0$ 的基础解系,则 $AX = B$ 的通解为 $X = k_1\xi_2 + k_2\xi_2 + \cdots + k_{n-r}\xi_{n-r} + \eta$,其中 $k_i(i = 1, 2, \cdots, n-r)$ 为任意常数.

(四) 线性方程组有解的判别定理

1. n 元齐次线性方程组 $AX = 0$ 有非零解 $\Leftrightarrow R(A) < n$.

2. 非齐次线性方程组 $AX = B$ 有解 $\Leftrightarrow R(A) = R(\overline{A})$.

(1) 若 $R(A) = R\overline{A} = n$ 时,则方程组 $AX = B$ 的有唯一解.

(2) 若 $R(A) = R(\overline{A}) = r < n$ 时,则方程组 $AX = B$ 有无穷多解(其对应导出组 $AX = 0$ 的基础解系所含解向量个数为 $n-r$).

(3) 若 $R(A) \neq R(\overline{A})$,则方程组 $AX = B$ 无解.

二、基本题型与解题方法

例 4.1 线性方程组 $\begin{cases} x_1 + x_2 = -a_1, \\ x_2 + x_3 = a_2, \\ x_3 + x_4 = -a_3, \\ x_4 + x_1 = a_4 \end{cases}$ 有解 $\Leftrightarrow$ _____.

解 $\overline{A} = \begin{bmatrix} 1 & 1 & 0 & 0 & \vdots & -a_1 \\ 0 & 1 & 1 & 0 & \vdots & a^2 \\ 0 & 0 & 1 & 1 & \vdots & -a_3 \\ 1 & 0 & 0 & 1 & \vdots & a_4 \end{bmatrix} \rightarrow \begin{bmatrix} 1 & 0 & 0 & 1 & \vdots & a_4 \\ 0 & 1 & 1 & 0 & \vdots & a_2 \\ 0 & 0 & 1 & 1 & \vdots & -a_3 \\ 1 & 1 & 0 & 0 & \vdots & -a_1 \end{bmatrix}$

$\rightarrow \begin{bmatrix} 1 & 0 & 0 & 1 & \vdots & a_4 \\ 0 & 1 & 1 & 0 & \vdots & a_2 \\ 0 & 0 & 1 & 1 & \vdots & -a_3 \\ 0 & 0 & 0 & 0 & \vdots & -a_1 - a_2 - a_3 - a_4 \end{bmatrix}.$

方程组有解 $\Leftrightarrow R(A) = R(\overline{A}) \Leftrightarrow -a_1 - a_2 - a_3 - a_4 = 0$,即 $a_1 + a_2 + a_3 + a_4 = 0$.

例 4.2 设任一个 n 维向量都是下列齐次线性方程组的解向量,

$$\begin{cases} a_{11}x_1 + a_{12}x_2 + \cdots + a_{1n}x_n = 0, \\ a_{21}x_1 + a_{22}x_2 + \cdots + a_{2n}x_n = 0, \\ \cdots\cdots \\ a_{m1}x_1 + a_{m2}x_2 + \cdots + a_{mn}x_n = 0; \end{cases}$$

则 $R(A) = $ _____ .

解
$$\begin{cases} a_{11}x_1 + a_{12}x_2 + \cdots + a_{1n}x_n = 0 \\ a_{21}x_1 + a_{22}x_2 + \cdots + a_{2n}x_n = 0 \\ \cdots\cdots \\ a_{m1}x_1 + a_{m2}x_2 + \cdots + a_{mn}x_n = 0 \end{cases}$$

$$\Leftrightarrow \begin{bmatrix} a_{11} & a_{12} & \cdots & a_{1n} \\ a_{21} & a_{22} & \cdots & a_{2n} \\ \vdots & \vdots & & \vdots \\ a_{m1} & a_{m2} & \cdots & a_{mn} \end{bmatrix} \begin{bmatrix} x_1 \\ x_2 \\ \vdots \\ x_n \end{bmatrix} = \begin{bmatrix} 0 \\ 0 \\ \vdots \\ 0 \end{bmatrix}.$$

因为任一个 n 维向量都是上述方程组的解,取 $e_i = (0,0,\cdots,0,1,0,\cdots,0)$,

于是
$$\begin{bmatrix} a_{11} & a_{12} & \cdots & a_{1n} \\ a_{21} & a_{22} & \cdots & a_{2n} \\ \vdots & \vdots & & \vdots \\ a_{m1} & a_{m2} & \cdots & a_{mn} \end{bmatrix} \begin{bmatrix} 0 \\ 0 \\ \vdots \\ 0 \\ 1 \\ 0 \\ \vdots \\ 0 \end{bmatrix} = \begin{bmatrix} 0 \\ 0 \\ \vdots \\ 0 \end{bmatrix}.$$

所以 $a_{1i} = a_{2i} = \cdots = a_{mi} = 0 (i = 1,2,\cdots,n)$,故 $R(A) = R(0) = 0$.

例 4.3 设方程 $\begin{bmatrix} a & 1 & 1 \\ 1 & a & 1 \\ 1 & 1 & a \end{bmatrix} \begin{bmatrix} x_1 \\ x_2 \\ x_3 \end{bmatrix} = \begin{bmatrix} 1 \\ 1 \\ -2 \end{bmatrix}$ 有无穷多个解,则 $a = $ _____ .

解 $\overline{A} = \begin{bmatrix} a & 1 & 1 & \vdots & 1 \\ 1 & a & 1 & \vdots & 1 \\ 1 & 1 & a & \vdots & -2 \end{bmatrix} \rightarrow \cdots$

$$\rightarrow \begin{bmatrix} 1 & 1 & a & \vdots & -2 \\ 0 & a-1 & 1-a & \vdots & 3 \\ 0 & 0 & (1-a)(2+a) & \vdots & 2(2+a) \end{bmatrix},$$

当 $a = -2$ 时,$R(A) = R(\overline{A}) = 2 < 3$(未知量的个数),所以方程组有无穷多解.

例 4.4 设 A 是 n 阶方阵,对于任何 n 维列向量 B,方程组 $AX = B$ 都有解的充要条件是_____.

解 若 $R(A) = n$,则由克莱姆法则可知 $AX = B$ 对任何 B 都有唯一解;反之,因为对于任何 B,$AX = B$ 均有解,取 B 为

$$e_1 = (1,0,\cdots,0)^T,$$
$$e_2 = (0,1,\cdots,0)^T,$$
$$\cdots\cdots$$
$$e_n = (0,0,\cdots,1)^T;$$

因为 $e_1,e_2,\cdots,e_n$ 可由 A 的列向量线性表出,于是 A 的列向量组线性无关,即 $R(A) = n$,故方程组 $AX = B$ 对任意 B 均有解 $\Leftrightarrow R(A) = n$.

例 4.5 设 n 阶矩阵 A 的各行元素之和均为零,且 A 的秩为 $n-1$,则线性方程组的 $AX = 0$ 的通解为_____.

解 根据题意,齐次线性方程组 $AX = 0$ 的基础解系有 $n - R(A) = n - (n-1) = 1$ 个线性无关解,也就是一个非零解构成,又由题设知 n 维向量 $(1,1,\cdots,1)^T$ 为齐次方程组 $AX = 0$ 的一个非零解,所以 $k(1,1,\cdots,1)^T$ 为齐次方程组的通解,其中 k 为任意常数.

例 4.6 设

$$A = \begin{bmatrix} 1 & 1 & 1 & \cdots & 1 \\ a_1 & a_2 & a_3 & \cdots & a_n \\ a_1^2 & a_2^2 & a_3^2 & \cdots & a_n^2 \\ \vdots & \vdots & \vdots & & \vdots \\ a_1^{n-1} & a_2^{n-1} & a_3^{n-1} & \cdots & a_n^{n-1} \end{bmatrix}, \quad X = \begin{bmatrix} x_1 \\ x_2 \\ x_3 \\ \vdots \\ x_n \end{bmatrix}, B = \begin{bmatrix} 1 \\ 1 \\ 1 \\ \vdots \\ 1 \end{bmatrix}.$$

其中 $a_i \neq a_j (i \neq j; i,j = 1,2,\cdots,n)$,则线性方程组 $A^T X = B$ 的解是_____.

解 方程组的系数矩阵 A^T 的转置行列式 $|A|$ 是一个范德蒙行列式,因为 $a_i \neq a_j (i \neq j; i,j = 1,2,\cdots,n)$,所以 $|A| \neq 0$,根据克莱姆法则,方程组有唯一

解,且易证 n 维向量 $X = \begin{bmatrix} 1 \\ 0 \\ \vdots \\ 0 \end{bmatrix}$ 是方程组 $A^T X = B$ 的唯一解.

例 4.7 已知 η_1, η_2 是非齐次方程组 $AX = B$ 的两个不同解,ξ_1, ξ_2 是导出组 $AX = 0$ 的基础解系,k_1, k_2 为任意常数,则 $AX = B$ 的通解为( ).

(A) $k_1\xi_1 + k_2(\xi_1 + \xi_2) + \dfrac{\eta_1 - \eta_2}{2}$;

(B) $k_1\xi_1 + k_2(\xi_1 - \xi_2) + \dfrac{\eta_1 + \eta_2}{2}$;

(C) $k_1\xi_1 + k_2(\eta_1 + \eta_2) + \dfrac{\eta_1 - \eta_2}{2}$;

(D) $k_1\xi_1 + k_2(\eta_1 - \eta_2) + \dfrac{\eta_1 + \eta_2}{2}$.

解　由非齐次方程解的结构定理,$AX = B$ 的通解为 $AX = 0$ 的通解与 $AX = B$ 的一个特解之和. 因为 η_1,η_2 为 $AX = B$ 的解,即 $A\eta_1 = B$,$A\eta_2 = B$. 于是 $A(\eta_1 + \eta_2) = 2B$,从而 $A\left(\dfrac{\eta_1 + \eta_2}{2}\right) = B$,所以 $\dfrac{\eta_1 + \eta_2}{2}$ 为 $AX = B$ 的一个特解,显然 ξ_1,$\xi_1 - \xi_2$ 是方程 $AX = 0$ 的解并且线性无关. 故应选 (B)

例 4.8　设齐次线性方程组 $\begin{cases} \lambda x_1 + x_2 + \lambda^2 x_3 = 0, \\ x_1 + \lambda x_2 + x_3 = 0, \\ x_1 + x_2 + \lambda x_3 = 0 \end{cases}$ 的系数矩阵为 A,若存在 3 阶矩阵 $B \neq 0$,使得 $AB = 0$,则(　　).

(A) $\lambda = -2$ 且 $|B| = 0$;　　　　(B) $\lambda = -2$ 且 $|B| \neq 2$;

(C) $\lambda = 1$ 且 $|B| = 0$;　　　　(D) $\lambda = 1$ 且 $|B| \neq 0$.

解　由题设知,存在 3 阶方阵 $B \neq 0$,使 $AB = 0$,于是得 $AX = 0$ 有非零解. 其系数矩阵的行列式 $|A| = 0$,即

$$|A| = \begin{vmatrix} \lambda & 1 & \lambda^2 \\ 1 & \lambda & 1 \\ 1 & 1 & \lambda \end{vmatrix} \xrightarrow[-\lambda r_3 + r_1]{-r_3 + r_2} \begin{vmatrix} 0 & 1-\lambda & 0 \\ 0 & \lambda-1 & 1-\lambda \\ 1 & 1 & \lambda \end{vmatrix} = (1-\lambda)^2 = 0,$$

故 $\lambda = 1$.

当 $\lambda = 1$ 时,$A \neq 0$,所以齐次线性方程组 $XB = 0$ 有非零解. 因 $|B| = 0$,故应选 (C).

例 4.9　设 A 为 n 阶方阵,$R(A) = n - 3$,且 α_1,α_2,α_3 是 $AX = 0$ 的三个线性无关的解向量,则 $AX = 0$ 的基础解系(　　).

(A) $\alpha_1 + \alpha_2$,$\alpha_2 + \alpha_3$,$\alpha_3 + \alpha_1$;

(B) $\alpha_2 - \alpha_1$,$\alpha_3 - \alpha_2$,$\alpha_1 - \alpha_3$;

(C) $2\alpha_2 - \alpha_1$,$0.5\alpha_3 - \alpha_2$,$\alpha_1 - \alpha_3$;

(D) $\alpha_1 + \alpha_2 + \alpha_3$,$\alpha_3 - \alpha_2$,$-\alpha_1 - 2\alpha_3$.

解　由于 $R(A) = n - 3$,所以 $AX = 0$ 的基础解系所含向量的个数为 $n - (n-3) = 3$,又因为 α_1,α_2,α_3 是 $AX = 0$ 的三个线性无关向量,因此 α_1,α_2,α_3 是 $AX = 0$ 的基础解系,因 $\begin{vmatrix} 1 & 1 & 0 \\ 0 & 1 & 1 \\ 1 & 0 & 1 \end{vmatrix} = 2 \neq 0$,所以 $\alpha_1 + \alpha_2$,$\alpha_2 + \alpha_3$,$\alpha_3 + \alpha_1$ 线性无

关,于是它们与向量组 $\alpha_1,\alpha_2,\alpha_3$ 等价,故应选(A).

例 4.10　设 A 是 n 阶实矩阵,A^T 是 A 的转置矩阵,则对于线性方程组(Ⅰ):$AX = 0$ 和(Ⅱ):$A^TAX = 0$,必有(　　).

(A)(Ⅱ)的解是(Ⅰ)的解,(Ⅰ)的解也是(Ⅱ)的解;

(B)(Ⅱ)的解是(Ⅰ)的解,但(Ⅰ)的解不是(Ⅱ)的解;

(C)(Ⅰ)的解不是(Ⅱ)的解,(Ⅱ)的解也不是(Ⅰ)的解;

(D)(Ⅰ)的解是(Ⅱ)的解,但(Ⅱ)的解不是(Ⅰ)的解.

解　由 $AX = 0$ 知 $A^TAX = A^T(AX) = 0$,故 $AX = 0$ 的解为 $A^TAX = 0$ 的解.

若 X 为 $A^TAX = 0$ 的解,令 $AX = b$,则 $b^T = X^TA^T$,$b^Tb = X^TA^TAX = 0$,即 b 的各分量平方和为零,从而 b 的各分量为零,故 $b = 0$,即 $AX = 0$,从而 $A^TAX = 0$ 的解也是 $AX = 0$ 的解.故应选(A).

例 4.11　设 A 是 $m \times n$ 矩阵,齐次线性方程组 $AX = 0$ 仅有零解的充分必要条件是(　　).

(A) A 的列向量线性无关;　　　(B) A 的列向量线性相关;

(C) A 的行向量线性无关;　　　(D) A 的行向量线性相关.

解　用 $\alpha_1,\alpha_2,\cdots,\alpha_n$ 表示 A 的 n 个列向量,即 $A = (\alpha_1,\alpha_2,\cdots,\alpha_n)$,则 $AX = 0$ 可写为 $x_1\alpha_1 + x_2\alpha_2 + \cdots + x_n\alpha_n = 0$,如果 $\alpha_1,\alpha_2,\cdots,\alpha_n$ 线性无关,则必有 $x_1 = x_2 = \cdots = x_n = 0$.所以 A 的列向量线性无关的 $AX = 0$ 仅有零解的充分必要条件,故应选(A).

例 4.12　设 $\alpha_1,\alpha_2,\alpha_3$ 是四元非齐次线性方程组 $AX = B$ 的三个解向量,且 $R(A) = 3$,$\alpha_1 = (1,2,3,4)^T$,$\alpha_2 + \alpha_3 = (0,1,2,3)^T$,$c$ 表示任意常数,则线性方程组的 $AX = B$ 通解 $X = (　　)$.

$$
(A)\ \begin{bmatrix} 1 \\ 2 \\ 3 \\ 4 \end{bmatrix} + c\begin{bmatrix} 1 \\ 1 \\ 1 \\ 1 \end{bmatrix}; \qquad (B)\ \begin{bmatrix} 1 \\ 2 \\ 3 \\ 4 \end{bmatrix} + c\begin{bmatrix} 0 \\ 1 \\ 2 \\ 3 \end{bmatrix};
$$

$$
(C)\ \begin{bmatrix} 1 \\ 2 \\ 3 \\ 4 \end{bmatrix} + c\begin{bmatrix} 2 \\ 3 \\ 4 \\ 5 \end{bmatrix}; \qquad (D)\ \begin{bmatrix} 1 \\ 2 \\ 3 \\ 4 \end{bmatrix} + c\begin{bmatrix} 3 \\ 4 \\ 5 \\ 6 \end{bmatrix}.
$$

解　因为非齐次线性方程组 $AX = B$ 有解,所以 $R(A) = R(\overline{A}) = 3 < 4$(未知量的个数),于是 $AX = B$ 有无穷多解.

若设 β 为非齐次线性方程组 $AX = B$ 的一个解,α 为对应的齐次线性方程组

$AX = 0$ 的一个线性无关解(即非零解),则非齐次线性方程组 $AX = B$ 的通解为 $X = \beta + c\alpha$ (c 为任意常数).根据题的答案结构,选取

$$\beta = \alpha_1 = \begin{bmatrix} 1 \\ 2 \\ 3 \\ 4 \end{bmatrix}, \quad \alpha = 2a_1 - (\alpha_2 + \alpha_3) = \begin{bmatrix} 2 \\ 3 \\ 4 \\ 5 \end{bmatrix},$$

这是因为 $A[2\alpha_1 - (\alpha_2 + \alpha_3)] = 2A\alpha_1 - A\alpha_2 - A\alpha_3 = 2B - B - B = 0$,所以 $2\alpha_1 - (\alpha_2 + \alpha_3)$ 是齐次线性方程组 $AX = 0$ 的一个非零解.于是非齐次线性方程组 $AX = B$ 的通解为

$$X = \begin{bmatrix} 1 \\ 2 \\ 3 \\ 4 \end{bmatrix} + c \begin{bmatrix} 2 \\ 3 \\ 4 \\ 5 \end{bmatrix},$$

其中 c 为任意常数.故应选(C).

例 4.13　设齐次线性方程组 $AX = 0$ 和 $BX = 0$,其中 A, B 均为 $m \times n$ 矩阵,现有四个命题:

(1) 若 $AX = 0$ 的解均是 $BX = 0$ 的解,则 $R(A) \geqslant R(B)$;

(2) 若 $R(A) \geqslant R(B)$,则 $AX = 0$ 的解均是 $BX = 0$ 的解;

(3) 若 $AX = 0$ 与 $BX = 0$ 同解,则 $R(A) = R(B)$;

(4) 若 $R(A) = R(B)$,则 $AX = 0$ 与 $BX = 0$ 同解.

以上命题中正确的是(　　).

(A) (1),(2);　　(B) (1),(3);　　(C) (2),(4);　　(D) (3),(4).

解　先证(1):设 $R(A) = r, R(B) = s$,则 $AX = 0$ 和 $BX = 0$ 的解空间分别为 $n - r$ 和 $n - s$ 维,由于 $AX = 0$ 的解均为 $BX = 0$ 的解,故 $n - r \leqslant n - s$,得 $r \geqslant s$,即 $R(A) \geqslant R(B)$,由命题(1)即得命题(3).

取 $A = (1, 0), B = (1, 1), X = (x_1, x_2)^T$,则 $AX = 0$ 有解 $(0, 1)^T$,但它不是 $BX = 0$ 的解,所以(2),(4) 不成立,故应选(B).

例 4.14　设线性方程组 $\begin{cases} x_1 + 2x_2 - 2x_3 = 0, \\ 2x_1 - x_2 + \lambda x_3 = 0, \\ 3x_1 + x_2 - x_3 = 0 \end{cases}$ 的系数矩阵为 A,三阶矩阵 $B \neq 0$,且 $AB = 0$,试求 λ 的值.

解　设 $B = (\beta_1, \beta_2, \beta_3)$,其中 $\beta_i (i = 1, 2, 3)$ 为三维列向量,由于 $B \neq 0$,所以至少有一个非零的列向量,不妨设 $\beta_1 \neq 0$,由于 $AB = A(\beta_1, \beta_2, \beta_3) = (A\beta_1, A\beta_2, A\beta_3) = 0$,所以 $A\beta_1 = 0$,即 β_1 为齐次线性方程组 $AX = 0$ 的非零解.

于是　$|A| = \begin{vmatrix} 1 & 2 & -2 \\ 2 & -1 & \lambda \\ 3 & 1 & -1 \end{vmatrix} = 5(\lambda - 1) = 0$，解之得 $\lambda = 1$.

例 4.15　设 $A = \begin{bmatrix} 1 & 2 & 1 & 2 \\ 0 & 1 & c & c \\ 1 & c & 0 & 1 \end{bmatrix}$，且方程组 $AX = 0$ 的解空间的维数为 2，

求 $AX = 0$ 的解.

[解题思路]　由于解空间的维数等于 $AX = 0$ 的基础解系中含解向量的个数，所以 $2 = 4 - R(A)$，即 $R(A) = 2$，故先要确定 c，使 $R(A) = 2$.

解　$A \rightarrow \begin{bmatrix} 1 & 2 & 1 & 2 \\ 0 & 1 & c & c \\ 0 & c-2 & -1 & -1 \end{bmatrix} \rightarrow \begin{bmatrix} 1 & 0 & 1-2c & 2-2c \\ 0 & 1 & c & c \\ 0 & 0 & -(c-1)^2 & -(c-1)^2 \end{bmatrix}$

使 $R(A) = 2$，只有 $(c-1)^2 = 0$，可得 $c = 1$.

此时，原方程组的同解方程组为 $\begin{cases} x_1 = x_3, \\ x_2 = -x_3 - x_4. \end{cases}$

故 $AX = 0$ 的通解为 $X = k_1 \begin{bmatrix} 1 \\ -1 \\ 1 \\ 0 \end{bmatrix} + k_2 \begin{bmatrix} 0 \\ -1 \\ 0 \\ 1 \end{bmatrix}$，$k_1, k_2$ 为任意常数.

例 4.16　设齐次线性方程组 $\begin{cases} ax_1 + bx_2 + bx_3 + \cdots + bx_n = 0, \\ bx_1 + ax_2 + bx_3 + \cdots + bx_n = 0, \\ \cdots\cdots \\ bx_1 + bx_2 + bx_3 + \cdots + ax_n = 0; \end{cases}$

其中 $a \neq 0, b \neq 0, n \geqslant 2$. 试讨论 a, b 为何值时，方程组仅有零解，有无穷多组解？在有无穷多解时，求出全部解，并且基础解系表示全部解.

解　方程组的系数行列式

$$|A| = \begin{vmatrix} a & b & b & \cdots & b \\ b & a & b & \cdots & b \\ b & b & a & \cdots & b \\ \vdots & \vdots & \vdots & & \vdots \\ b & b & b & \cdots & a \end{vmatrix} = [a + (n-1)b](a-b)^{n-1}.$$

(1) 当 $a \neq b$ 且 $a \neq (1-n)b$ 时，方程组仅有零解.

(2) 当 $a = b$ 时，有

$$A = \begin{bmatrix} a & a & a & \cdots & a \\ a & a & a & \cdots & a \\ \vdots & \vdots & \vdots & & \vdots \\ a & a & a & \cdots & a \end{bmatrix} \rightarrow \begin{bmatrix} 1 & 1 & 1 & \cdots & 1 \\ 0 & 0 & 0 & \cdots & 0 \\ \vdots & \vdots & \vdots & & \vdots \\ 0 & 0 & 0 & \cdots & 0 \end{bmatrix},$$

原方程组的同解方程组为 $x_1 + x_2 + \cdots + x_n = 0$.

令自由未知量 $\begin{bmatrix} x_2 \\ x_3 \\ \vdots \\ x_n \end{bmatrix} = \begin{bmatrix} 1 \\ 0 \\ \vdots \\ 0 \end{bmatrix}, \begin{bmatrix} 0 \\ 1 \\ \vdots \\ 0 \end{bmatrix}, \cdots, \begin{bmatrix} 0 \\ 0 \\ \vdots \\ 1 \end{bmatrix}$,其基础解系为

$$\alpha_1 = (-1, 1, 0, \cdots, 0)^T,$$
$$\alpha_2 = (-1, 0, 1, \cdots, 0)^T,$$
$$\cdots\cdots$$
$$\alpha_{n-1} = (-1, 0, 0, \cdots, 1)^T,$$

因此方程组的全部解为 $X = c_1\alpha_1 + c_2\alpha_2 + \cdots + c_{n-1}\alpha_{n-1}$,其中 $c_1, c_2, \cdots, c_{n-1}$ 为任意常数.

(3) 当 $a = (1-n)b$ 时,对系数矩阵 A 作初等行变换,有

$$A = \begin{bmatrix} (1-n)b & b & b & \cdots & b & b \\ b & (1-n)b & b & \cdots & b & b \\ b & b & (1-n)b & \cdots & b & b \\ \vdots & \vdots & \vdots & & \vdots & \vdots \\ b & b & b & \cdots & b & (1-n)b \end{bmatrix}$$

$$\rightarrow \begin{bmatrix} 1-n & 1 & 1 & \cdots & 1 & 1 \\ 1 & 1-n & 1 & \cdots & 1 & 1 \\ 1 & 1 & 1-n & \cdots & 1 & 1 \\ \vdots & \vdots & \vdots & & \vdots & \vdots \\ 1 & 1 & 1 & \cdots & 1 & 1-n \end{bmatrix} \rightarrow \begin{bmatrix} 1 & 0 & 0 & \cdots & 0 & -1 \\ 0 & 1 & 0 & \cdots & 0 & -1 \\ 0 & 0 & 1 & \cdots & 0 & -1 \\ \vdots & \vdots & \vdots & & \vdots & \vdots \\ 0 & 0 & 0 & \cdots & 1 & -1 \\ 0 & 0 & 0 & \cdots & 0 & 0 \end{bmatrix}.$$

原方程组的同解方程组为 $\begin{cases} x_1 = x_n, \\ x_2 = x_n, \\ \cdots\cdots \\ x_{n-1} = x_n. \end{cases}$

令自由未知量 $x_n = 1$,其基础解系为 $\beta = (1, 1, \cdots, 1)^T$,因此方程组的全部解为

$$X = c\beta,\text{其中 } c \text{ 为任意常数.}$$

例 4.17　设矩阵 $A = \begin{bmatrix} 1 & -1 & -1 \\ 2 & a & 1 \\ -1 & 1 & a \end{bmatrix}, B = \begin{bmatrix} 2 & 2 \\ 1 & a \\ -a-1 & -2 \end{bmatrix}$，当 a 为何值

时，方程 $AX = B$ 无解、有唯一解、有无穷解？在有解时，求此方程.

解　因为

$$(A \vdots B) = \begin{bmatrix} 1 & -1 & -1 & \vdots & 2 & 2 \\ 2 & a & 1 & \vdots & 1 & a \\ -1 & 1 & a & \vdots & -a-1 & -2 \end{bmatrix}$$

$$\rightarrow \begin{bmatrix} 1 & -1 & -1 & \vdots & 2 & 2 \\ 0 & a+2 & 3 & \vdots & -3 & a-4 \\ 0 & 0 & a-1 & \vdots & 1-a & 0 \end{bmatrix},$$

(1) 当 $a = -2$ 时，$R(A) \neq R(A \vdots B)$，所以无解；

(2) 当 $a = 1$ 时，$R(A) = R(A \vdots B) = 2 < 3$，所以有无穷多解；

由

$$(A \vdots B) \rightarrow \begin{bmatrix} 1 & -1 & -1 & \vdots & 2 & 2 \\ 0 & 3 & 3 & \vdots & -3 & -3 \\ 0 & 0 & 0 & \vdots & 0 & 0 \end{bmatrix} \rightarrow \begin{bmatrix} 1 & 0 & 0 & \vdots & 1 & 1 \\ 0 & 1 & 1 & \vdots & -1 & -1 \\ 0 & 0 & 0 & \vdots & 0 & 0 \end{bmatrix},$$

可得 $$X = \begin{bmatrix} 1 & 1 \\ -k_1-1 & -k_2-1 \\ k_1 & k_2 \end{bmatrix}.$$

(3) 当 $a \neq -2$ 且 $a \neq 1$ 时，$R(A) = R(A \vdots B) = 3$，所以有唯一解；由

$$(A \vdots B) \rightarrow \begin{bmatrix} 1 & 0 & 0 & \vdots & 1 & \dfrac{3a}{a+2} \\ 0 & 1 & 0 & \vdots & 0 & \dfrac{a-4}{a+2} \\ 0 & 0 & 0 & \vdots & -1 & 0 \end{bmatrix}, 可得 \quad X = \begin{bmatrix} 1 & \dfrac{3a}{a+2} \\ 0 & \dfrac{a-4}{a+2} \\ -1 & 0 \end{bmatrix}.$$

例 4.18　设四元齐次线性方程组（Ⅰ）$\begin{cases} 2x_1 + 3x_2 - x_3 \quad\ = 0 \\ x_1 + 2x_2 + x_3 - x_4 = 0 \end{cases}$

且已知另一四元齐次线性方程组（Ⅱ）的一个基础解系为

$$\alpha_1 = (2, -1, a+2, 1)^T, \quad \alpha_2 = (-1, 2, 4, a+8)^T.$$

(1) 求方程组（Ⅰ）的一个基础解系；

(2) 当 a 为何值时，方程组（Ⅰ）与（Ⅱ）有非零公共解？在有非零公共解时，求出全部非零公共解.

[**解题思路**]　回答(2)的关键在于对"非零公共解"的理解，可以这样来理

解:① 方程组(Ⅱ)的通解中有满足方程组(Ⅰ)的非零解,即为方程组(Ⅰ)与(Ⅱ)的非零解;② 既可以用方程组(Ⅰ)的通解表示,又可用方程组(Ⅱ)的通解表示的非零解,即为方程组(Ⅰ)与(Ⅱ)的非零公共解.

解法一　(1)对方程组(Ⅰ)的系数矩阵作行初等变换,有

$$A = \begin{bmatrix} 2 & 3 & -1 & 0 \\ 1 & 2 & 1 & -1 \end{bmatrix} \rightarrow \begin{bmatrix} 1 & 0 & -5 & 3 \\ 0 & 1 & 3 & -2 \end{bmatrix},$$

方程组(Ⅰ)的同解方程组为

$$\begin{cases} x_1 = \quad 5x_3 - 3x_4, \\ x_2 = -3x_3 + 2x_4, \end{cases}$$

由此可得方程组(Ⅰ)的一个基础解系为 $(5, -3, 1, 0)^T, (-3, 2, 0, 1)^T$.

(2)由题设方程组(Ⅱ)的全部解为

$$X = k_1\alpha_1 + k_2\alpha_2, \quad k_1, k_2 \text{ 为任意常数} \tag{4.3}$$

将上式代入方程组(Ⅰ)得:

$$\begin{cases} (a+1)k_1 \qquad\quad = 0, \\ (a+1)k_1 - (a+1)k_2 = 0. \end{cases} \tag{4.4}$$

要使方程组(Ⅰ)与(Ⅱ)有非零公共解,只需关于 k_1, k_2 的方程组(4.4)有非零解,因为 $\begin{vmatrix} a+1 & 0 \\ a+1 & -(a+1) \end{vmatrix} = -(a+1)^2$,所以

当 $a \neq -1$ 时,方程组(Ⅰ)与(Ⅱ)无非零公共解;

当 $a = -1$ 时,方程组(4.4)有非零解,且 k_1, k_2 为不全为零的任意常数.再由(4.3)可得方程组(Ⅰ)与(Ⅱ)的全部非零公共解为

$$\begin{bmatrix} x_1 \\ x_2 \\ x_3 \\ x_4 \end{bmatrix} = k_1 \begin{bmatrix} 2 \\ -1 \\ 1 \\ 1 \end{bmatrix} + k_2 \begin{bmatrix} -1 \\ 2 \\ 4 \\ 7 \end{bmatrix}, k_1, k_2 \text{ 为不全为零的任意常数}.$$

解法二　(1)对方程组(Ⅰ)的系数矩阵作行初等变换,由

$$A = \begin{bmatrix} 2 & 3 & -1 & 0 \\ 1 & 2 & 1 & -1 \end{bmatrix} \rightarrow \begin{bmatrix} -2 & -3 & 1 & 0 \\ -3 & -5 & 0 & 1 \end{bmatrix}$$

得方程组(Ⅰ)的同解方程组

$$\begin{cases} x_3 = 2x_1 + 3x_2, \\ x_4 = 3x_1 + 5x_2. \end{cases}$$

由此可得方程组(I)的一个基础解系为 $\beta_1 = (1, 0, 2, 3)^T, \beta_2 = (0, 1, 3, 5)^T$.

(2)设方程组(Ⅰ)与(Ⅱ)的公共解为 η,则有数组 k_1, k_2, k_3, k_4,使

$$\eta = k_1\beta_1 + k_2\beta_2 = k_3\alpha_1 + k_4\alpha_2.$$

由此得线性方程组

（Ⅲ）
$$\begin{cases} -k_1 \qquad\qquad +2k_3 \qquad\quad -k_4 = 0, \\ \qquad -k_2 \qquad -k_3 \qquad\quad +2k_4 = 0 \\ -2k_1 -3k_2 +(a+2)k_3 \qquad +4k_4 = 0, \\ -3k_1 -5k_2 \qquad k_3 + \quad (a+8)k_4 = 0. \end{cases}$$

对方程组（Ⅲ）的系数矩阵作行初等变换,有

$$\begin{bmatrix} -1 & 0 & 2 & -1 \\ 0 & -1 & -1 & 2 \\ -2 & -3 & a+2 & 4 \\ -3 & -5 & 1 & a+8 \end{bmatrix} \rightarrow \cdots \rightarrow \begin{bmatrix} 1 & 0 & -2 & 1 \\ 0 & 1 & 1 & -2 \\ 0 & 0 & a+1 & 0 \\ 0 & 0 & 0 & a+1 \end{bmatrix}.$$

由此可知,当 $a \neq -1$ 时,方程组（Ⅲ）的系数矩阵是满秩的,方程组（Ⅲ）仅有零解,故方程组（Ⅰ）与（Ⅱ）无非零公共解.

当 $a = -1$ 时,方程组（Ⅲ）的同解方程组为

$$\begin{cases} k_1 = 2k_3 - k_4, \\ k_2 = -k_3 + 2k_4. \end{cases}$$

令 $k_3 = c_1, k_4 = c_2$ 得方程组（Ⅰ）与（Ⅱ）的非零公共解为

$$\eta = c_1 \begin{bmatrix} 2 \\ -1 \\ 1 \\ 1 \end{bmatrix} + c_2 \begin{bmatrix} -1 \\ 2 \\ 4 \\ 7 \end{bmatrix},$$ 其中 c_1, c_2 为不全为零的任意常数.

例 4.19　λ 为何值时,方程组

$$\begin{cases} 2x_1 + \lambda x_2 - x_3 = 1, \\ \lambda x_1 - x_2 + x_3 = 2, \\ 4x_1 + 5x_2 - 5x_3 = -1, \end{cases}$$

有唯一解,无解或有无穷多解?在有无穷多解时,求其通解.

［解题思路］　含参数的 n 个未知数 n 个方程的线性方程组,当 $n \leqslant 3$ 时,通常利用系数行列式进行分析讨论.当系数行列式不为零时,方程组有唯一解,用克莱姆法则求出其解;当系数行列式为零时,利用增广矩阵的行初等变换化为梯形阵,判断有无解,有解时求出通解.

解法一　因 $|A| = \begin{vmatrix} 2 & \lambda & -1 \\ \lambda & -1 & 1 \\ 4 & 5 & -5 \end{vmatrix} = 5\lambda^2 - \lambda - 4 = (\lambda-1)(5\lambda+4),$

故当 $\lambda \neq 1$ 且 $\lambda \neq -\dfrac{4}{5}$ 时,方程组有唯一解.

当 $\lambda = 1$ 时,方程组为 $\begin{cases} 2x_1 + x_2 - x_3 = 1, \\ x_1 - x_2 + x_3 = 2, \\ 4x_1 + 5x_2 - 5x_3 = -1. \end{cases}$

$$\overline{A} = \begin{bmatrix} 2 & 1 & -1 & \vdots & 1 \\ 1 & -1 & 1 & \vdots & 2 \\ 4 & 5 & -5 & \vdots & -1 \end{bmatrix} \rightarrow \begin{bmatrix} 0 & 3 & -3 & \vdots & -3 \\ 1 & -1 & 1 & \vdots & 2 \\ 0 & 9 & -9 & \vdots & -9 \end{bmatrix}$$

$$\rightarrow \begin{bmatrix} 1 & -1 & 1 & \vdots & 2 \\ 0 & 1 & -1 & \vdots & -1 \\ 0 & 0 & 0 & \vdots & 0 \end{bmatrix} \rightarrow \begin{bmatrix} 1 & 0 & 0 & \vdots & 1 \\ 0 & 1 & -1 & \vdots & -1 \\ 0 & 0 & 0 & \vdots & 0 \end{bmatrix}.$$

由此可见 $R(A) = R(\overline{A}) = 2 < 3$(未知量的个数),所以原方程组有无穷多

解,原方程组的同解方程组为 $\begin{cases} x_1 = 1, \\ x_2 - x_3 = -1, \end{cases}$ 取 $x_3 = k$(k 为任意常数),则原方

程组的通解为

$$X = \begin{bmatrix} 1 \\ k-1 \\ k \end{bmatrix} = k \begin{bmatrix} 0 \\ 1 \\ 1 \end{bmatrix} + \begin{bmatrix} 1 \\ -1 \\ 0 \end{bmatrix}.$$

当 $\lambda = -\dfrac{4}{5}$ 时,原方程组为 $\begin{cases} 10x_1 - 4x_2 - 5x_3 = 5, \\ 4x_1 + 5x_2 - 5x_3 = -10, \\ 4x_1 + 5x_2 - 5x_3 = -1. \end{cases}$

$$\overline{A} = \begin{bmatrix} 10 & -4 & -5 & \vdots & 5 \\ 4 & 5 & -5 & \vdots & -10 \\ 4 & 5 & -5 & \vdots & -1 \end{bmatrix} \rightarrow \begin{vmatrix} 10 & -4 & -5 & \vdots & 5 \\ 4 & 5 & -5 & \vdots & -10 \\ 0 & 0 & 0 & \vdots & 9 \end{vmatrix}.$$

可见 $R(A) = 2 \neq R(\overline{A}) = 3$,故原方程组无解.

解法二　　直接对原方程组的增广矩阵施以初等行变换,

$$\overline{A} = \begin{bmatrix} 2 & \lambda & -1 & \vdots & 1 \\ \lambda & -1 & 1 & \vdots & 2 \\ 4 & 5 & -5 & \vdots & -1 \end{bmatrix} \rightarrow \begin{bmatrix} 2 & \lambda & -1 & \vdots & 1 \\ \lambda+2 & \lambda-1 & 0 & \vdots & 3 \\ -6 & -5\lambda+5 & 0 & \vdots & -6 \end{bmatrix}$$

$$\rightarrow \begin{bmatrix} 2 & \lambda & -1 & \vdots & 1 \\ \lambda+2 & \lambda-1 & 0 & \vdots & 3 \\ 5\lambda+4 & 0 & 0 & \vdots & 9 \end{bmatrix},$$

讨论(1) 当 $\lambda \neq 1$ 且 $\lambda \neq -\dfrac{4}{5}$ 时,$R(A) = R(\overline{A}) = 3$,故方程组有唯一解.

(2) 当 $\lambda = -\dfrac{4}{5}$ 时,$R(A) \neq R(\overline{A})$,故方程组无解.

(3) 当 $\lambda = 1$ 时,有

$$\overline{A} = \begin{bmatrix} 2 & 1 & -1 & \vdots & 1 \\ 3 & 0 & 0 & \vdots & 3 \\ 9 & 0 & 0 & \vdots & 9 \end{bmatrix} \rightarrow \begin{bmatrix} 2 & 1 & -1 & \vdots & 1 \\ 1 & 0 & 0 & \vdots & 1 \\ 0 & 0 & 0 & \vdots & 0 \end{bmatrix} \rightarrow \begin{bmatrix} 0 & 1 & -1 & \vdots & -1 \\ 1 & 0 & 0 & \vdots & 1 \\ 0 & 0 & 0 & \vdots & 0 \end{bmatrix},$$

原方程组同解方程组为 $\begin{cases} x_1 = 1, \\ x^2 = x_3 - 1, \end{cases}$ 取 $x_3 = k$(k 为任意常数),则原方程组得通解为.

$$x = \begin{bmatrix} 1 \\ k-1 \\ k \end{bmatrix} = k \begin{bmatrix} 0 \\ 1 \\ 1 \end{bmatrix} + \begin{bmatrix} 1 \\ -1 \\ 0 \end{bmatrix}.$$

例 4.20　问 a, b 为何值时,线性方程组

$$\begin{cases} x_1 + x_2 & + x_3 + x_4 = 0 \\ x_2 & + 2x_3 + 2x_4 = 1 \\ - x_2 + (a-3)x_3 - 2x_4 = b \\ 3x_1 + 2x_2 & + x_3 + ax_4 = -1 \end{cases}$$

有唯一解,无解,有无穷多解?并在有无穷多解时,求其通解.

[**解题思路**]　当方程的个数 $m \neq$ 未知数的个数 n 或者 $m = n > 3$ 时,通常是对方程组的增广矩阵施以行的初等变换化为梯形阵,然后再对参数讨论方程组有无解,有解时求出其解.

解　对方程组的增广矩阵施以行初等变换,得:

$$\overline{A} = \begin{bmatrix} 1 & 1 & 1 & 1 & \vdots & 0 \\ 0 & 1 & 2 & 2 & \vdots & 1 \\ 0 & -1 & a-3 & -2 & \vdots & b \\ 3 & 2 & 1 & a & \vdots & -1 \end{bmatrix} \rightarrow \begin{bmatrix} 1 & 1 & 1 & 1 & \vdots & 0 \\ 0 & 1 & 2 & 2 & \vdots & 1 \\ 0 & -1 & a-3 & -2 & \vdots & b \\ 0 & -1 & -2 & a-3 & \vdots & -1 \end{bmatrix}$$

$$\rightarrow \begin{bmatrix} 1 & 1 & 1 & 1 & \vdots & 0 \\ 0 & 1 & 2 & 2 & \vdots & 1 \\ 0 & 0 & a-1 & 0 & \vdots & b+1 \\ 0 & 0 & 0 & a-1 & \vdots & 0 \end{bmatrix}.$$

(1) 当 $a \neq 1$ 时,$R(A) = R(\overline{A} =)4$(未知量的个数),故方程组有唯一解.

当 $a = 1$ 时,有

$$\begin{bmatrix} 1 & 1 & 1 & 1 & \vdots & 0 \\ 0 & 1 & 2 & 2 & \vdots & 1 \\ 0 & 0 & 0 & 0 & \vdots & b+1 \\ 0 & 0 & 0 & 0 & \vdots & 0 \end{bmatrix}.$$

(2) 当 $b \neq 1$ 时，$R(A) = 2 \neq R(\overline{A}) = 3$，所以方程组无解，

当 $b = -1$ 时，$R(A) = R(\overline{A}) = 2 < 4$（未知量的个数，）所以原方程组有无穷多解．

此时，原方程组的同解方程组为

$$\begin{cases} x_1 = -1 + x_3 + x_4, \\ x_2 = 1 - 2x_3 - 2x_4. \end{cases}$$

令

$$\begin{bmatrix} x_3 \\ x_4 \end{bmatrix} = \begin{bmatrix} 1 \\ 0 \end{bmatrix}, \begin{bmatrix} 0 \\ 1 \end{bmatrix},$$

得基础解系

$$\xi_1 = \begin{bmatrix} 1 \\ -2 \\ 1 \\ 0 \end{bmatrix}, \quad \xi_2 = \begin{bmatrix} 1 \\ -2 \\ 0 \\ 1 \end{bmatrix},$$

因此方程组的通解为

$$X = \begin{bmatrix} -1 \\ 1 \\ 0 \\ 0 \end{bmatrix} + k_1 \begin{bmatrix} 1 \\ -2 \\ 1 \\ 0 \end{bmatrix} + k_2 \begin{bmatrix} 1 \\ -2 \\ 0 \\ 1 \end{bmatrix}, k_1, k_2 \text{ 为任意常数.}$$

例 4.21 已知 4 阶方阵 $A = (\alpha_1, \alpha_2, \alpha_3, \alpha_4)$，$\alpha_1, \alpha_2, \alpha_3, \alpha_4$ 均为 4 维列向量，其中 $\alpha_2, \alpha_3, \alpha_4$ 线性无关，$\alpha_1 = 2\alpha_2 - \alpha_3$，如果 $\beta = \alpha_1 + \alpha_2 + \alpha_3 + \alpha_4$，求线性方程组 $AX = \beta$ 的通解．

解法一 令 $X = \begin{bmatrix} x_1 \\ x_2 \\ x_3 \\ x_4 \end{bmatrix}$ 为 $AX = \beta$ 的通解，则

$$AX = (\alpha_1, \alpha_2, \alpha_3, \alpha_4) \begin{bmatrix} x_1 \\ x_2 \\ x_3 \\ x_4 \end{bmatrix} = \beta.$$

得　$x_1\alpha_1 + x_2\alpha_2 + x_3\alpha_3 + x_4\alpha_4 = \alpha_1 + \alpha_2 + \alpha_3 + \alpha_4.$

将 $\alpha_1 = 2\alpha_2 - \alpha_3$ 代入上式，得

$$(2x_1 + x_2 - 3)\alpha_2 + (-x_1 + x_3)\alpha_3 + (x_4 - 1)\alpha_4 = 0.$$

由于 $\alpha_2, \alpha_3, \alpha_4$ 线性无关，因此有 $\begin{cases} 2x_1 + x_2 - 3 = 0, \\ -x_1 + x_3 = 0, \\ x_4 - 1 = 0. \end{cases}$　解方程组得 $\begin{bmatrix} x_1 \\ x_2 \\ x_3 \\ x_4 \end{bmatrix} = \begin{bmatrix} 0 \\ 3 \\ 0 \\ 1 \end{bmatrix}.$

所以方程组 $AX = \beta$ 的通解为 $X = \begin{bmatrix} 0 \\ 3 \\ 0 \\ 1 \end{bmatrix} + k \begin{bmatrix} 1 \\ -2 \\ 1 \\ 0 \end{bmatrix}$，其中 k 为任意常数.

解法二　由 $\alpha_2, \alpha_3, \alpha_4$ 线性无关和 $\alpha_1 = 2\alpha_2 - \alpha_3 + 0\alpha_4$ 知 A 的秩为 3，因此 $AX = 0$ 的基础解系中只包含一个向量.

由 $\alpha_1 = 2\alpha_2 - \alpha_3$ 知 $(1, -2, 1, 0)^T$ 为齐次线性方程组 $AX = 0$ 的一个解，所以其通解为 $X = k \begin{bmatrix} 1 \\ -2 \\ 1 \\ 0 \end{bmatrix}$，$k$ 为任意常数.

再由 $\beta = \alpha_1 + \alpha_2 + \alpha_3 + \alpha_4 = (\alpha_1, \alpha_2, \alpha_3, \alpha_4) \begin{bmatrix} 1 \\ 1 \\ 1 \\ 1 \end{bmatrix} = A \begin{bmatrix} 1 \\ 1 \\ 1 \\ 1 \end{bmatrix}$ 知 $(1, 1, 1, 1)^T$ 为非

齐次线性方程组 $AX = \beta$ 的一个特解.

于是 $AX = \beta$ 的通解为 $X = \begin{bmatrix} 1 \\ 1 \\ 1 \\ 1 \end{bmatrix} + k \begin{bmatrix} 1 \\ -2 \\ 1 \\ 0 \end{bmatrix}$，$k$ 为任意常数.

例 4.22　设向量组 $\alpha_1 = \begin{bmatrix} a \\ 2 \\ 10 \end{bmatrix}$，$\alpha_2 = \begin{bmatrix} -2 \\ 1 \\ 5 \end{bmatrix}$，$\alpha_3 = \begin{bmatrix} -1 \\ 1 \\ 4 \end{bmatrix}$，$\beta = \begin{bmatrix} 1 \\ b \\ c \end{bmatrix}$.

试问：当 a, b, c 满足什么条件时

(1) β 可由 $\alpha_1, \alpha_2, \alpha_3$ 线性表示，且表示唯一？

(2) β 不能由 $\alpha_1, \alpha_2, \alpha_3$ 线性表出？

(3) β 可由 $\alpha_1, \alpha_2, \alpha_3$ 线性表出，但表示不唯一？并求出一般表达式.

解　设有一组数 k_1, k_2, k_3，使得

$$k_1\alpha_1 + k_2\alpha_2 + k_3\alpha_3 = \beta,$$

该方程组的系数行列式　$|A| = \begin{vmatrix} a & -2 & -1 \\ 2 & 1 & 1 \\ 10 & 5 & 4 \end{vmatrix} = -a - 4.$

(1) 当 $a \neq -4$ 时，$|A| \neq 0$，方程组有唯一解，β 可由 $\alpha_1, \alpha_2, \alpha_3$ 线性表示，且表示唯一.

(2) 当 $a = -4$ 时,对增广矩阵施以行初等变换,得

$$\overline{A} = \begin{bmatrix} -4 & -2 & -1 & 1 \\ 2 & 1 & 1 & b \\ 10 & 5 & 4 & c \end{bmatrix} \rightarrow \cdots \rightarrow \begin{bmatrix} 2 & 1 & 0 & -b-1 \\ 0 & 0 & 1 & 2b+1 \\ 0 & 0 & 0 & 3b-c-1 \end{bmatrix}.$$

由此可见,若 $3b - c \neq 1$ 则 $R(A) \neq R(\overline{A})$,方程组无解,所以 β 不能由 α_1, α_2, α_3 线性表出.

(3) 当 $a = -4$ 且 $3b - c = 1$ 时,$R(A) = R(\overline{A}) = 2 < 3$(未知量的个数),所以原方程组有无穷多解,$\beta$ 可由 $\alpha_1, \alpha_2, \alpha_3$,线性表出,但表示不唯一. 这时与原方程组同解的方程组为

$$\begin{cases} k_2 = -b-1-2k_1, \\ k_3 = 2b+1. \end{cases}$$

取 $k_1 = k$,则得 $\begin{cases} k_1 = k, \\ k_2 = -b-1-2k, \\ k_3 = 2b+1, \end{cases}$ k 为任意常数. 从而

$\beta = k\alpha_1 - (2k+b+1)\alpha_2 + (2b+1)\alpha_3$,$k$ 为任意常数.

例 4.23 设 A, B 是 n 阶方阵,且 $R(A) = R(BA)$,证明:
$$R(A^2) = R(BA).$$

证 因为 $R(A) = R(BA)$,所以 $AX = 0$ 与 $BAX = 0$ 同解. 显然方程组 $A^2 X = 0$ 的解是 $BA^2 X = 0$ 的解. 反之,若 X_0 是 $BA^2 X = 0$ 的任意解,即有 $BA^2 X_0 = 0$,令 $Y_0 = AX_0$,则 $BAY_0 = 0$,所以 Y_0 也是 $BAX = 0$ 的解,故 $AY_0 = A^2 X_0 = 0$,于是 X_0 也是 $A^2 X = 0$ 的解. 因此 $BA^2 X = 0$ 的解均为 $A^2 X = 0$ 的解. 故 $A^2 X = 0$ 与 $BA^2 X = 0$ 同解. 从而 $R(A^2) = R(BA)$.

例 4.24 设 A 为 n 阶方阵,A^* 为 A 的伴随矩阵且 $A_{11} \neq 0$,证明方程组 $AX = b (b \neq 0)$ 有无穷多解的充要条件是 b 是 $A^* X = 0$ 的解.

证明 "⇒"因 $AX = b$ 有无穷解 $\Leftrightarrow r(A) = r(\overline{A}) = r < n$,即 $|A| = 0$. 而 $A^* b = A^* AX = |A| EX = |A| X = 0$,所以 b 是 $A^* X = 0$ 的解.

"⇐"因 b 是 $A^* X = 0$ 解,既 $A^* X = 0$ 有非零解,所以 $r(A^*) < n$,从而 $|A^*| = 0$.

而 $|A^*| = |A|^{n-1} = 0 \Rightarrow |A| = 0$. 由于 $A^* A = |A| E, A^* A = 0$,

令　　　　$A = (\alpha_1, \alpha_2, \cdots, \alpha_n)$,则 $A^* A = A^* (\alpha_1, \alpha_2, \cdots, \alpha_n) = 0$,

即　　　　　　　　　$A^* \alpha_i = 0$, $1 \leqslant i \leqslant n$.

于是　$\alpha_1, \alpha_2, \cdots, \alpha_n$ 是 $A^* X = 0$ 的解. 因 $A_{11} \neq 0$,则 $\alpha_2, \cdots, \alpha_n$ 线性无关.

又知 b 是 $A^* X = 0$ 的解,因此 b 可由 $\alpha_2, \alpha_3, \cdots, \alpha_n$ 线性表示,既 $AX = b$ 有解.

由于 $r(A) < n$,故 $AX = b$ 有无穷多解.

例 4.25　设 A 是 $m \times n$ 矩阵，$n < m$，且 $AX = b$ 有唯一解，证明矩阵 $A^T A$ 为可逆矩阵，且 $AX = b$ 的解为 $X = (A^T A)^{-1} A^T b$.

证　首先证 $A^T A$ 可逆，用反证法.

假设 $A^T A$ 不可逆，即 $R(A^T A) < n$，则方程组 $A^T A X = 0$ 有非零解，即存在 $X_0 \neq 0$，使 $A^T A X_0 = 0$.

用 X_0^T 左乘上式两边得

$$X_0^T (A^T A) X_0 = (A X_0)^T (A X_0) = 0.$$

设 $(A X_0)^T = (\alpha_1, \alpha_2, \cdots, \alpha_m)$，则

$$(A X_0)^T (A X_0) = \alpha_1{}^2 + \alpha_2{}^2 + \cdots + \alpha_m{}^2 = 0,$$

从而 $A X_0 = 0$. 但已知 $AX = b$ 有唯一解，所以 $R(A) = R(A \vdots b) = R(\overline{A}) = n$，矛盾. 所以 $R(A^T A) = n$，故 $A^T A$ 可逆.

用 A^T 左乘 $AX = b$，得 $A^T A X = A^T b$，故 $X = (A^T A)^{-1} A^T b$.

例 4.26　设 $\alpha_1, \alpha_2, \cdots, \alpha_s$ 为线性方程组 $AX = 0$ 的一个基础解系，

$$\beta_1 = t_1 \alpha_1 + t_2 \alpha_2, \quad \beta_2 = t_1 \alpha_2 + t_2 \alpha_3, \cdots, \quad \beta_s = t_1 \alpha_s + t_2 \alpha_1,$$

其中 t_1, t_2 为实常数. 试问 t_1, t_2 满足什么关系时，$\beta_1, \beta_2, \cdots, \beta_s$ 也是 $AX = 0$ 的一个基础解系.

解　由于 $\beta_i (i = 1, 2, \cdots, s)$ 为 $\alpha_1, \alpha_2, \cdots, \alpha_s$ 的线性组合，所以 $\beta_i (i = 1, 2, \cdots, s)$ 均为 $AX = 0$ 的解.

设　$k_1 \beta_1 + k_2 \beta_2 + \cdots + t_s \beta_s = 0$，即，

$$(t_1 k_1 + t_2 k_s) \alpha_1 + (t_2 k_1 + t_1 k_2) \alpha_2 + \cdots + (t_2 k_{s-1} + t_1 k_s) \alpha_s = 0,$$

由于 $\alpha_1, \alpha_2, \cdots, \alpha_s$ 线性无关，因此有

$$\begin{cases} t_1 k_1 + t_2 k_s = 0, \\ t_2 k_1 + t_1 k_2 = 0, \\ \cdots\cdots \\ t_2 k_{s-1} + t_1 k_s = 0. \end{cases} \tag{4.5}$$

因为系数行列式

$$\begin{vmatrix} t_1 & 0 & 0 & \cdots & 0 & t_2 \\ t_2 & t_1 & 0 & \cdots & 0 & 0 \\ 0 & t_2 & t_1 & \cdots & 0 & 0 \\ \vdots & \vdots & \vdots & & \vdots & \vdots \\ 0 & 0 & 0 & \cdots & t_1 & 0 \\ 0 & 0 & 0 & \cdots & t_2 & t_1 \end{vmatrix}_{s \times s} = t_1^s + (-1)^{s+1} t_2^s,$$

所以，当 $t_1^s + (-1)^{s+1} t_2^s \neq 0$，即当 s 为偶数，$t_1 \neq \pm t_2$，s 为奇数，$t_1 \neq -t_2$ 时，方程

组(4.5)只有零解 $k_1 = k_2 = \cdots = k_s = 0$,从而 $\beta_1, \beta_2, \cdots, \beta_s$ 线性无关,此时 $\beta_1, \beta_2, \cdots, \beta_s$ 也为 $AX = 0$ 的一个基础解系.

例 4.27 设 A 为 $m \times n$ 矩阵,且 $R(A) = r < n, \eta_0, \eta_1, \cdots, \eta_{n-r}$ 为非齐次线性方程组 $AX = b(b \neq 0)$ 的解向量,证明: $\eta_1 - \eta_0, \eta_2 - \eta_0, \cdots, \eta_{n-r} - \eta_0$ 为齐次线性方程组 $AX = 0$ 的基础解系的充要条件是向量组 $\eta_0, \eta_1, \cdots, \eta_{n-r}$ 线性无关.

证明 必要性:设数组 $k_0, k_1, \cdots, k_{n-r}$,使

$$k_0 \eta_0 + k_1 \eta_1 + \cdots + k_{n-r} \eta_{n-r} = 0, \tag{4.6}$$

上式两端左乘 A 得 $k_0 A\eta_0 + k_1 A\eta_1 + \cdots + k_{n-r} A\eta_{n-r} = 0$. 因为

$$A\eta_j = b, \quad j = 0, 1, \cdots, n-r,$$

所以

$$(k_0 + k_1 + \cdots + k_{n-r}) b = 0.$$

又因为 $b \neq 0$,因此 $k_0 + k_1 + \cdots + k_{n-r} = 0$,即

$$k_0 = -(k_1 + \cdots + k_{n-r}). \tag{4.7}$$

将(4.7)式代入(4.6)式得

$$k_1(\eta_1 - \eta_0) + k_2(\eta_2 - \eta_0) + \cdots + k_{n-r}(\eta_{n-r} - \eta_0) = 0.$$

由于 $\eta_1 - \eta_0, \eta_2 - \eta_0, \cdots, \eta_{n-r} - \eta_0$ 是齐次线性方程组 $AX = 0$ 的基础解系,所以它们线性无关. 于是 $k_1 = k_2 = \cdots = k_{n-r} = 0$,从而 $k_0 = 0$,故向量组 $\eta_0, \eta_1, \cdots, \eta_{n-r}$ 线性无关.

充分性:由 $A(\eta_j - \eta_0) = A\eta_j - A\eta_0 = b - b = 0$ 知

$$\eta_j - \eta_0 (j = 0, 1, \cdots, n-r)$$

是 $AX = 0$ 的解向量.

设数组 $k_1, k_2, \cdots, k_{n-r}$ 使

$$k_1(\eta_1 - \eta_0) + k_2(\eta_2 - \eta_0) + \cdots + k_{n-r}(\eta_{n-r} - \eta_0) = 0,$$

即　　 $k_1 \eta_1 + k_2 \eta_2 + \cdots + k_{n-r} \eta_{n-r} - (k_1 + k_2 + \cdots + k_{n-r}) \eta_0 = 0,$

因为向量组 $\eta_0, \eta_1, \cdots, \eta_{n-r}$ 线性无关,所以

$$k_1 = k_2 = \cdots = k_{n-r} = -(k_1 + \cdots + k_{n-r}) = 0$$

从而　　　　　　 $k_1 = k_2 = \cdots = k_{n-r} = 0.$

故向量组 $\eta_1 - \eta_0, \eta_2 - \eta_0, \cdots, \eta_{n-r} - \eta_0$ 线性无关. 因此 $\eta_1 - \eta_0, \eta_2 - \eta_0, \cdots, \eta_{n-r} - \eta_0$,是 $AX = 0$ 的 $n-r$ 个线性无关的解向量,从而是 $AX = 0$ 的基础解系.

例 4.28 设 η 是非齐次线性方程组 $AX = b$ 的一个解,$\xi_1, \xi_2, \cdots, \xi_{n-r}$ 是对应齐次线性方程组 $AX = 0$ 的一个基础解系,证明:

$$\gamma_1 = \eta, \gamma_2 = \eta + \xi_1, \cdots, \gamma_{n-r+1} = \eta + \xi_{n-r}$$

是 $AX = b$ 的线性无关的解向量,并且 $AX = b$ 的任何一个解 γ 都可表示为

$$\gamma = k_1 \gamma_1 + k_2 \gamma_2 + \cdots + k_{n-r+1} \gamma_{n-r+1},$$

其中 $k_1 + k_2 + \cdots + k_{n-r+1} = 1.$

证　因为 $A\gamma_1 = A\eta = b$,

$$A\gamma_i = A(\eta + \xi_{i-1}) = A\eta + A\xi_{i-1} = b \quad (i = 2,3,\cdots,n-r+1),$$

所以　$\gamma_1,\gamma_2,\cdots,\gamma_{n-r+1}$ 是 $Ax = b$ 的解.

设有数组　$k_0,k_1,\cdots,k_{n-r}$ 使

$$k_0\gamma_1 + k_1\gamma_2 + \cdots + k_{n-r}\gamma_{n-r+1} = 0,$$

即

$$(k_0 + k_1 + \cdots + k_{n-r})\eta + k_1\xi_1 + k_2\xi_2 + \cdots + k_{n-r}\xi_{n-r} = 0. \tag{4.8}$$

上式两端左乘 A 得

$$(k_0 + k_1 + \cdots + k_{n-r})A\eta + k_1 A\xi_1 + k_2 A\xi_2 + \cdots + k_{n-r}A\xi_{n-r} = 0,$$

因为　　　　　　　$A\xi_i = 0(i = 1,2,\cdots,n-r), A\eta = b,$

所以　　　　　　　$(k_0 + k_1 + \cdots + k_{n-r})b = 0,$

于是　　　　　　　$k_0 + k_1 + \cdots + k_{n-r} = 0. \tag{4.9}$

将(4.9)式代入(4.8)式,可得 $k_1\xi_1 + k_2\xi_2 + \cdots + k_{n-r}\xi_{n-r} = 0.$

由于 $\xi_1,\xi_2,\cdots,\xi_{n-r}$ 线性无关,所以 $k_1 = k_2 = \cdots = k_{n-r} = 0.$ 将 $k_1 = k_2 = \cdots = k_{n-r} = 0$ 代入(4.9)得: $k_0 = 0.$ 故 $\gamma_1,\gamma_2,\cdots,\gamma_{n-r+1}$ 线性无关.

对 $AX = b$ 的任一解 γ,有

$$\begin{aligned}
\gamma &= \eta + \lambda_1\xi_1 + \lambda_2\xi_2 + \cdots + \lambda_{n-r}\xi_{n-r} \\
&= (1 - \lambda_1 - \cdots - \lambda_{n-r})\eta + \lambda_1(\eta + \xi_1) + \cdots + \lambda_{n-r}(\eta + \xi_{n-r}) \\
&= (1 - \lambda_1 - \cdots - \lambda_{n-r})\gamma_1 + \lambda_1\gamma_2 + \cdots + \lambda_{n-r}\gamma_{n-r+1} \\
&= k_1\gamma_1 + k_2\gamma_2 + \cdots + k_{n-r+1}\gamma_{n-r+1}.
\end{aligned}$$

其中 $k_1 = 1 - \lambda_1 - \lambda_2 - \cdots - \lambda_{n-r}, k_2 = \lambda_1,\cdots,k_{n-r+1} = \lambda_{n-r} \neq 1,$ 且

$$k_1 + k_2 + \cdots + k_{n-r+1} = 1.$$

例 4.29　已知平面上三条不同直线的方程分别为

$$l_1 : ax + 2by + 3c = 0,$$
$$l_2 : bx + 2cy + 3a = 0,$$
$$l_3 : cx + 2ay + 3b = 0;$$

试证:这三条直线交于一点的充分必要条件为 $a + b + c = 0.$

证法一　必要性:设三直线 l_1,l_2,l_3 交于一点,则线性方程组

$$\begin{cases} ax + 2by = -3c \\ bx + 2cy = -3a \\ cx + 2ay = -3b \end{cases} \tag{4.10}$$

有唯一解,故系数矩阵 $A = \begin{bmatrix} a & 2b \\ b & 2c \\ c & 2a \end{bmatrix}$ 与增广矩阵 $\overline{A} = \begin{bmatrix} a & 2b & -3c \\ b & 2c & -3a \\ c & 2a & -3b \end{bmatrix}$ 的秩均为

2. 于是 $|\bar{A}| = 0$.

由于　　　$|\bar{A}| = \begin{vmatrix} a & 2b & -3c \\ b & 2c & -3a \\ c & 2a & -3b \end{vmatrix}$

$$= 6(a+b+c)(a^2+b^2+c^2-ab-ac-bc)$$

$$= 3(a+b+c)[(a-b)^2+(b-c)^2+(c-a)^2],$$

但 $(a-b)^2+(b-c)^2+(c-a)^2 \neq 0$，故 $a+b+c=0$.

充分性：由 $a+b+c=0$.，则从必要性的证明可知，$|\bar{A}|=0$，故秩 $(\bar{A})<3$. 由于

$$\begin{vmatrix} a & 2b \\ b & 2c \end{vmatrix} = 2(ac-b^2) = -2[a(a+b)+b^2]$$

$$= -2\left[\left(a+\frac{1}{2}b\right)^2+\frac{3}{4}b^2\right] \neq 0,$$

故 $R(A)=2$. 于是，$R(A)=R(\bar{A})=2$. 因此方程组 (4.10) 有唯一解，即三直线 l_1, l_2, l_3 交于一点.

证法二　　必要性：设三直线交于一点 (x_0, y_0) 则

$$\begin{bmatrix} x_0 \\ y_0 \\ 1 \end{bmatrix}$$

为 $AX=0$ 的非零解，其中

$$A = \begin{bmatrix} a & 2b & 3c \\ b & 2c & 3a \\ c & 2a & 3b \end{bmatrix},$$

于是 $|A|=0$. 而

$$|A| = \begin{vmatrix} a & 2b & 3c \\ b & 2c & 3a \\ c & 2a & 3b \end{vmatrix} = -6(a+b+c)(a^2+b^2+c^2-ab-ac-bc)$$

$$= 3(a+b+c)[(a-b)^2+(b-c)^2+(c-a)^2],$$

但 $(a-b)^2+(b-c)^2+(c-a)^2 \neq 0$，故 $a+b+c=0$.

充分性：考虑线性方程组

$$\begin{cases} ax+2by = -3c, \\ bx+2cy = -3a, \\ cx+2ay = -3b; \end{cases} \qquad (4.11)$$

将方程组 (4.11) 的三个方程相加，由 $a+b+c=0$ 可知，方程组 (4.11) 等价于方

程组

$$\begin{cases} ax + 2by = -3c, \\ bx + 2cy = -3a. \end{cases} \tag{4.12}$$

因为

$$\begin{vmatrix} a & 2b \\ b & 2c \end{vmatrix} = 2(ac - b^2) = -2[a(a+b) + b^2]$$

$$= -[a^2 + b^2 + (a+b)^2] \neq 0,$$

故方程组(4.12)有唯一解,所以方程组(4.11)有唯一解,即三直线 l_1, l_2, l_3 交于一点.

习 题 四

(一) 填空题

1. 方程组 $AX = 0, A = (a_{ij})_{mn}, X = (x_1, x_2, \cdots, x_n)^T$ 当_____时没有基础解系,而在有基础解系的情况下,基础解系中解向量的个数是_____.

2. n 元齐次线性方程组 $AX = 0$,若 $R(A) = r$,且 $\xi_1, \xi_2, \cdots, \xi_k$,是它的一个基础解系,则 k = _____,当 $r = $_____时,此方程组只有零解.

3. 齐次线性方程组 $\begin{cases} \lambda x_1 + x_2 + x_3 = 0, \\ x_1 + \lambda x_2 + x_3 = 0, \\ x_1 + x_2 + x_3 = 0 \end{cases}$ 只有零解,则 λ 应满足的条件是_____.

4. 设方程组 $\begin{cases} ax_1 + x_2 + x_3 = 1, \\ x_1 + ax_2 + x_3 = a, \\ x_1 + x_2 + ax_3 = a^2; \end{cases}$ 则当 $a = $ _____ 时,方程组无解;当 $a = $ _____

时,方程组有无穷多个解;当 $a = $ _____时,方程组有唯一解.

5. 设 $AX = B$ 是 n 元非齐次线性方程组,且 $R(A) = r, R(\overline{A}) = s$,则 $AX = B$ 有解的充要条件是_____;有唯一解的充要条件是_____;有无穷多组解的充要条件是_____.

(二) 选择题

1. 设方程组 $\begin{cases} 2x + y + z = 0, \\ kx + y + z = 0, \\ x - y + z = 0 \end{cases}$ 有非零解;则( ).

(A) $k = 1$; (B) $k = 2$; (C) $k = -1$; (D) $k = -2$.

2. 方程组 $\begin{cases} x_1 - x_2 + 2x_3 = 1, \\ 2x_1 - x_2 + ax_3 = 2, \\ -x_1 + 2x_2 + x_3 = b \end{cases}$ 有无穷多个解的充要条件是( ).

(A) $a = 7, b$ 为任何数; (B) $a = 7, b = -1$;

(C) $a \neq 7, b = -1$;　　　　　　　　(D) a 为任何数,$b = -1$.

3.齐次线性方程组 $\begin{cases} x_1 + x_2 - 2x_3 + 2x_4 = 0, \\ x_1 - x_2 - 2x_3 - x_4 = 0, \\ x_1 + 5x_2 - 2x_3 + 8x_4 = 0 \end{cases}$ 的基础解系可取向量组(　　).

(A) $(2,1,1,0), \left(-\dfrac{1}{2}, -\dfrac{3}{2}, 0, 1\right)$;

(B) $(1,-3,1,2),(-1,-3,0,2)$;

(C) $\left(-\dfrac{1}{2}, -\dfrac{3}{2}, 0, 1\right),(-1,-3,0,2)$;

(D) $(2,0,1,0),(0,0,0,0)$.

4.如果齐次线性方程 $\begin{cases} a_{11}x_1 + a_{12}x_2 + \cdots + a_{1n}x_n = 0, \\ \cdots\cdots \\ a_{s1}x_1 + a_{s2}x_2 + \cdots + a_{sn}x_n = 0 \end{cases}$ 有非零解,那么(　　)

(A) $s < n$;　　　　　　　　　　(B) $s = n$;

(C) $s > n$;　　　　　　　　　　(D) 三种情况都有可能.

5.若向量组 $\alpha_1, \alpha_2, \cdots, \alpha_m$ 是一个齐次线性方程组的基础解系,$k_1, k_2, \cdots, k_m$ 是任意常数,则这个齐次方程组的一般解为(　　)

(A) $\displaystyle\sum_{i=1}^{m-1} k_i(\alpha_{i+1} - \alpha_i)$;　　　　　　(B) $\displaystyle\sum_{i=1}^{m} \alpha_i$;

(C) $\displaystyle\sum_{i=1}^{m-1} k_i(\alpha_{i+1} + \alpha_i)$;　　　　　　(D) $\displaystyle\sum_{i=1}^{m-1} k_i(\alpha_{i+1} - 2\alpha_i) + k_m\alpha_1$.

6.设 $\xi_1 = (a_{11}, a_{21}, 1, 0, 0)^T, \xi_2 = (a_{12}, a_{22}, 0, 1, 0)^T, \xi_3 = (a_{13}, a_{23}, 0, 0, 1)^T$ 是某一线性齐次方程组 $AX = 0$ 的基础解系,则(　　).

(A) $R(A) = 2$;　　(B) $R(A) = 3$;　　　(C) $R(A) = 5$;　　(D) $R(A) = 4$.

7.当 n 个未知量的 m 个方程的齐次线性方程组满足条件(　　)时,此方程组有非零解.

(A) $n = m$;　　　　　　　　　　(B) 系数矩阵之秩 $< m$;

(C) $n < m$;　　　　　　　　　　(D) 系数矩阵秩 $< \min\{m, n\}$.

8.方程组 $\begin{cases} a_1 x + b_1 y + c_1 z + d_1 = 0, \\ a_2 x + b_2 y + c_2 z + d_2 = 0, \\ a_3 x + b_3 y + c_3 z + d_3 = 0 \end{cases}$ 表示空间三平面,若系数矩阵的秩为 3,则三平面的位置关系是(　　).

(A) 三平面重合;　　　　　　　　(B) 三平面无公共交点;

(C) 三平面交于一点;　　　　　　(D) 位置关系无法确定.

9.要使 $\xi_1 = \begin{bmatrix} 1 \\ 0 \\ 2 \end{bmatrix}, \xi_2 = \begin{bmatrix} 0 \\ 1 \\ -1 \end{bmatrix}$ 都是线性方程组 $AX = 0$ 的解,只要系数矩阵 A 为(　　).

(A) $(-2, 1, 1)$;　　　　　　　　(B) $\begin{bmatrix} 2 & 0 & -1 \\ 0 & 1 & 1 \end{bmatrix}$;

(C) $\begin{bmatrix} -1 & 0 & 2 \\ 0 & 1 & -1 \end{bmatrix}$;　　　　　　　　(D) $\begin{bmatrix} 0 & 1 & -1 \\ 4 & -2 & -2 \\ 0 & 1 & 1 \end{bmatrix}$.

10. 设 A 是 m 阶矩阵，$Ax = 0$ 是非齐次线性方程组 $Ax = b$ 所对应的齐次线性方程组，则下列结论正确的是（　　）.

　　(A) 若 $Ax = 0$ 仅有零解，则 $Ax = b$ 有无穷多个解；

　　(B) 若 $Ax = 0$ 有非零解，则 $Ax = b$ 有无穷多个解；

　　(C) 若 $Ax = b$ 有无穷多个解，则 $Ax = 0$ 仅有零解；

　　(D) 若 $Ax = b$ 有无穷多个解，则 $Ax = 0$ 有非零解.

11. 设矩阵 A_{mn} 的秩为 $R(A) = m < n$，E_m 为 m 阶单位矩阵，下述结论中正确的是（　　）.

　　(A) A 的任意 m 个列向量必线性无关；

　　(B) A 的任意一个 m 阶子式不等于零；

　　(C) 若矩阵 B 满足 $BA = 0$，则 $B = 0$，或非齐次线性方程组 $AX = b$，一定有无穷多组解；

　　(D) A 通过初等行变换，必可以化为 $(E_m\ 0)$ 的形式.

(三) 计算题

1. 已知齐次线性方程组 $\begin{cases} 2x + y + z = 0, \\ kx\ \ \ \ - z = 0, \\ -x + 3z = 0; \end{cases}$ 试求 k 的值，使方程组有非零解，并在有非零解时，求出全部解.

2. 设四元齐次线性方程组（Ⅰ）为 $\begin{cases} x_1 + x_2 = 0, \\ x_2 - x_4 = 0; \end{cases}$ 又已知某线性齐次方程组（Ⅱ）的通解为 $k_1(0,1,1,0) + k_2(-1,2,2,1)$.

　　(1) 求线性方程组（Ⅰ）的基础解系；

　　(2) 问线性方程组（Ⅰ）和（Ⅱ）是否有非零公共解？若有，则求出所有的非零公共解. 若没有，则说明理由.

3. 讨论 λ 取什么值时，方程组 $\begin{cases} x_1 + x_2 + \lambda x_3 = 1, \\ x_1 + \lambda x_2 + x_3 = 1, \\ \lambda x_1 + x_2 + x_3 = 1 \end{cases}$ 有唯一解、有无穷多个解或无解. 在有解时，求出解.

4. 讨论 a,b 为何值时，下列方程组有解，在有解时，求出解 $\begin{cases} ax_1 + x_2 + x_3 = 4, \\ x_1 + bx_2 + x_3 = 3, \\ x_1 + 2bx_2 + x_3 = 4. \end{cases}$

5. 已知线性方程组 $\begin{cases} 3ax_1 + (2a+1)x_2 + (a+1)x_3 = a, \\ (2a-1)x_1 + (2a-1)x_2 + (a-2)x_3 = a+1, \\ (4a-1)x_1 + 3ax_2 + 2ax_3 = 1; \end{cases}$ 试求 a 的值，使方程组分别有唯一解、有无穷多个解、无解. 在有解时，求出解来.

6. 在方程组
$$\begin{cases} x_1 + x_2 + x_3 + x_4 + x_5 = 1, \\ 3x_1 + 2x_2 + x_3 + x_4 - 3x_5 = 0, \\ x_2 + 2x_3 + 2x_4 + 6x_5 = b, \\ 5x_1 + 4x_2 + 3x_3 + 3x_4 - x_5 = a \end{cases}$$
中, a, b 取何值时, 方程组有解, 并求其解.

7. λ 取何值时, 方程组
$$\begin{cases} (\lambda + 3)x_1 + x_2 + 2x_3 = \lambda, \\ \lambda x_1 + (\lambda - 1)x_2 + x_3 = \lambda, \\ 3(\lambda + 1)x_1 + \lambda x_2 + (\lambda + 3)x_3 = 3; \end{cases}$$

(1) 有唯一解; (2) 无解; (3) 有无穷多个解.

(四) 证明题

1. 证明: 含有 n 个未知量 $n + 1$ 个方程的线性方程组
$$\begin{cases} a_{11}x_1 + a_{12}x_2 + \cdots + a_{1n}x_n = b_1, \\ \cdots\cdots \\ a_{n1}x_1 + a_{n2}x_2 + \cdots + a_{nn}x_n = b_n, \\ a_{n+1,1}x_1 + a_{n+1,2}x_2 + \cdots + a_{n+1,n}x_n = b_{n+1}; \end{cases} \qquad (*)$$
如果有解, 那么行列式

$$D = \begin{vmatrix} a_{11} & a_{12} & \cdots & a_{1n} & b_1 \\ \vdots & \vdots & & \vdots & \vdots \\ a_{n1} & a_{n2} & \cdots & a_{nn} & b_n \\ a_{n+11} & a_{n+12} & \cdots & a_{n+1n} & b_{n+1} \end{vmatrix} = 0.$$

2. 设 $a_i = (a_{i1}, a_{i2}, \cdots, a_{in})$, $X = \begin{pmatrix} x_1 \\ \vdots \\ x_n \end{pmatrix}$, $A = (a_{ij})_{n \times n}$, 秩 $(A) = n$, 又设方程 $\begin{pmatrix} a_1 \\ \vdots \\ a_n \end{pmatrix} X = 0$,

试证 $\beta_1 = \begin{pmatrix} A_{r+1,1} \\ \vdots \\ A_{r+1,n} \end{pmatrix}, \cdots, \beta_{n-r} = \begin{pmatrix} A_{n,1} \\ \vdots \\ A_{n,n} \end{pmatrix}$ 为此方程组的解, 其中 A_{ij} 是 A 中元素 a_{ij} 的代数余子式.

3. 证明: 若齐次线性方程组
$$\begin{cases} a_{11}x_1 + a_{12}x_2 + \cdots + a_{1n}x_n = 0, \\ a_{21}x_1 + a_{22}x_2 + \cdots + a_{2n}x = 0, \\ \cdots\cdots \\ a_{n1}x_1 + a_{n2}x_2 + \cdots + a_{nn}x_n = 0 \end{cases}$$
的系数矩阵 A 的秩为 $n-1$, 且系数行列式 $|A|$ 的某个元素 a_{k1} 的代数余子式 $A_{k1} \neq 0$, 则 $(A_{k1}, A_{k2}, \cdots, A_{k1}, \cdots, A_{kn})$ 是这个齐次线性方程组的一个基础解系.

4. 设 a_1, a_2, a_3 是齐次线性方程组 $AX = 0$ 的一个基础解系, 证明 $a_1 + a_2, a_2 + a_3, a_3 + a_1$ 也是该方程组的一个基础解系.

5. 设有线性方程组

$$(\text{I})\begin{cases} a_{11}x_1 + a_{12}x_2 + \cdots + a_{1n}x_n = b_1, \\ a_{21}x_1 + a_{22}x_2 + \cdots + a_{2n}x_n = b_2, \\ \cdots\cdots \\ a_{n1}x_1 + a_{n2}x_2 + \cdots + a_{n\,n}x_n = b_n; \end{cases} \quad (\text{II})\begin{cases} A_{11}x_1 + A_{12}x_2 + \cdots + A_{1n}x_n = c_1, \\ A_{21}x_1 + A_{22}x_2 + \cdots + A_{2n}x_n = c_2, \\ \cdots\cdots \\ A_{n1}x_1 + A_{n2}x_2 + \cdots + A_{nn}x_n = c_n; \end{cases}$$

其中 A_{ij} 为系数行列式 $D = |a_{ij}|$ 中元素 a_{ij} 的代数余子式. 证明,方程组（Ⅰ）有唯一解的充要条件是（Ⅱ）有唯一解.

6. 方程组 $\begin{cases} x_1 - x_2 & = a_1 \\ \quad x_2 - x_3 & = a_2 \\ \qquad x_3 - x_4 & = a_3 \\ \qquad\quad x_4 - x_5 & = a_4 \\ \qquad\qquad x_5 - x_1 = a_5 \end{cases}$ 有解的充分必须条件

是 $\sum\limits_{i=1}^{s} a_i = 0.$

第五章　矩阵的特征值与特征向量

复习与考试要求

1. 理解矩阵的特征和特征值和特征向量的概念及性质,会求矩阵的特征值和特征向量.

2. 理解相似矩阵的概念、性质及矩阵可相似对角化的充分必要条件.掌握用相似变换化矩阵为对角矩阵的方法.

3. 掌握实对称矩阵的特征值和特征向量的性质.

一、基本概念与理论

(一) 矩阵的特征值与特征向量

定义 5.1　设 A 为 n 阶方阵,λ 是一个数,如果存在 n 维非零列向量 x,使得

$$Ax = \lambda x,$$

则称数 λ 为方阵 A 的特征值,非零列向量 x 为 A 对应于(或属于) 特征值 λ 的特征向量.

定义 5.2　设 A 为 n 阶方阵,则矩阵 $A - \lambda E$ 称为 A 的特征矩阵;关于 λ 的方程 $|A - \lambda E| = 0$ 称为 A 的特征方程;$f(\lambda) = |A - \lambda E|$ 称为 A 的特征多项式.

特征值与特征向量具有如下性质:

(1) 设 $\lambda_1, \lambda_2, \cdots, \lambda_n$ 为 $|A - \lambda E| = 0$ 的特征值,则

$1°$ $\lambda_1 + \lambda_2 + \cdots + \lambda_n = a_{11} + a_{22} + \cdots + a_{nn}$[称 $a_{11} + a_{22} + \cdots + a_{nn}$ 为 A 的迹,记作 $\text{tr}(A)$];

$2°$ $\lambda_1 \lambda_2 \cdots \lambda_n = |A|$.

（2）若 λ 为 A 的特征值，则 $f(\lambda)$ 为 $f(A)$ 的特征值．特别地，λ^k，$a\lambda + b$ 分别为 A^k，$aA + bE$ 的特征值；λ^{-1} 为 A^{-1} 的特征值；$\dfrac{|A|}{\lambda}$ 为 $A^* = |A| A^{-1}$ 的特征值．

（3）n 阶方阵 A 互不相同的特征值 $\lambda_1, \lambda_2, \cdots, \lambda_m$ 所对应的特征向量 $\alpha_1, \alpha_2, \cdots, \alpha_m$ 线性无关．

（4）方阵 A 的对应于 λ 的特征向量 x，一定是非零向量，且对于任意非零常数 $k \neq 0$，kx 也是 A 的对应于 λ 的特征向量。

（5）设 λ_1, λ_2 是方阵 A 的两个互异的特征值，x_1, x_2 是分别属于 λ_1, λ_2 的特征向量，则 $k_1 x_1 + k_2 x_2$ 不是 A 的特征向量，其中 $k_1 \cdot k_2 \neq 0$．

（6）x_1, x_2 为方阵 A 所对应的属于 λ 的特征向量，则 $k_1 x_1 + k_2 x_2 \neq 0$ 时，$k_1 x_1 + k_2 x_2$ 也是 A 的属于 λ 的特征向量．

(二) 相似矩阵

定义 5.3 设 A, B 均为 n 阶方阵，若存在一个 n 阶可逆矩阵 P，使 $P^{-1}AP = B$ 则称矩阵 A 与 B 相似，记为 $A \sim B$．对 A 进行运算 $P^{-1}AP$ 称为对 A 进行相似变换，逆阵 P 称为把 A 变成 B 的相似变换矩阵．

相似矩阵具有如下性质：

（1）自反性：$A \sim A$．

（2）对称性：若 $A \sim B$，则 $B \sim A$．

（3）传递性：若 $A \sim B, B \sim C$，则 $A \sim C$．

（4）若 $A \sim B$，则 $A^T \sim B^T$．

（5）若 $A \sim B$，且 A, B 均可逆，则 $A^{-1} \sim B^{-1}$．

（6）若 $A \sim B$，则 $A^k \sim B^k$，k 为正整数．

（7）若 $A \sim B$，则 $|A - \lambda E| = |B - \lambda E|$，即相似矩阵有相同的特征值．

（8）若 $A \sim B$，则 $|A| = |B|$．

（9）若 $A \sim B$，则 $R(A) = R(B)$．

(三) 矩阵的相似对角化

定义 5.4 若方阵 A 与对角矩阵 Λ 相似，则称 A 可对角化．

判断一个方阵是否可对角化有下列结论：

（1）n 阶方阵 A 可对角化 $\Leftrightarrow A$ 有 n 个线性无关的特征向量．

（2）若 n 阶方阵 A 有 n 个不同的特征值，则 A 可对角化．

（3）方阵 A 可对角化 $\Leftrightarrow A$ 的 k_i 重特征值对应 k_i 个线性无关特征向量．

(四) 实对称矩阵

定义 5.5　方阵 A 的元素均为实数,且满足 $A^T = A$,则称方阵 A 为实对称矩阵.

实对称矩阵 A 具有如下性质:

(1) A 的特征值为实数,且 A 的特征向量为实向量.

(2) 属于 A 的不同特征值的特征向量必正交.

(3) 若 A 为 n 阶实对称矩阵,则必存在正交矩阵 P,使 $P^{-1}AP = \Lambda$.其中 Λ 是以 A 的 n 个特征值(重特征值按重数计)为对角线上元素的对角阵.

二、基本题型与解题方法

例 5.1　n 阶矩阵 A 的元素全为 1,则 A 的 n 个特征值是 _____.

解　A 的特征多项式为

$$|A - \lambda E| = \begin{vmatrix} 1-\lambda & 1 & 1 & \cdots & 1 \\ 1 & 1-\lambda & 1 & \cdots & 1 \\ \vdots & \vdots & \vdots & & \vdots \\ 1 & 1 & 1 & \cdots & 1-\lambda \end{vmatrix}$$

$$= (n-\lambda) \begin{vmatrix} 1 & 1 & 1 & \cdots & 1 \\ 1 & 1-\lambda & 1 & \cdots & 1 \\ \vdots & \vdots & \vdots & & \vdots \\ 1 & 1 & 1 & & 1-\lambda \end{vmatrix}$$

$$= (n-\lambda) \begin{vmatrix} 1 & 1 & 1 & \cdots & 1 \\ 0 & -\lambda & 0 & \cdots & 1 \\ \vdots & \vdots & \vdots & & \vdots \\ 0 & 0 & 0 & \cdots & -\lambda \end{vmatrix}$$

$$= (-1)^{n-1}(n-\lambda)\lambda^{n-1}.$$

所以 A 的 n 个特征值是 $n, 0, 0, \cdots, 0$.

例 5.2　已知 3 阶矩阵 A 的 3 个特征值为 $-1, 1, 2$,则矩阵 $B = (3A^*)^{-1}$ 的特征值为 _____.

解　因为 $|A| = -2$,则

$$(3A^*)^{-1} = \frac{1}{3|A|}A = -\frac{1}{6}A,$$

于是 $B = (3A^*)^{-1} = -\frac{1}{6}A$ 的特征值为 $\frac{1}{6}, -\frac{1}{6}, -\frac{1}{3}$.

例 5.3 已知向量 $\alpha = (1,k,1)^T$ 是矩阵 $A = \begin{bmatrix} 2 & 1 & 1 \\ 1 & 2 & 1 \\ 1 & 1 & 2 \end{bmatrix}$ 的逆矩阵 A^{-1} 的特

征向量,则常数 $k = $ _____.

解 A 的特征方程为

$$|A - \lambda E| = \begin{vmatrix} 2-\lambda & 1 & 1 \\ 1 & 2-\lambda & 1 \\ 1 & 1 & 2-\lambda \end{vmatrix} = (\lambda-1)^2(\lambda-4) = 0,$$

所以 A 的特征值为 $\lambda_1 = \lambda_2 = 1, \lambda_3 = 4$. 于是 A^{-1} 的特征值为 $\lambda_1^* = \lambda_2^* = 1, \lambda_3^* = \dfrac{1}{4}$.

因为 $\alpha = (1,k,1)^T$ 为 A^{-1} 的特征向量,所以当 $\lambda_1^* = \lambda_2^* = 1$ 时,有
$$A^{-1}\alpha = 1 \cdot \alpha \Rightarrow \alpha = A\alpha,$$

即 $\begin{bmatrix} 1 \\ k \\ 1 \end{bmatrix} = \begin{bmatrix} 2 & 1 & 1 \\ 1 & 2 & 1 \\ 1 & 1 & 2 \end{bmatrix} \begin{bmatrix} 1 \\ k \\ 1 \end{bmatrix} = \begin{bmatrix} 3+k \\ 2+2k \\ 3+k \end{bmatrix}$,解得 $k = -2$.

当 $\lambda^* = \dfrac{1}{4}$ 时,有 $A^{-1}\alpha = \dfrac{1}{4}\alpha \Rightarrow 4\alpha = A\alpha$ 即 $\begin{bmatrix} 4 \\ 4k \\ 4 \end{bmatrix} = \begin{bmatrix} 3+k \\ 2+2k \\ 3+k \end{bmatrix}$,解得 $k = 1$. 故

所求的 k 值为 -2 或 1.

例 5.4 若 n 阶可逆阵 A 的每行元素之和均为 $a(a \neq 0)$,则 $2A^{-1} + 3E$ 必有特征值_____.

解 A 的各行元素之和为 a,可知 a 为 A 的一个特征值,于是 A^{-1} 的一个特征值为 $\dfrac{1}{a}$,故 $\dfrac{2}{a} + 3$ 为 $2A^{-1} + 3E$ 的一个特征值.

例 5.5 设 n 阶方阵 A 有 n 个特征值 $0,1,2,\cdots,n-1$,且方阵 B 与 A 相似,则 $|B+E| = $ _____.

解 因 B 与 A 相似,故 B 与 A 有相同的特征值,均为 $0,1,2,\cdots,n-1$.

令 $f(x) = x+1$,则 $f(B) = B+E$ 的 n 个特征值分别为
$$f(0) = 1, f(1) = 2, \cdots, f(n-1) = n.$$

于是 $|B+E| = |f(B)| = f(0)f(1)\cdots f(n) = n!.$

例 5.6 $\lim\limits_{n \to \infty} \begin{bmatrix} \dfrac{1}{3} & 2 & 0 \\ 0 & \dfrac{1}{4} & -1 \\ 0 & 0 & \dfrac{1}{5} \end{bmatrix}^n = $ _____.

解　因 A 的特征多项式为

$$|A-\lambda E| = \begin{vmatrix} \dfrac{1}{3}-\lambda & 2 & 0 \\ 0 & \dfrac{1}{4}-\lambda & -1 \\ 0 & 0 & \dfrac{1}{5}-\lambda \end{vmatrix},$$

所以 A 的特征值为 $\lambda_1 = \dfrac{1}{3}, \lambda_2 = \dfrac{1}{4}, \lambda_3 = \dfrac{1}{5}$.

于是矩阵 A 与对角阵

$$\Lambda = \begin{bmatrix} \dfrac{1}{3} & 0 & 0 \\ 0 & \dfrac{1}{4} & 0 \\ 0 & 0 & \dfrac{1}{5} \end{bmatrix}$$

相似. 即存在可逆矩阵 P, 使 $A = P\Lambda P^{-1}$. 从而 $A^n = P\Lambda^n P^{-1}$.

所以
$$\lim_{n\to\infty} A^n = \lim_{n\to\infty} P \begin{bmatrix} \left(\dfrac{1}{3}\right)^n & 0 & 0 \\ 0 & \left(\dfrac{1}{4}\right)^n & 0 \\ 0 & 0 & \left(\dfrac{1}{5}\right)^n \end{bmatrix} P^{-1} = 0.$$

例 5.7　设 A 是 n 阶矩阵, 且 $A^k = 0(k$ 为正整数), 则(　　).

(A) $A = 0$；　　　　　(B) A 有一个不为零的特征值；

(C) A 的特征值全为零；　(D) A 有 n 个线性无关的特征向量.

解　显然(A)不入选. 设 λ 为 A 的特征值, 且对应的特征向量为 α,

于是 $\qquad\qquad\qquad A\alpha = \lambda\alpha \quad \alpha \neq 0$,

上式两端左乘 A, 得

$$A(A\alpha) = \lambda(A\alpha) = \lambda^2\alpha, \text{即 } A^2\alpha = \lambda^2\alpha.$$

同理可得 $\qquad\qquad\qquad A^k\alpha = \lambda^k\alpha$.

因为 $\qquad\qquad\qquad A^k = 0, \alpha \neq 0$.

所以 $\lambda^k = 0$, 故 $\lambda = 0$, 即 A 的特征值全为零. 故应选(C).

例 5.8　设 A 是 n 阶实对称矩阵, P 是 n 阶可逆矩阵, 已知 n 维列向量 α 是 A 的属于特征值 λ 的特征向量, 则矩阵 $(P^{-1}AP)^T$ 属于特征值 λ 的一个特征向量是(　　).

(A) $P^{-1}\alpha$；　(B) $P^T\alpha$　(C) $P\alpha$；　(D) $(P^{-1})^T\alpha$.

解　由于 $(P^{-1}AP)^T P^T\alpha = P^T A^T (P^{-1})^T P^T\alpha = P^T A(P^T)^{-1} P^T\alpha = P^T A\alpha$, 已知 $A\alpha = \lambda\alpha$, 所以 $(P^{-1}AP)^T P^T\alpha = P^T\lambda\alpha = \lambda P^T\alpha$, 即矩阵 $(P^{-1}AP)^T$ 属于特征

值 λ 的特征向量为 $P^T\alpha$. 故应选(B).

例 5.9 已知 λ_1,λ_2 是 n 阶矩阵 A 的不同的特征值，α_1,α_2 分别是 λ_1,λ_2 的特征向量，则当（　　）时，$k_1\alpha_1+k_2\alpha_2$ 是 A 的特征向量.

(A) $k_1=0,k_2=0$；　　　　　(B) $k_1=0,k_2\neq0$；

(C) $k_1k_2=0$；　　　　　　　(D) $k_1k_2\neq0$.

解　若 $k_1=0,k_2=0$，则 $k_1\alpha_1+k_2\alpha_2=0$. 零向量不是特征向量，因此不应选择(A). 若 $k_1=0,k_2\neq0$，则 $k_1\alpha_1+k_2\alpha_2=k_2\alpha_2$ 是 A 属于 λ_2 的特征向量. 因此选择(B). 若 $k_1k_2=0$，可能导致(A)，即 $k_1=0,k_2=0$. 故应选(B).

例 5.10　设 A 是 3 阶方阵，$1,1,2$ 是 A 的 3 个特征值，对应的 3 个特征向量是 x_1,x_2,x_3，则（　　）.

(A) x_1,x_2,x_3 都是 $2I-A$ 的特征向量；

(B) x_1,x_2 是 $2I-A$ 的特征向量，x_3 不是 $2I-A$ 特征向量；

(C) x_2-x_3 是 $2I-A$ 的特征向量；

(D) $2x_1-x_2$ 是 $2I-A$ 的特征向量.

解　由已知　$Ax_i=\lambda_ix_i,i=1,2,3$. 可得
$$f(A)x_i=f(\lambda_i)x_i,$$
即当 x_i 为 A 的特征向量时，x_i 也是 $f(A)$ 的属于特征值 $f(x_i)$ 的特征向量. 所以由
$$(2I-A)x_i=(2-\lambda_i)x_i,$$
可知 $x_i(i=1,2,3)$ 是 $2I-A$ 的特征向量. 故(A)是对的，(B)是错的.

又因　$Ax_2=x_2,Ax_3=2x_3$，则
$$A(x_2-x_3)=x_2-2x_3\neq k(x_2-x_3),$$
故(C)也错. 而对于属于同一特征值 1 的特征向量 x_1,x_2，虽有
$$A(2x_1-x_2)=2x_1-x_2.$$
但因题设中，没说明 x_1 与 x_2 的关系，若它们线性无关，则 $2x_1-x_2\neq0$，从而上式说明它是 A 的特征向量（从而也是 $2I-A$ 的特征向量），但若 $2x_1=x_2$，则 $2x_1-x_2=0$，故它不是 A 的特征向量，从而 $2x_1-x_2$ 也不是 $2I-A$ 的特征向量. 故应选(A).

例 5.11　n 阶方阵 A 具有 n 个不同的特征值是 A 与对角阵相似的（　　）.

(A) 充分必要条件；　　　　(B) 充分而非必要条件；

(C) 必要而非充分条件；　　(D) 既非充分也非必要条件.

解　因为 n 阶方阵 A 有 n 个不同的特征值 $\lambda_1,\lambda_2,\cdots,\lambda_n$. 所以一定存在与之对应的 n 个线性无关的特征向量 $\xi_1,\xi_2,\cdots,\xi_n$. 从而 n 阶方阵 A 与对角阵相似，即 n 阶方阵 A 具有 n 个不同的特征值是 A 与对角阵相似的充分条件，但此非必要条件.

例如:取
$$p = \begin{bmatrix} 0 & 1 & 0 \\ \dfrac{1}{\sqrt{2}} & 0 & \dfrac{1}{\sqrt{2}} \\ \dfrac{1}{\sqrt{2}} & 0 & -\dfrac{1}{\sqrt{2}} \end{bmatrix}, A = \begin{bmatrix} 4 & 0 & 0 \\ 0 & 3 & 1 \\ 0 & 1 & 3 \end{bmatrix}.$$

容易验证
$$p^{-1}Ap = \begin{bmatrix} 4 & 0 & 0 \\ 0 & 4 & 0 \\ 0 & 0 & 2 \end{bmatrix},$$

即矩阵 A 与对角阵相似. 但 A 的特征值为 $\lambda_1 = 2, \lambda_2 = \lambda_3 = 4$, 由此可知, A 与对角阵相似, 推不出 A 的 n 个特征值一定互不相同, 故应选(B).

例 5.12　设 A, B 为 n 阶矩阵, 且 A 与 B 相似, E 为 n 阶单位矩阵, 则(　　).

(A) $\lambda E - A = \lambda E - B$;

(B) A 与 B 有相同的特征值和特征向量;

(C) A 与 B 都相似于一个对角矩阵;

(D) 对任意常数 $t, tE - A$ 与 $tE - B$ 相似.

解　由题设条件可知, 必存在可逆矩阵 P, 使 $P^{-1}AP = B$. 于是
$$P^{-1}(tE - A)P = tP^{-1}EP - P^{-1}AP = tE - B.$$
所以 $tE - A$ 与 $tE - B$ 相似. 故应读(D).

例 5.13　设 $\lambda = 2$ 是可逆矩阵 A 的一个特征值, 则矩阵 $E + \left(\dfrac{1}{2}A^3\right)^{-1}$ 有一个特征值等于(　　).

(A) $\dfrac{1}{4}$;　　(B) $\dfrac{5}{4}$;　　(C) 5;　　(D) $\dfrac{4}{5}$.

解　因 $\lambda = 2$ 为可逆阵 A 的一个特征值, 则 $\left(\dfrac{1}{2}A^3\right)^{-1}$ 的一个特征值为 $\dfrac{1}{4}$, 从而 $E + \left(\dfrac{1}{2}A^3\right)^{-1}$ 有一个特征值为 $1 + \dfrac{1}{4} = \dfrac{5}{4}$, 故应选(B).

例 5.14　设矩阵
$$A = \begin{bmatrix} 3 & 2 & 2 \\ 2 & 3 & 2 \\ 2 & 2 & 3 \end{bmatrix}, p = \begin{bmatrix} 0 & 1 & 0 \\ 1 & 0 & 1 \\ 0 & 0 & 1 \end{bmatrix}, B = p^{-1}A^* p.$$

求 $B + 2E$ 的特征值与特征向量, 其中 A^* 为 A 的伴随矩阵, E 为 3 阶单位矩阵.

解法一　因
$$B = p^{-1}A^* p = \begin{bmatrix} 0 & 1 & -1 \\ 1 & 0 & 0 \\ 0 & 0 & 1 \end{bmatrix} \begin{bmatrix} 5 & -2 & -2 \\ -2 & 5 & -2 \\ -2 & -2 & 5 \end{bmatrix} \begin{bmatrix} 0 & 1 & 0 \\ 1 & 0 & 1 \\ 0 & 0 & 1 \end{bmatrix} = \begin{bmatrix} 7 & 0 & 0 \\ -2 & 5 & -4 \\ -2 & -2 & 3 \end{bmatrix},$$

$$B + 2E = \begin{bmatrix} 9 & 0 & 0 \\ -2 & 7 & -4 \\ -2 & -2 & 5 \end{bmatrix},$$

于是 $|\lambda E - (B + 2E)| = \begin{vmatrix} \lambda - 9 & 0 & 0 \\ 2 & \lambda - 7 & 4 \\ 2 & 2 & \lambda - 5 \end{vmatrix} = (\lambda - 9)^2 (\lambda - 3).$

所以 $B + 2E$ 的特征值为 $\lambda_1 = \lambda_2 = 9, \lambda_3 = 3.$

当 $\lambda_1 = \lambda_2 = 9$ 时,解齐次线性方程组 $[(B + 2E) - 9E]X = 0,$由

$$7E - B = \begin{bmatrix} 0 & 0 & 0 \\ 2 & 2 & 4 \\ 2 & 2 & 4 \end{bmatrix} \rightarrow \begin{bmatrix} 1 & 1 & 2 \\ 0 & 0 & 0 \\ 0 & 0 & 0 \end{bmatrix}$$

得基础解系 $\qquad \alpha_1 = \begin{bmatrix} -1 \\ 1 \\ 0 \end{bmatrix}, \quad \alpha_2 = \begin{bmatrix} -2 \\ 0 \\ 1 \end{bmatrix}.$

所以,矩阵 $B + 2E$ 对应于 $\lambda_1 = \lambda_2 = 9$ 的全部特征向量为

$$k_1 \alpha_1 + k_2 \alpha_2 = k_1 \begin{bmatrix} -1 \\ 1 \\ 0 \end{bmatrix} + k_2 \begin{bmatrix} -2 \\ 0 \\ 1 \end{bmatrix},$$

k_1, k_2 为不为零的任意常数.

当 $\lambda_3 = 3$ 时,解齐次线性方程组 $[(B + 2E) - 3E]X = 0,$由

$$E - B = \begin{bmatrix} -6 & 0 & 0 \\ 2 & -4 & 4 \\ 2 & 2 & -2 \end{bmatrix} \rightarrow \begin{bmatrix} 1 & 0 & 0 \\ 0 & 1 & -1 \\ 0 & 0 & 0 \end{bmatrix}$$

得基础解系 $\qquad \alpha_3 = \begin{bmatrix} 0 \\ 1 \\ 1 \end{bmatrix}.$

所以,矩阵 $B + 2E$ 对应于 $\lambda_3 = 3$ 的全部特征向量为 $k_3 \alpha_3 = k_3 \begin{bmatrix} 0 \\ 1 \\ 1 \end{bmatrix}, k_3$ 为不

为零的任意常数.

解法二 设 A 的特征值为 λ,对应的特征向量为 α,即 $A\alpha = \lambda \alpha.$

由于 $\quad |A| = 7 \neq 0,$所以 $\quad \lambda \neq 0.$

又因 $\quad A^* A = |A| E,$故 $A^* \alpha = \dfrac{|A|}{\lambda} \alpha.$

于是 $\qquad B(P^{-1} \alpha) = P^{-1} A^* P(P^{-1} \alpha) = \dfrac{|A|}{\lambda}(P^{-1} \alpha),$

$$(B + 2E) P^{-1} \alpha = \left(\dfrac{|A|}{\lambda} + 2 \right) P^{-1} \alpha,$$

因此 $\dfrac{|A|}{\lambda} + 2$ 是矩阵 $B + 2E$ 的特征值,对应的特征向量为 $P^{-1}\alpha$.

由于 $|\lambda E - A| = \begin{vmatrix} \lambda - 3 & -2 & -2 \\ -2 & \lambda - 3 & -2 \\ -2 & -2 & \lambda - 3 \end{vmatrix} = (\lambda - 1)^2 (\lambda - 7)$,

故 A 的特征值为　$\lambda_1 = \lambda_2 = 1, \lambda_3 = 7$.

当 $\lambda_1 = \lambda_2 = 1$ 时,对应的特征向量为

$$\alpha_1 = \begin{bmatrix} -1 \\ 1 \\ 0 \end{bmatrix}, \quad \alpha_2 = \begin{bmatrix} -1 \\ 0 \\ 1 \end{bmatrix}.$$

当 $\lambda_3 = 7$ 时,对应的特征向量为 $\alpha_3 = \begin{bmatrix} 1 \\ 1 \\ 1 \end{bmatrix}$.

因为　　　　　　　　$P^{-1} = \begin{bmatrix} 0 & 1 & -1 \\ 1 & 0 & 0 \\ 0 & 0 & 1 \end{bmatrix}$

所以　　　　$P^{-1}\alpha_1 = \begin{bmatrix} 1 \\ -1 \\ 0 \end{bmatrix}, \quad P^{-1}\alpha_2 = \begin{bmatrix} -1 \\ -1 \\ 1 \end{bmatrix}, \quad P^{-1}\alpha_3 = \begin{bmatrix} 0 \\ 1 \\ 0 \end{bmatrix}.$

因为,矩阵 $B + 2E$ 的三个特征值分别为 $9, 9, 3$.

对应于特征值 9 的全部特征向量为

$$k_1 P^{-1}\alpha_1 + k_2 P^{-1}\alpha_2 = k_1 \begin{bmatrix} 1 \\ -1 \\ 0 \end{bmatrix} + k_2 \begin{bmatrix} -1 \\ -1 \\ 1 \end{bmatrix},$$

k_1, k_2 为不全为零的任意常数.

对应于特征值 3 的全部特征向量为

$$k_3 P^{-1}\alpha_3 = k_3 \begin{bmatrix} 0 \\ 1 \\ 1 \end{bmatrix},$$

k_3 为不全为零的任意常数.

注:求矩阵的特征值与特征向量的一般步骤如下:

(1) 计算 A 的特征多项式 $f(\lambda) = |A - \lambda E|$;

(2) 求特征方程 $f(A) = |A - \lambda E| = 0$ 的全部根 $\lambda_1, \lambda_2, \cdots, \lambda_n$,它们就是 A 的全部特征值;

(3) 对于 A 的每一个特征值 λ_i,求出齐次线性方程组 $(A - \lambda_i E)X = 0$ 一个基础解系,它就是 A 的对应 λ_i 的特征向量.

例 5.15　　有 4 阶方阵 A 满足条件 $|\sqrt{2}E + A| = 0, AA^T = 2E, |A| < 0$,

其中 E 是 4 阶单位阵,求方阵 A 的伴随矩阵 A^* 的一个特征值.

解　由 $|A+\sqrt{2}E|=|A-(-\sqrt{2})E|=0$,得 A 的一个特征值 $\lambda=-\sqrt{2}$. 又由已知条件,有

$$|AA^T|=|2E|=2^4|E|=16,\quad|AA^T|=|A||A^T|=|A|^2=16.$$

由于 $|A|<0$,所以 $|A|=-4$. 且 A 可逆.

设 A 的属于特征值 $\lambda=-\sqrt{2}$ 的特征向量为 α,则 $A\alpha=-\sqrt{2}\alpha$. 由此得

$$A^{-1}A\alpha=(-\sqrt{2})A^{-1}\alpha.$$

由于 $A^{-1}\alpha=-\dfrac{1}{\sqrt{2}}\alpha$,知 $-\dfrac{1}{\sqrt{2}}$ 是 A^{-1} 的特征值. 因为

$$A^*\alpha=|A|A^{-1}\alpha=(-4)\left(-\frac{1}{\sqrt{2}}\alpha\right)=2\sqrt{2}\alpha,$$

所以 A^* 有特征值 $2\sqrt{2}$.

例 5.16　已知三阶矩阵 A 的特征值为 $1,-1,2$,设矩阵 $B=A^3-5A^2$,求:

(1) 矩阵 B 的特征值及其相似对角阵;

(2) 行列式 $|B|$ 及 $|A-5E|$.

解　(1) 设 A 的特征值为 λ,对应的特征向量为 α,则

$$A\alpha=\lambda\alpha$$
$$A^2\alpha=\lambda(A\alpha)=\lambda^2\alpha,$$
$$A^3\alpha=\lambda^2(A\alpha)=\lambda^3\alpha,$$

于是 $B\alpha=(A^3-5A^2)\alpha=A^3\alpha-5A^2\alpha=(\lambda^3-5\lambda^2)\alpha$. 因此,矩阵 B 的特征值为 $\lambda^3-5\lambda^2$.

令 $\lambda=1,-1,2$,可得 B 的特征值为 $-4,-6,-12$.

所以,矩阵 B 的相似对角阵为 $\quad\Lambda=\begin{bmatrix}-4&0&0\\0&-6&0\\0&0&-12\end{bmatrix}$.

(2) 由于 $p^{-1}Bp=\Lambda$, $|p^{-1}Bp|=|\Lambda|$. 而 $|p^{-1}||p|=1$,故

$$|B|=\begin{vmatrix}-4&0&0\\0&-6&0\\0&0&-12\end{vmatrix}=-288.$$

因为 $(A-5E)\alpha=A\alpha-5E\alpha=\lambda\alpha-5\alpha=(\lambda-5)\alpha$,所以 $A-5E$ 的特征值为 $\lambda-5$.

由于 A 的特征值为 $1,-1,2$,所以 $A-5E$ 的特征值为 $-4,-6,-3$,于是可求得

$$|A-5E|=(-4)(-3)(-6)=-72.$$

例 5.17　已知方阵 $A=\begin{bmatrix}1&-1&1\\2&-2&2\\-1&1&-1\end{bmatrix}$,求 A^k.

解法一　因　$A = \begin{bmatrix} 1 \\ 2 \\ -1 \end{bmatrix} (1, -1, 1) = \alpha\beta^T$，而 $\beta^T\alpha = -2$，故

$$A^k = \left[\begin{bmatrix} 1 \\ 2 \\ -1 \end{bmatrix} (1, -1, 1) \right]^k = \left[(1, -1, 1) \begin{bmatrix} 1 \\ 2 \\ -1 \end{bmatrix} \right]^{k-1} \alpha\beta^T = (-2)^{k-1} A.$$

解法二　由于 $|\lambda I - A| = \begin{vmatrix} \lambda - 1 & 1 & -1 \\ -2 & \lambda + 2 & -2 \\ 1 & -1 & \lambda + 1 \end{vmatrix} = \lambda^2(\lambda + 2)$，

故 $\lambda_1 = 0, \lambda_2 = 0, \lambda_3 = -2.$

当 $\lambda_1 = \lambda_2 = 0$ 时，解方程组 $(A - 0E)X = 0$ 得到基础解系

$$\alpha_1 = \begin{bmatrix} 1 \\ 1 \\ 0 \end{bmatrix}, \quad \alpha_2 = \begin{bmatrix} -1 \\ 0 \\ 1 \end{bmatrix},$$

当 $\lambda_3 = -2$ 时，解方程 $(A + 2E)X = 0$ 组得到基础解系

$$\alpha_3 = \begin{bmatrix} -1 \\ -2 \\ 1 \end{bmatrix},$$

令

$$P = \begin{bmatrix} 1 & -1 & -1 \\ 1 & 0 & -2 \\ 0 & 1 & 1 \end{bmatrix},$$

则有

$$P^{-1}AP = \begin{bmatrix} 0 & & \\ & 0 & \\ & & -2 \end{bmatrix} = \Lambda.$$

故　$A^k = P\Lambda^k P^{-1} = \begin{bmatrix} 1 & -1 & -1 \\ 1 & 0 & -2 \\ 0 & 1 & 1 \end{bmatrix} \begin{bmatrix} 0 & 0 & 0 \\ 0 & 0 & 0 \\ 0 & 0 & -2 \end{bmatrix}^k \begin{bmatrix} 1 & -1 & -1 \\ 1 & 0 & -2 \\ 0 & 1 & 1 \end{bmatrix}^{-1}$

$$= \begin{bmatrix} 1 & -1 & -1 \\ 1 & 0 & -2 \\ 0 & 1 & 1 \end{bmatrix} \begin{bmatrix} 0 & & \\ & 0 & \\ & & (-2)^k \end{bmatrix} (0, 0, 1) \begin{bmatrix} 1 & -1 & -1 \\ 1 & 0 & -2 \\ 0 & 1 & 1 \end{bmatrix}^{-1}$$

$$= \begin{bmatrix} -1 \\ -2 \\ 1 \end{bmatrix} (-2)^k \frac{1}{2} (1, -1, 1) = (-2)^{k-1} A.$$

例 5.18　矩阵 A 与 B 相似，且

$$A = \begin{bmatrix} 1 & -1 & 1 \\ 2 & 4 & -2 \\ -3 & -3 & a \end{bmatrix}, B = \begin{bmatrix} 2 & 0 & 0 \\ 0 & 2 & 0 \\ 0 & 0 & b \end{bmatrix}.$$

（1）求 a,b 的值；

（2）求可逆矩阵 P，使 $P^{-1}AP = B$.

解 矩阵 A 的特征多项式为

$$|\lambda E - A| = \begin{bmatrix} \lambda - 1 & 1 & -1 \\ -2 & \lambda - 4 & 2 \\ 3 & 3 & \lambda - a \end{bmatrix}$$

$$= (\lambda - 2)[\lambda^2 - (a+3)\lambda + 3(a-1)],$$

因为 A 与 B 相似，所以 A 与 B 有相同的特征值，$\lambda_1 = \lambda_2 = 2, \lambda_3 = b$.

由于 $\lambda_1 = \lambda_2 = 2$ 是 A 的二重特征值，所以 2 是方程

$$\lambda^2 - (a+3)\lambda + 3(a-1) = 0.$$

的根.把 2 代入上式，得 $a = 5$.再把 $a = 5$ 代入，有

$$\lambda^2 - 8\lambda + 12 = 0.$$

求得 $\lambda_3 = b = 6$.

（2）当 $\lambda_1 = \lambda_2 = 2$ 时，解方程组 $(A - 2E)X = 0$，得基础解系

$$\alpha_1 = \begin{bmatrix} -1 \\ 1 \\ 0 \end{bmatrix}, \alpha_2 = \begin{bmatrix} 1 \\ 0 \\ 1 \end{bmatrix}.$$

所以，矩阵 A 对应于 $\lambda_1 = \lambda_2 = 2$ 的特征向量为 $\alpha_1 = \begin{bmatrix} -1 \\ 1 \\ 0 \end{bmatrix}, \alpha_2 = \begin{bmatrix} 1 \\ 0 \\ 1 \end{bmatrix}$.

当 $\lambda_3 = 6$ 时.解方程组 $(A - 6E)X = 0$，得基础解系

$$\alpha_3 = \begin{bmatrix} 1 \\ -2 \\ 3 \end{bmatrix}.$$

所以，矩阵 A 对应于 $\lambda_3 = 6$ 的特征向量为 $\alpha_3 = \begin{bmatrix} 1 \\ -2 \\ 3 \end{bmatrix}$.

取 $P = \begin{bmatrix} -1 & 1 & 1 \\ 1 & 0 & -2 \\ 0 & 1 & 3 \end{bmatrix}, B = \begin{bmatrix} 2 & & \\ & 2 & \\ & & 6 \end{bmatrix},$

则有 $P^{-1}AP = B$.

例 5.19 判断下列矩阵 A 是否可对角化.若可以，求变换矩阵 P 及对角矩阵 Λ，使 $P^{-1}AP = \Lambda$

（1）$A = \begin{bmatrix} 1 & -1 & -2 \\ 2 & 2 & -2 \\ -2 & -1 & 1 \end{bmatrix}$;　　（2）$A = \begin{bmatrix} 1 & 0 & 0 \\ -2 & 5 & -2 \\ -2 & 4 & -1 \end{bmatrix}$;

$$(3)\ A = \begin{bmatrix} 3 & 0 & 1 \\ 4 & -2 & -8 \\ -4 & 0 & -1 \end{bmatrix};\qquad (4)\ A = \begin{bmatrix} 2 & 1 & 1 \\ 1 & 2 & 1 \\ 1 & 1 & 2 \end{bmatrix}.$$

解　(1) A 的特征多项式为

$$|A - \lambda E| = \begin{vmatrix} 1-\lambda & -1 & -2 \\ 2 & 2-\lambda & -2 \\ -2 & -1 & 1-\lambda \end{vmatrix} = \begin{vmatrix} \lambda+1 & 1 & 2 \\ 0 & \lambda-2 & 0 \\ 0 & 0 & \lambda-3 \end{vmatrix}$$

$$= (\lambda+1)(\lambda-2)(\lambda-3),$$

所以 A 的特征值为 $\lambda_1 = -1, \lambda_2 = 2, \lambda_3 = 3$. 由于 A 的 3 个特征值互异,故 A 可对角化.

当 $\lambda_1 = -1$ 时,解方程组 $(A+E)X = 0$,由

$$A + E = \begin{bmatrix} 2 & -1 & -2 \\ 2 & 3 & -2 \\ -2 & -1 & 2 \end{bmatrix} \rightarrow \begin{bmatrix} 1 & 0 & -1 \\ 0 & 1 & 0 \\ 0 & 0 & 0 \end{bmatrix}$$

得基础解系　$\xi_1 = \begin{bmatrix} 1 \\ 0 \\ 1 \end{bmatrix}$.

当 $\lambda_2 = 2$ 时,解方程组 $(A - 2E)X = 0$,由

$$A - 2E = \begin{bmatrix} -1 & -1 & -2 \\ 2 & 0 & -2 \\ -2 & -1 & -1 \end{bmatrix} \rightarrow \begin{bmatrix} 1 & 0 & -1 \\ 0 & 1 & 3 \\ 0 & 0 & 0 \end{bmatrix}$$

得基础解系　$\xi_2 = \begin{bmatrix} 1 \\ -3 \\ 1 \end{bmatrix}$.

当 $\lambda_3 = 3$ 时,解方程组 $(A - 3E)X = 0$,由

$$A - 3E = \begin{bmatrix} -2 & -1 & -2 \\ 2 & -1 & -2 \\ -2 & -1 & -2 \end{bmatrix} \rightarrow \begin{bmatrix} 1 & 0 & 0 \\ 0 & 1 & 2 \\ 0 & 0 & 0 \end{bmatrix}$$

得基础解系　$\xi_3 = \begin{bmatrix} 0 \\ -2 \\ 1 \end{bmatrix}$.

令　　　$P = [\xi_1, \xi_2, \xi_3] = \begin{bmatrix} 1 & 1 & 0 \\ 0 & -3 & -2 \\ 0 & 1 & 1 \end{bmatrix}, \Lambda = \begin{bmatrix} -1 & 0 & 0 \\ 0 & 2 & 0 \\ 0 & 0 & 3 \end{bmatrix}.$

则　　　　　　$P^{-1}AP = \begin{bmatrix} -1 & 0 & 0 \\ 0 & 2 & 0 \\ 0 & 0 & 3 \end{bmatrix}.$

(2) A 的特征多项式为 $|A-\lambda E| = \begin{vmatrix} 1-\lambda & 0 & 0 \\ -2 & 5-\lambda & -2 \\ -2 & 4 & -1-\lambda \end{vmatrix} = (\lambda-1)^2(\lambda-3)$.

所以 A 的特征值为 $\lambda_1 = \lambda_2 = 1, \lambda_3 = 3$.

当 $\lambda_1 = \lambda_2 = 1$ 时, 解方程组 $(A-E)X = 0$, 由

$$A-E = \begin{bmatrix} 0 & 0 & 0 \\ -2 & 4 & -2 \\ -2 & 4 & -2 \end{bmatrix} \rightarrow \begin{bmatrix} 0 & 0 & 0 \\ 1 & -2 & 1 \\ 0 & 0 & 0 \end{bmatrix}$$

得基础解系 $\quad\quad\quad\quad \xi_1 = \begin{bmatrix} 2 \\ 1 \\ 0 \end{bmatrix}, \quad \xi_2 = \begin{bmatrix} -1 \\ 0 \\ 1 \end{bmatrix}$.

当 $\lambda_3 = 3$ 时, 解方程组 $(A-3E)X = 0$, 由

$$A-3E = \begin{bmatrix} -2 & 0 & 0 \\ -2 & 2 & -2 \\ -2 & 4 & -4 \end{bmatrix} \rightarrow \begin{bmatrix} 1 & 0 & 0 \\ 0 & 1 & -1 \\ 0 & 0 & 0 \end{bmatrix}$$

得基础解系

$$\xi_3 = \begin{bmatrix} 0 \\ 1 \\ 1 \end{bmatrix}.$$

令 $\quad\quad P = (\xi_1, \xi_2, \xi_3) = \begin{bmatrix} 2 & -1 & 0 \\ 1 & 0 & 1 \\ 0 & 1 & 1 \end{bmatrix}, \quad \Lambda = \begin{bmatrix} 1 & 0 & 0 \\ 0 & 1 & 0 \\ 0 & 0 & 3 \end{bmatrix}$.

则 $\quad\quad\quad\quad P^{-1}AP = \begin{bmatrix} 1 & 0 & 0 \\ 0 & 1 & 0 \\ 0 & 0 & 3 \end{bmatrix}$.

(3) A 的特征多项式

$$|A-\lambda E| = \begin{vmatrix} 3-\lambda & 0 & 1 \\ 4 & -2-\lambda & -8 \\ -4 & 0 & -1-\lambda \end{vmatrix} = -(\lambda-1)^2(\lambda+2),$$

所以 A 的特征值为 $\lambda_1 = \lambda_2 = 1, \lambda_3 = -2$.

当 $\lambda_1 = \lambda_2 = 1$ 时, 解方程组 $(A-E)X = 0$, 由

$$A-E = \begin{bmatrix} 2 & 0 & 1 \\ 4 & -3 & -8 \\ -4 & 0 & -2 \end{bmatrix} \rightarrow \begin{bmatrix} 2 & 0 & 1 \\ 0 & -3 & -10 \\ 0 & 0 & 0 \end{bmatrix}$$

得基础解系 $\xi_1 = \begin{bmatrix} -3 \\ -20 \\ 6 \end{bmatrix}$. 因为对应于 $\lambda_1 = \lambda_2 = 1$ 只有一个线性无关的特征向

量 $\xi_1 = \begin{bmatrix} -3 \\ -20 \\ 6 \end{bmatrix}$,故 A 不可对角化.

(4) A 是实对称矩阵,必可对角化.

因　$|A - \lambda E| = \begin{vmatrix} 2-\lambda & 1 & 1 \\ 1 & 2-\lambda & 1 \\ 1 & 1 & 2-\lambda \end{vmatrix} = -(\lambda-1)^2(\lambda-4)$,

所以 A 的特征值为 $\lambda_1 = \lambda_2 = 1, \lambda_3 = 4$,对应的特征向量分别为

$$\xi_1 = \begin{bmatrix} -1 \\ 1 \\ 0 \end{bmatrix}, \xi_2 = \begin{bmatrix} -1 \\ 0 \\ 1 \end{bmatrix}, \xi_3 = \begin{bmatrix} 1 \\ 1 \\ 1 \end{bmatrix}.$$

令　　　　　$P = \begin{bmatrix} -1 & -1 & 1 \\ 1 & 0 & 1 \\ 0 & 1 & 1 \end{bmatrix}, \Lambda = \begin{bmatrix} 1 & 0 & 0 \\ 0 & 1 & 0 \\ 0 & 0 & 4 \end{bmatrix}.$

则　$P^{-1}AP = \Lambda.$

例 5.20　设矩阵

$$A = \begin{bmatrix} 1 & -1 & 1 \\ x & 4 & y \\ -3 & -3 & 5 \end{bmatrix},$$

已知 A 有三个线性无关的特征向量,$\lambda = 2$ 是 A 的二重特征值.试求可逆矩阵 P,使得 $P^{-1}AP$ 为对角矩阵.

解　因为 A 有三个线性无关的特征向量,$\lambda = 2$ 是 A 的二重特征值,所以 A 对应于 $\lambda = 2$ 的线性无关特征向量有两个,即 $R(A - 2E) = 1$.又

$$A - 2E = \begin{bmatrix} -1 & -1 & 1 \\ x & 2 & y \\ -3 & -3 & 3 \end{bmatrix} \rightarrow \begin{bmatrix} 1 & 1 & -1 \\ 0 & 2-x & y+x \\ 0 & 0 & 0 \end{bmatrix},$$

于是 $x = 2, y = -2$.此时可求得 $|A - \lambda E| = (\lambda-2)^2(\lambda-6)$,所以 A 的特征值为 $\lambda_1 = \lambda_2 = 2, \lambda_3 = 6$.

当 $\lambda_1 = \lambda_2 = 2$ 时,对应的两个线性无关的特征向量为

$$\xi_1 = \begin{bmatrix} -1 \\ 1 \\ 0 \end{bmatrix},$$

$$\xi_2 = \begin{bmatrix} 1 \\ 0 \\ 1 \end{bmatrix}.$$

当 $\lambda_3 = 6$ 时,对应的特征向量为　$\xi_3 = \begin{bmatrix} 1 \\ -2 \\ 3 \end{bmatrix}.$

令
$$P = \begin{bmatrix} -1 & 1 & 1 \\ 1 & 0 & -2 \\ 0 & 1 & 3 \end{bmatrix}, \Lambda = \begin{bmatrix} 2 & 0 & 0 \\ 0 & 2 & 0 \\ 0 & 0 & 6 \end{bmatrix}.$$

则
$$P^{-1}AP = \begin{bmatrix} 2 & 0 & 0 \\ 0 & 2 & 0 \\ 0 & 0 & 6 \end{bmatrix}.$$

例 5.21 设 2 阶方阵 A 的特征值为 $\lambda_1 = -1, \lambda_2 = 2$，对应的特征向量分别为 $\xi_1 = (1,2)^T, \xi_2 = (2,5)^T$.

(1) 求 A 及 $A^n (n = 2,3,\cdots)$；

(2) 将向量 $\beta = (4,5)^T$ 用向量组 ξ_1, ξ_2 线性表出，并求 $A^n\beta (n = 2,3,\cdots)$；

(3) 求行列式 $|A - 3E|$ 的值.

解 (1) 由于 $A_{2\times 2}$ 有 2 个互不相同的特征值，故 A 相似于对角矩阵.

令
$$P = (\xi_1, \xi_2) = \begin{bmatrix} 1 & 2 \\ 2 & 5 \end{bmatrix}, D = \begin{bmatrix} -1 & 0 \\ 0 & 2 \end{bmatrix},$$

则有 $P^{-1}AP = D$，故

$$A = PDP^{-1} = \begin{bmatrix} 1 & 2 \\ 2 & 5 \end{bmatrix} \begin{bmatrix} -1 & 0 \\ 0 & 2 \end{bmatrix} \begin{bmatrix} 5 & -2 \\ -2 & 1 \end{bmatrix} = \begin{bmatrix} -13 & 6 \\ -30 & 14 \end{bmatrix},$$

$$A^n = (PDP^{-1})(PDP^{-1})\cdots(PDP^{-1}) = PD^nP^{-1}$$

$$= \begin{bmatrix} 1 & 2 \\ 2 & 5 \end{bmatrix} \begin{bmatrix} (-1)^n & 0 \\ 0 & 2^n \end{bmatrix} \begin{bmatrix} 5 & -2 \\ -2 & 1 \end{bmatrix}$$

$$= \begin{bmatrix} 5(-1)^n - 2^{n+2} & 2(-1)^{n+1} + 2^{n+1} \\ 10(-1)^n - 5\times 2^{n+1} & 4(-1)^{n+1} + 5\times 2^n \end{bmatrix}. \tag{5.1}$$

(2) 设有一组数 k_1, k_2，使得 $k_1\xi_1 + k_2\xi_2 = \beta$，将此方程组的增广矩阵用初等行变换化为简化行阶梯形：

$$(\xi_1, \xi_2 \vdots \beta) = \begin{bmatrix} 1 & 2 & \vdots & 4 \\ 2 & 5 & \vdots & 5 \end{bmatrix} \rightarrow \begin{bmatrix} 1 & 2 & \vdots & 4 \\ 0 & 1 & \vdots & -3 \end{bmatrix} \rightarrow \begin{bmatrix} 1 & 0 & \vdots & 10 \\ 0 & 1 & \vdots & -3 \end{bmatrix}$$

得唯一解：$k_1 = 10, k_2 = -3$，所以

$$\beta = 10\xi_1 - 3\xi_2. \tag{5.2}$$

由于 $A\xi_i = \lambda_i\xi_i, A^n\xi_i = \lambda_i^n\xi_i (i = 1,2)$，用 A^n 左乘 (5.2) 式两端，得

$$A^n\beta = 10A^n\xi_1 - 3A^n\xi_2 = 10\lambda_1^n\xi_1 - 3\lambda_2^n\xi_2$$

$$= 10(-1)^n \begin{bmatrix} 1 \\ 2 \end{bmatrix} - 3\times 2^n \begin{bmatrix} 2 \\ 5 \end{bmatrix} = \begin{bmatrix} 10(-1)^n - 3\times 2^{n+1} \\ 20(-1)^n - 15\times 2^n \end{bmatrix}.$$

亦可用下面的方法求 $A^n\beta$：　由 (5.2) 式可得

$$\beta = (\xi_1, \xi_2) \begin{bmatrix} 10 \\ -3 \end{bmatrix} = P \begin{bmatrix} 10 \\ -3 \end{bmatrix},$$

由 (5.1) 知 $A^n = PD^nP^{-1}$，所以

$$A^n\beta = PD^nP^{-1}P \begin{bmatrix} 10 \\ -3 \end{bmatrix} = PD^n \begin{bmatrix} 10 \\ -3 \end{bmatrix} = \begin{bmatrix} 1 & 2 \\ 2 & 5 \end{bmatrix} \begin{bmatrix} (-1)^n & 0 \\ 0 & 2^n \end{bmatrix} \begin{bmatrix} 10 \\ -3 \end{bmatrix}$$

$$= \begin{bmatrix} 10(-1)^n - 3 \times 2^{n+1} \\ 20(-1)^n - 15 \times 2^n \end{bmatrix}.$$

(3) **解法一**　A 的全部特征值为 $-1, 2$，则 $(A - 3E)$ 的全部特征值为 -4，-1. 于是由特征值的性质得 $|A - 3E| = (-4) \times (-1) = 4$.

解法二 由 (1) 已得可逆矩阵 P，使得 $P^{-1}AP = \begin{bmatrix} -1 & 0 \\ 0 & 2 \end{bmatrix}$，故

$$P^{-1}(A - 3E)P = P^{-1}AP - 3P^{-1}EP = P^{-1}AP - 3E$$

$$= \begin{bmatrix} -1 & 0 \\ 0 & 2 \end{bmatrix} - \begin{bmatrix} 3 & 0 \\ 0 & 3 \end{bmatrix} = \begin{bmatrix} -4 & 0 \\ 0 & -1 \end{bmatrix},$$

由上式两端取行列式得　　　$|P^{-1}(A - 3E)P| = |A - 3E| = \begin{vmatrix} -4 & 0 \\ 0 & -1 \end{vmatrix} = 4$.

例 5.22　设三阶实对称阵 A 的特征值为 $\lambda_1 = -1, \lambda_2 = \lambda_3 = 1$，对应于 λ_1 的特征向量为

$$\alpha_1 = \begin{bmatrix} 0 \\ 1 \\ 1 \end{bmatrix},$$

求矩阵 A.

解法一　　设对应 $\lambda_2 = \lambda_3 = 1$ 的特征向量为

$$\alpha = \begin{bmatrix} x_1 \\ x_2 \\ x_3 \end{bmatrix},$$

它与特征向量 α_1 正交，即

$$(\alpha, \alpha_1) = 0x_1 + x_2 + x_3 = 0.$$

该齐次线性方程组的基础解系为

$$\alpha_2 = \begin{bmatrix} 1 \\ 0 \\ 0 \end{bmatrix}, \alpha_3 = \begin{bmatrix} 0 \\ 1 \\ -1 \end{bmatrix},$$

所以对应于 $\lambda_2 = \lambda_3 = 1$ 的特征向量为 $\alpha_2 = \begin{bmatrix} 1 \\ 0 \\ 0 \end{bmatrix}, \alpha_3 = \begin{bmatrix} 0 \\ 1 \\ -1 \end{bmatrix}$.

由于 $\alpha_1,\alpha_2,\alpha_3$ 两两正交,再将 $\alpha_1,\alpha_2,\alpha_3$ 单位化,得

$$\beta_1 = \frac{\alpha_1}{\parallel \alpha_1 \parallel} = \begin{bmatrix} 0 \\ \dfrac{1}{\sqrt{2}} \\ \dfrac{1}{\sqrt{2}} \end{bmatrix}, \quad \beta_2 = \frac{\alpha_2}{\parallel \alpha_2 \parallel} = \begin{bmatrix} 1 \\ 0 \\ 0 \end{bmatrix}, \quad \beta_3 = \frac{\alpha_3}{\parallel \alpha_3 \parallel} = \begin{bmatrix} 0 \\ \dfrac{1}{\sqrt{2}} \\ -\dfrac{1}{\sqrt{2}} \end{bmatrix}.$$

取 $\quad P = (\beta_1,\beta_2,\beta_3) = \begin{bmatrix} 0 & 1 & 0 \\ \dfrac{1}{\sqrt{2}} & 0 & \dfrac{1}{\sqrt{2}} \\ \dfrac{1}{\sqrt{2}} & 0 & -\dfrac{1}{\sqrt{2}} \end{bmatrix}, \quad \Lambda = \begin{bmatrix} -1 & 0 & 0 \\ 0 & 1 & 0 \\ 0 & 0 & 1 \end{bmatrix}.$

则 $\qquad\qquad\qquad\qquad\qquad P^{-1} = P^{T}.$

由于 $\qquad\qquad\qquad\qquad\qquad P^{-1}AP = \Lambda,$

所以 $\quad A = P\Lambda P^{-1} = P\Lambda P^{T} = \begin{bmatrix} 0 & 1 & 0 \\ \dfrac{1}{\sqrt{2}} & 0 & \dfrac{1}{\sqrt{2}} \\ \dfrac{1}{\sqrt{2}} & 0 & -\dfrac{1}{\sqrt{2}} \end{bmatrix} \begin{bmatrix} -1 & 0 & 0 \\ 0 & 1 & 0 \\ 0 & 0 & 1 \end{bmatrix} \begin{bmatrix} 0 & \dfrac{1}{\sqrt{2}} & \dfrac{1}{\sqrt{2}} \\ 1 & 0 & 0 \\ 0 & \dfrac{1}{\sqrt{2}} & -\dfrac{1}{\sqrt{2}} \end{bmatrix}$

$$= \begin{bmatrix} 1 & 0 & 0 \\ 0 & 0 & -1 \\ 0 & -1 & 0 \end{bmatrix}.$$

解法二 由解法一知,$\lambda_2 = \lambda_3 = 1$ 的特征向量为

$$\alpha_2 = \begin{bmatrix} 1 \\ 0 \\ 0 \end{bmatrix}, \quad \alpha_3 = \begin{bmatrix} 0 \\ 1 \\ -1 \end{bmatrix}.$$

取 $\quad P = (\alpha_1,\alpha_2,\alpha_3) = \begin{bmatrix} 0 & 1 & 0 \\ 1 & 0 & 1 \\ 1 & 0 & -1 \end{bmatrix}, \quad \Lambda = \begin{bmatrix} -1 & 0 & 0 \\ 0 & 1 & 0 \\ 0 & 0 & 1 \end{bmatrix}.$

则 $\qquad P^{-1}AP = \Lambda \quad 且\ P^{-1} = \begin{bmatrix} 0 & \dfrac{1}{2} & \dfrac{1}{2} \\ 1 & 0 & 0 \\ 0 & \dfrac{1}{2} & -\dfrac{1}{2} \end{bmatrix}.$

于是　　$A = P\Lambda P^{-1} = \begin{bmatrix} 0 & 1 & 0 \\ 1 & 0 & 1 \\ 1 & 0 & -1 \end{bmatrix} \begin{bmatrix} -1 & 0 & 0 \\ 0 & 1 & 0 \\ 0 & 0 & 1 \end{bmatrix} \begin{bmatrix} 0 & \frac{1}{2} & \frac{1}{2} \\ 1 & 0 & 0 \\ 0 & \frac{1}{2} & -\frac{1}{2} \end{bmatrix}$

$$= \begin{bmatrix} 1 & 0 & 0 \\ 0 & 0 & -1 \\ 0 & -1 & 0 \end{bmatrix}.$$

例 5.23　已知矩阵 $A = \begin{bmatrix} 1 & 1 & 1 \\ 1 & 3 & a \\ 1 & a & a \end{bmatrix}$ 的秩为 2,当 A 的特征值之和最小时,

求正交矩阵 P,使 $P^T A P$ 为对角矩阵.

解　对矩阵 A 施行初等行变换

$$\begin{bmatrix} 1 & 1 & 1 \\ 1 & 3 & a \\ 1 & a & a \end{bmatrix} \rightarrow \begin{bmatrix} 1 & 1 & 1 \\ 0 & 2 & a-1 \\ 0 & a-1 & a-1 \end{bmatrix} \rightarrow \begin{bmatrix} 1 & 1 & 1 \\ 0 & 2 & a-1 \\ 0 & a-3 & 0 \end{bmatrix}$$

因为 $R(A) = 2$,故 $a = 1$ 或 $a = 3$.

由于 $\lambda_1 + \lambda_2 + \lambda_3 = a_{11} + a_{22} + a_{33}$,要使 A 的特征值之和最小,必有 $a = 1$.

于是　　　　　　　　　　$A = \begin{bmatrix} 1 & 1 & 1 \\ 1 & 3 & 1 \\ 1 & 1 & 1 \end{bmatrix}.$

A 的特征多项式为

$$|A - \lambda E| = \begin{vmatrix} 1-\lambda & 1 & 1 \\ 1 & 3-\lambda & 1 \\ 1 & 1 & 1-\lambda \end{vmatrix} = \lambda(\lambda-1)(\lambda-4),$$

故 A 的特征值为 $\lambda_1 = 0, \lambda_2 = 1, \lambda_3 = 4$.

当 $\lambda_1 = 0$ 时,解方程组 $AX = 0$,由

$$A = \begin{bmatrix} 1 & 1 & 1 \\ 1 & 3 & 1 \\ 1 & 1 & 1 \end{bmatrix} \rightarrow \begin{bmatrix} 1 & 0 & 1 \\ 0 & 1 & 0 \\ 0 & 0 & 0 \end{bmatrix}$$

得特征向量 $\alpha_1 = \begin{bmatrix} 1 \\ 0 \\ -1 \end{bmatrix}$,　单位化 $P_1 = \begin{bmatrix} \frac{1}{\sqrt{2}} \\ 0 \\ -\frac{1}{\sqrt{2}} \end{bmatrix}$.

当 $\lambda_2 = 1$ 时, 解方程组 $(A-E)X=0$, 由

$$A-E = \begin{bmatrix} 0 & 1 & 1 \\ 1 & 2 & 1 \\ 1 & 1 & 0 \end{bmatrix} \rightarrow \begin{bmatrix} 1 & 0 & -1 \\ 0 & 1 & 1 \\ 0 & 0 & 0 \end{bmatrix}$$

得特征向量 $\quad \alpha_2 = \begin{bmatrix} 1 \\ -1 \\ 1 \end{bmatrix}$, 单位化 $P_2 = \begin{bmatrix} \dfrac{1}{\sqrt{3}} \\ -\dfrac{1}{\sqrt{3}} \\ \dfrac{1}{\sqrt{3}} \end{bmatrix}$.

当 $\lambda_3 = 4$ 时, 解方程组 $(A-4E)X=0$, 由

$$A-4E = \begin{bmatrix} -3 & 1 & 1 \\ 1 & -1 & 1 \\ 1 & 1 & -3 \end{bmatrix} \rightarrow \begin{bmatrix} 1 & 0 & -1 \\ 0 & 1 & -2 \\ 0 & 0 & 0 \end{bmatrix}$$

得特征向量

$$\alpha_3 = \begin{bmatrix} 1 \\ 2 \\ 1 \end{bmatrix}, \text{单位化} \quad P_3 = \begin{bmatrix} \dfrac{1}{\sqrt{6}} \\ \dfrac{2}{\sqrt{6}} \\ \dfrac{1}{\sqrt{6}} \end{bmatrix}.$$

于是得正交阵

$$P = (P_1, P_2, P_3) = \begin{bmatrix} \dfrac{1}{\sqrt{2}} & \dfrac{1}{\sqrt{3}} & \dfrac{1}{\sqrt{6}} \\ 0 & -\dfrac{1}{\sqrt{3}} & \dfrac{2}{\sqrt{6}} \\ -\dfrac{1}{\sqrt{2}} & \dfrac{1}{\sqrt{3}} & \dfrac{1}{\sqrt{6}} \end{bmatrix}.$$

且有 $\quad P^T AP = P^{-1}AP = \begin{bmatrix} 0 & 0 & 0 \\ 0 & 1 & 0 \\ 0 & 0 & 4 \end{bmatrix}.$

例 5.24　设 A 为三阶实对称矩阵, 且满足 $A^2 + 2A = 0$, 已知 A 的秩 $R(A) = 2$.

(1) 求 A 的全部特征值.

(2) 当 k 为何值时, 矩阵 $A+kE$ 为正定矩阵, 其中 E 为三阶单位矩阵.

解　(1) 设矩阵 A 的特征值为 λ, 对应的特征向量为 α, 则

$$A\alpha = \lambda\alpha, A^2\alpha = \lambda^2\alpha,$$

于是　　　　　　　　　　$(A^2 + 2A)\alpha = (\lambda^2 + 2\lambda)\alpha.$

由题设可知 $A^2 + 2A = 0$,所以 $(\lambda^2 + 2\lambda)\alpha = 0$. 由于 $\alpha \neq 0$. 故有
$$\lambda^2 + 2\lambda = 0,$$
解得 $\lambda = -2, \lambda = 0$.

因为实对称矩阵 A 必可对角化. 且 $R(A) = 2$,于是 A 相似于对角阵
$$\Lambda = \begin{bmatrix} -2 & 0 & 0 \\ 0 & -2 & 0 \\ 0 & 0 & 0 \end{bmatrix}.$$

因此,矩阵 A 的全部特征值为 $\lambda_1 = \lambda_2 = -2, \lambda_3 = 0$.

(2) 矩阵 $A + kE$ 仍为实对称矩阵,由(1)知 $A + kE$ 的全部特征值为
$$-2 + k, -2 + k, \quad k.$$
于是当 $k > 2$ 时,矩阵 $A + 2E$ 的全部特征值大于零,因此,矩阵 $A + kE$ 为正定矩阵.

例 5.25　已知矩阵 $A = \begin{bmatrix} 0 & -1 & 1 \\ 2 & -3 & 0 \\ 0 & 0 & 0 \end{bmatrix}$,

(1) 求 A^{99};

(2) 设 3 阶矩阵 $B = (\alpha_1, \alpha_2, \alpha_3)$ 满足 $B^2 = BA$,记 $B^{100} = (\beta_1, \beta_2, \beta_3)$,将 $\beta_1, \beta_2, \beta_3$ 分别表示为 $\alpha_1, \alpha_2, \alpha_3$ 的线性组合.

解

(1) 由于 $|A - \lambda E| = \begin{vmatrix} -\lambda & -1 & 1 \\ 2 & -3-\lambda & 0 \\ 0 & 0 & -\lambda \end{vmatrix} = -\lambda(\lambda+1)(\lambda+2) = 0$,所以

A 的特征值为 $\lambda_1 = 0, \lambda_2 = -1, \lambda_3 = -2$.

当 $\lambda_1 = 0$ 时,对应的特征向量为 $\xi_1 = \begin{bmatrix} 3 \\ 2 \\ 2 \end{bmatrix}$;

当 $\lambda_2 = -1$ 时,对应的特征向量为 $\xi_2 = \begin{bmatrix} 1 \\ 1 \\ 0 \end{bmatrix}$;

当 $\lambda_3 = -2$ 时,对应的特征向量为 $\xi_3 = \begin{bmatrix} 1 \\ 2 \\ 0 \end{bmatrix}$,

令 $P = \begin{bmatrix} 3 & 1 & 1 \\ 2 & 1 & 2 \\ 2 & 0 & 0 \end{bmatrix}$，由 $P^{-1}AP = \begin{bmatrix} 0 & 0 & 0 \\ 0 & -1 & 0 \\ 0 & 0 & -2 \end{bmatrix} = \Lambda$，得 $A = P\Lambda P^{-1}$，

所以

$$A^{99} = (P\Lambda P^{-1})(P\Lambda P^{-1})\cdots(P\Lambda P^{-1})$$

$$= P\Lambda^{99}P^{-1}$$

$$= \begin{bmatrix} 3 & 1 & 1 \\ 2 & 1 & 2 \\ 2 & 0 & 0 \end{bmatrix}\begin{bmatrix} 0 & 0 & 0 \\ 0 & -1 & 0 \\ 0 & 0 & -2 \end{bmatrix}^{99}\begin{bmatrix} 3 & 1 & 1 \\ 2 & 1 & 2 \\ 2 & 0 & 0 \end{bmatrix}^{-1}$$

$$= \begin{bmatrix} 3 & 1 & 1 \\ 2 & 1 & 2 \\ 2 & 0 & 0 \end{bmatrix}\begin{bmatrix} 0 & 0 & 0 \\ 0 & (-1)^{99} & 0 \\ 0 & 0 & (-2)^{99} \end{bmatrix}\begin{bmatrix} 0 & 0 & \dfrac{1}{2} \\ 2 & -1 & -2 \\ -1 & 1 & \dfrac{1}{2} \end{bmatrix}$$

$$= \begin{bmatrix} -2+2^{99} & 1-2^{99} & 2-2^{98} \\ -2+2^{100} & 1-2^{100} & 2-2^{99} \\ 0 & 0 & 0 \end{bmatrix}.$$

(2) $B^2 = BA, B^3 = BB^2 = B^2A = BA^2 \cdots \Rightarrow B^{100} = BA^{99}$

$B^{100} = (\beta_1, \beta_2, \beta_3) = (\alpha_1, \alpha_2, \alpha_3)A^{99}$

$$= (\alpha_1, \alpha_2, \alpha_3)\begin{bmatrix} -2+2^{99} & 1-2^{99} & 2-2^{98} \\ -2+2^{100} & 1-2^{100} & 2-2^{99} \\ 0 & 0 & 0 \end{bmatrix},$$

故

$$\beta_1 = (-2+2^{99})\alpha_1 + (-2+2^{100})\alpha_2,$$
$$\beta_2 = (1-2^{99})\alpha_1 + (1-2^{100})\alpha_2,$$
$$\beta_3 = (2-2^{98})\alpha_1 + (2-2^{99})\alpha_2.$$

例 5.26　设 A 为 3 阶实对称矩阵，A 的秩为 2，且 $A\begin{bmatrix} 1 & 1 \\ 0 & 0 \\ -1 & 1 \end{bmatrix} = \begin{bmatrix} -1 & 1 \\ 0 & 0 \\ 1 & 1 \end{bmatrix}$.

(1) 求 A 的所有特征值与特征向量；

(2) 求矩阵 A.

解　(1) 因 $R(A) = 2$ 知 $|A| = 0$，所以 $\lambda = 0$ 是 A 的特征值.

又因　　　　　$A\begin{bmatrix} 1 \\ 0 \\ -1 \end{bmatrix} = -\begin{bmatrix} 1 \\ 0 \\ -1 \end{bmatrix}$，　　$A\begin{bmatrix} 1 \\ 0 \\ 1 \end{bmatrix} = \begin{bmatrix} 1 \\ 0 \\ 1 \end{bmatrix}$.

所以 $\lambda = 1$ 是 A 的特征值，$\alpha_1 = \begin{bmatrix} 1 \\ 0 \\ 1 \end{bmatrix}$ 是 A 属于 $\lambda = 1$ 的特征向量，$\lambda = -1$ 是 A 的

特征值，$\alpha_2 = \begin{bmatrix} 1 \\ 0 \\ -1 \end{bmatrix}$ 是 A 属于 $\lambda = -1$ 的特征向量.

设 $\alpha_3 = \begin{bmatrix} x_1 \\ x_2 \\ x_3 \end{bmatrix}$ 是 A 属于特征值 $\lambda = 0$ 的特征向量，由于 A 为 3 阶实对称矩阵，

不同特征对应的特征向量相互正交，因此

$$(\alpha_1, \alpha_3) = x_1 + x_3 = 0, (\alpha_2, \alpha_3) = x_1 - x_3 = 0.$$

解出

$$\alpha_3 = \begin{bmatrix} 0 \\ 1 \\ 0 \end{bmatrix},$$

故矩阵 A 的特征值为 $1, -1, 0$；特征向量依次为

$$k_1 \begin{bmatrix} 1 \\ 0 \\ 1 \end{bmatrix}, \quad k_2 \begin{bmatrix} 1 \\ 0 \\ -1 \end{bmatrix}, \quad k_3 \begin{bmatrix} 0 \\ 1 \\ 0 \end{bmatrix}.$$

其中 k_1, k_2, k_3 均不为零的任意常数.

（2）由 $A(\alpha_1, \alpha_2, \alpha_3) = (\alpha_1, -\alpha_2, 0)$ 可得

$A = (\alpha_1, -\alpha_2, 0)(\alpha_1, \alpha_2, \alpha_3)^{-1}$

$$= \begin{bmatrix} 1 & -1 & 0 \\ 0 & 0 & 0 \\ 1 & 1 & 0 \end{bmatrix} \begin{bmatrix} 1 & 1 & 0 \\ 0 & 0 & 1 \\ 1 & -1 & 0 \end{bmatrix}^{-1}$$

$$= \begin{bmatrix} 1 & -1 & 0 \\ 0 & 0 & 0 \\ 1 & 1 & 0 \end{bmatrix} \begin{bmatrix} \dfrac{1}{2} & 0 & \dfrac{1}{2} \\ \dfrac{1}{2} & 0 & -\dfrac{1}{2} \\ 0 & 1 & 0 \end{bmatrix} = \begin{bmatrix} 0 & 0 & 1 \\ 0 & 0 & 0 \\ 1 & 0 & 0 \end{bmatrix}.$$

例 5.27　设 n 阶矩阵 $A = (a_{ij})$ 特征值为 $\lambda_1, \lambda_2, \cdots, \lambda_n$，试证：

（1）$\lambda_1 + \lambda_2 + \cdots + \lambda_n = a_{11} + a_{22} + \cdots + a_{nn}$；

（2）$\lambda_1 \lambda_2 \cdots \lambda_n = |A|$.

证　设 A 的特征多项式为

$$f(\lambda) = |A - \lambda E| = \begin{vmatrix} a_{11} - \lambda & a_{12} - 0 & \cdots & a_{1n} - 0 \\ a_{21} - 0 & a_{22} - \lambda & \cdots & a_{2n} - 0 \\ \vdots & \vdots & & \vdots \\ a_{n1} - 0 & a_{n2} - 0 & \cdots & a_{nn} - \lambda \end{vmatrix}$$

$$= (-1)^n \lambda^n + a_1 \lambda^{n-1} + \cdots + a_{n-1}\lambda + a_n. \tag{5.3}$$

则 $|A - \lambda E|$ 可折成 2^n 个行列式之和,其中含 λ^{n-1} 的行列式共有 n 个. 它们是:

$$\begin{vmatrix} a_{11} & 0 & 0 & \cdots & 0 \\ a_{21} & -\lambda & 0 & \cdots & 0 \\ a_{31} & 0 & -\lambda & \cdots & 0 \\ \vdots & \vdots & \vdots & & \vdots \\ a_{n1} & 0 & 0 & \cdots & -\lambda \end{vmatrix}, \begin{vmatrix} -\lambda & a_{12} & 0 & \cdots & 0 \\ 0 & a_{22} & 0 & \cdots & 0 \\ 0 & a_{32} & -\lambda & \cdots & 0 \\ \vdots & \vdots & \vdots & & \vdots \\ 0 & a_{n2} & 0 & \cdots & -\lambda \end{vmatrix}, \cdots,$$

$$\begin{vmatrix} -\lambda & 0 & 0 & \cdots & a_{1n} \\ 0 & -\lambda & 0 & \cdots & a_{2n} \\ 0 & 0 & -\lambda & \cdots & a_{3n} \\ \vdots & \vdots & \vdots & & \vdots \\ 0 & 0 & 0 & \cdots & a_{nn} \end{vmatrix}.$$

这 n 个行列式之和为

$$(-1)^{n-1}(a_{11} + a_{22} + \cdots + a_{nn})\lambda^{n-1},$$

(5.3) 式中 $a_1 = (-1)^{n-1}(a_{11} + a_{22} + \cdots + a_{nn})$,令 $\lambda = 0$,得

$$a_n = |A - 0E| = |A|.$$

由题设知 A 的 n 个特征值为 $\lambda_1, \lambda_2, \cdots, \lambda_n$,即 $f(\lambda) = 0$ 的 n 个根为 $\lambda_1, \lambda_2, \cdots, \lambda_n$.

故　$f(\lambda) = (\lambda_1 - \lambda)(\lambda_2 - \lambda)\cdots(\lambda_n - \lambda)$

$$= (-1)^n \lambda^n + (-1)^{n-1}(\lambda_1 + \lambda_2 + \cdots + \lambda_n)\lambda^{n-1} + \cdots + \lambda_1 \lambda_2 \cdots \lambda_n.$$

$$\tag{5.4}$$

(5.3) 式与(5.4) 式比较 λ^{n-1} 系数为常数项,得

$$(-1)^{n-1}(a_{11} + a_{22} + \cdots + a_{nn}) = a_1 = (-1)^{n-1}(\lambda_1 + \lambda_2 + \cdots + \lambda_n),$$

$$|A| = a_n = \lambda_1 \lambda_2 \cdots \lambda_n,$$

于是,有

$$\lambda_1 + \lambda_2 + \cdots + \lambda_n = a_{11} + a_{22} + \cdots + a_{nn},$$

$$|A| = a_n = \lambda_1 \lambda_2 \cdots \lambda_n.$$

例 5.28　设 A 是 $2m + 1$ 阶正交矩阵,且 $|A| = 1$,证明:1 是 A 的一个特征值.

证　因 $|A - E| = |A - A^T A| = |(E - A^T)A| = |E - A^T||A|$

$$= | E - A^T | = | E - A |$$
$$= (-1)^{2m+1} | A - E | = - | A - E |,$$

所以 $| A - E | = 0$,即 1 是 A 的一个特征值.

例 5.29　试证:n 阶方阵

$$A = a^2 \begin{vmatrix} 1 & \rho & \rho & \cdots & \rho \\ \rho & 1 & \rho & \cdots & \rho \\ \vdots & \vdots & \vdots & & \vdots \\ \rho & \rho & \rho & \cdots & \rho \\ \rho & \rho & \rho & \cdots & 1 \end{vmatrix}$$

的最大特征值是 $\lambda_1 = a^2[1 + (n-1)\rho]$,其中 $0 < \rho < 1$.

证明　A 的特征多项式为

$$| A - \lambda E | = \begin{vmatrix} a^2 - \lambda & a^2\rho & a^2\rho & \cdots & a^2\rho \\ a^2\rho & a^2 - \lambda & a^2\rho & \cdots & a^2\rho \\ \vdots & \vdots & \vdots & & \vdots \\ a^2\rho & a^2\rho & a^2\rho & \cdots & a^2 - \lambda \end{vmatrix}$$
$$= (\lambda - a^2 + a^2\rho)^{n-1} [\lambda - a^2 + (1-n)a^2\rho],$$

于是 A 的特征值为

$$\lambda_1 = a^2[1 + (n-1)\rho], \lambda_2 = \lambda_3 - \cdots = \lambda_n = a^2(1-\rho).$$

由于 $0 < \rho < 1, a^2 > 0$,故 $\lambda_1 > \lambda_2 = \lambda_3 = \cdots = \lambda_n$,即 $\lambda_1 = a^2[1 + (n-1)\rho]$ 为 A 的最大特征值.

例 5.30　设 A, B 均为 n 阶方阵,A 的 n 个特征值两两互异,若 n 阶方阵 A 的特征向量总是 B 的特征向量,试证 $AB = BA$.

证　设 $p_1, p_2, \cdots, p_n$ 是分别对应 A 的特征值 $\lambda_1, \lambda_2, \cdots, \lambda_n$ 的特征向量,则 $p_1, p_2, \cdots, p_n$ 线性无关.因此,矩阵 $P = [p_1, p_2, \cdots, p_n]$ 可逆,且有

$$AP = P \begin{bmatrix} \lambda_1 & & & \\ & \lambda_2 & & \\ & & \ddots & \\ & & & \lambda_n \end{bmatrix},$$

由条件可知　$Bp_i = \mu_i p_i$　$(i = 1, 2, \cdots, n)$,其中 μ_i 是的对应于 p_i 的特征值.故

$$BP = P \begin{bmatrix} \mu_1 & & & \\ & \mu_2 & & \\ & & \ddots & \\ & & & \mu_n \end{bmatrix},$$

于是 $\quad BAP = BP\begin{bmatrix} \lambda_i & & & \\ & \lambda_2 & & \\ & & \ddots & \\ & & & \lambda_n \end{bmatrix}$

$$= P\begin{bmatrix} \mu_1 & & & \\ & \mu_2 & & \\ & & \ddots & \\ & & & \mu_n \end{bmatrix}\begin{bmatrix} \lambda_1 & & & \\ & \lambda_2 & & \\ & & \ddots & \\ & & & \lambda_n \end{bmatrix}$$

$$= P\begin{bmatrix} \lambda & & & \\ & \lambda_2 & & \\ & & \ddots & \\ & & & \lambda_n \end{bmatrix}\begin{bmatrix} \mu_1 & & & \\ & \mu_2 & & \\ & & \ddots & \\ & & & \mu_n \end{bmatrix}$$

$$= AP\begin{bmatrix} \mu_1 & & & \\ & \mu_2 & & \\ & & \ddots & \\ & & & \mu_n \end{bmatrix} = ABP.$$

两边右乘 P^{-1}, 得 $AB = BA$.

例 5.31 设有三个非零的 n 阶 $(n \geqslant 3)$ 方阵, A_1, A_2, A_3, 满足 $A_i^2 = A_i$ $(i = 1, 2, 3)$, 且 $A_i A_j = 0 (i \neq j, j = 1, 2, 3)$. 试证:

(1) $A_i (i = 1, 2, 3)$ 的特征值有且仅有 0 和 1;

(2) A_i 的对应于特征值 1 的特征向量是 A_j 的对应于特征值 0 的特征向量;

(3) 若 $\alpha_1, \alpha_2, \alpha_3$ 分别为 A_1, A_2, A_3 的对应于特征值 1 的特征向量, 则向量组 $\alpha_1, \alpha_2, \alpha_3$ 线性无关.

证明 (1) 设 λ_i 为 A_i 的任意特征值, 则有非零向量 x_i 使得
$$A_i x_i = \lambda_i x_i, i = 1, 2, 3.$$
两边左乘 A_i, 得
$$A_i^2 x_i = \lambda_i (A_i x_i) = \lambda_i (\lambda_i x_i) = \lambda_i^2 x_i.$$
因 $A_i^2 = A_i$, 有 $\quad \lambda_i^2 x_i = \lambda_i x_i, i = 1, 2, 3.$ 即 $(\lambda_i^2 - \lambda_i) x_i = 0$, 由于 $x_i \neq 0$. 故 $\lambda_i^2 - \lambda_i = 0$. 所以 $\lambda_i = 0$ 或 $\lambda_i = 1$.

下面证明 0 和 1 都是矩阵 A_i 的特征值.

因为 $\qquad\qquad A_i^2 = A_i \quad (i = 1, 2, 3.),$

所以 $A_i (A_i - E) = 0, (A_i - E) A_i = 0.$

由题设 $A_i A_j = 0, A_i \neq E$, 即 $A_i - E \neq 0.$

由 $A_i(A_i - E) = 0$，即齐次线性方程组 $A_i x = 0$ 有非零解. 因此 $|A_i| = 0$，即 $|A_i - 0E| = 0$. 从而 0 是 A_i 的特征值.

由 $(A_i - E)A_i = 0$ 知 A_i 的列向量都是齐次线性方程组 $(A_i - E)x = 0$ 的解向量. 因为 $A_i \neq 0$，所以 $(A_i - E)x = 0$ 有非零解. 从而 $|A_i - 1E| = 0$，即 1 是 A_i 的特征值.

（2）设 A_i 的对应于特征值 1 的特征向量为 x_i，即

$$A_i x_i = x_i, i = 1, 2, 3.$$

两端左乘 A_j，得 $A_j A_i x_i = A_j x_i$，$(i \neq j, i = 1, 2, 3)$. 即 $0 = A_j x_i$ 或 $A_j x_j = 0 \cdot x_i$. 故 x_i 是 A_j 的对应于特征值 0 的特征向量.

（3）设有实数 k_1, k_2, k_3，使

$$k_1 \alpha_1 + k_2 \alpha_2 + k_3 \alpha_3 = 0$$

两端左乘 A_1 得

$$k_1 A_1 \alpha_1 + k_2 A_1 \alpha_2 + k_3 A_1 \alpha_3 = 0, \tag{5.5}$$

由（2）知，α_2, α_3 是 A_1 的对应于特征值 0 的特征向量，而

$$A_1 \alpha_2 = 0 \cdot \alpha_2, \quad A_1 \alpha_3 = 0 \cdot \alpha_3, \quad A_1 \alpha_1 = 1 \alpha_1.$$

所以(5.5)式为　$k_1 \alpha_1 = 0$. 因为 $\alpha_2 \neq 0$，所以　$k_1 = 0$.

同理可证 $k_2 = k_3 = 0$，于是 $\alpha_1, \alpha_2, \alpha_3$ 线性无关.

习 题 五

(一) 填空题

1. n 阶方阵若有 n 个不相同的特征值，则与一个_____相似.

2. n 阶单位阵的全部特征根为_____;特征向量为_____.

3. A 与 B 相似，则 $|A|$ _____ $|B|$.

4. 设 λ_1, λ_2 是实对称矩阵 A 的两个特征值，p_1, p_2 是对应的特征向量，当 $\lambda_1 \neq \lambda_2$ 时，p_1 与 p_2 _____.

5. 设 λ_0 是 $n(n > 2)$ 阶方阵 A 的特征值，则秩$(A - \lambda_0 E)$ _____ n.

6. 设 λ_0 是矩阵 A 的一个特征值，且 $|A| \neq 0$，则 λ_0 _____，且 λ_0^{-1} 是矩阵_____的一个特征值.

7. 设 λ_0 是矩阵 A 的特征值，K 是非零实数，则 $K\lambda_0$ 是矩阵_____的特征值;λ_0^2 是矩阵_____的特征值;$\lambda_0^2 - 3\lambda_0 + 2$ 是矩阵_____的特征值.

8. 设 $A = (a_{ij})$ 为 n 阶方阵，当 n 个特征值 $\lambda_1, \lambda_2, \cdots, \lambda_n$ _____ 时，则对应的 n 个特征向量必定是线性无关的. 且 $\lambda_1 + \lambda_2 + \cdots + \lambda_n = $ _____，$\lambda_1 \lambda_2 \cdots \lambda_n$ _____.

9. 设 A 为 n 阶矩阵，$|A| \neq 0, A^*$ 为 A 的伴随矩阵，E 为 n 阶单位阵. 若 A 有特征值 λ，则 $(A^*)^2 + E$ 必有特征值_____.

10. 矩阵 $A = \begin{bmatrix} 1 & 1 & 1 & 1 \\ 1 & 1 & 1 & 1 \\ 1 & 1 & 1 & 1 \\ 1 & 1 & 1 & 1 \end{bmatrix}$ 的非零特征值是_____.

(二) 选择题

1. 设 A 是 n 阶矩阵,如果 $|A| = 0$,则 A 的特征值( ).

    (A) 全是零;   (B) 全不是零;

    (C) 至少有一个是零   (D) 可以是任意数.

2. 设 n 阶矩阵 A 有 s 个不同的特征值:$\lambda_1, \lambda_2, \cdots, \lambda_s$,而且秩$(\lambda_i E - A) = n - r_i, i = 1, 2,$ $\cdots, s$. 如果 A 与对角矩阵相似,则( ).

    (A) $\sum\limits_{i=1}^{s} r_i = n$;   (B) $\sum\limits_{i=1}^{s} r_i \neq n$;   (C) $\sum\limits_{i=1}^{s} r_i \geqslant n$;   (D) $\sum\limits_{i=1}^{s} r_i \leqslant n$.

3. 设 $\alpha_1, \alpha_2, \cdots, \alpha_m$ 都是矩阵 A 的属于 λ_0 的特征向量,则( ).

    (A) $\alpha_1, \cdots, \alpha_m$ 的任意线性组合都是 A 的特征向量;

    (B) $\alpha_1, \cdots, \alpha_m$ 的任意线性组合都不是 A 的特征向量;

    (C) 当 $k_1 \alpha_1 + \cdots + k_m \alpha_m \neq 0$ 时,是 A 的特征向量,否则不是;

    (D) 只有当 $k_1 \alpha_1 + \cdots + k_m \alpha_m = 0$ 时,才是 A 的特征向量.

4. 两相似矩阵的特征多项式( ).

    (A) 是相同的;   (B) 有时是相同的;

    (C) 是不相同的;   (D) 的根都是实数.

5. 设 A 与 B 同为 n 阶方阵,若 A 与 B 相似,则下述论断错误的是( ).

    (A) 存在 n 阶矩阵 M,且 $|M| \neq 0$,并有 $MB = AM$;

    (B) A 与 B 有相同的特征值;

    (C) $|\lambda E - A| = |\lambda E - B|$;

    (D) A 与 B 均可对角化.

6. $P^{-1} A P = B$,则 A 和 B 的关系是( ).

    (A) 相似;   (B) 互为逆阵;   (C) 正交;   (D) 等价.

7. 设 A 为 n 阶可逆矩阵,λ 是 A 的一个特征根,则 A 的伴随矩阵 A^* 的特征根之一是( ).

    (A) $\lambda^{-1} |A|^n$;   (B) $\lambda^{-1} |A|$;   (C) $\lambda |A|$;   (D) $\lambda |A|^n$.

8. 设 λ_0 是 n 阶矩阵 A 的特征值,且齐次线性方程组 $(\lambda_0 E - A) X = 0$ 的基础解系为 η_1, η_2,则 A 的属于 λ_0 的全部特征向量是( ).

    (A) η_1 和 η_2;   (B) η_1 或 η_2;

    (C) $C_1 \eta_1 + C_2 \eta_2 (C_1, C_2$ 全不为零);   (D) $C_1 \eta_1 + C_2 \eta_2 (C_1, C_2$ 不全为零).

9. 设 $\lambda = 2$ 是非奇异矩阵 A 的一个特征值,则矩阵 $\left[\dfrac{1}{3} A^2 \right]^{-1}$ 有一特征值等于( ).

    (A) $\dfrac{4}{3}$;   (B) $\dfrac{3}{4}$;   (C) $\dfrac{1}{2}$;   (D) $-\dfrac{1}{4}$.

(三) 计算题

1. 求矩阵 $A = \begin{bmatrix} 3 & 1 & 0 \\ -4 & -1 & 0 \\ 4 & -8 & -2 \end{bmatrix}$ 的特征值、特征向量.

2. 设 $A = \begin{bmatrix} 2 & 0 & 0 \\ 1 & 2 & -1 \\ 1 & 0 & 1 \end{bmatrix}, k \in N$, 求 A^k.

3. 已知三阶方阵 A 的特征值为 $\lambda_1 = 1, \lambda_2 = 2, \lambda_3 = 5$, 对应的特征向量为 $p_1 = (0, 1, -1)^T, p_2 = (1, 0, 0)^T, p_3 = (0, 1, 1)^T$, 求 A.

4. 求与向量 $\alpha = (1, 0, 3), \beta = (1, 3, -2)$ 都正交的一个单位向量 γ.

5. 设有二矩阵: $A = \begin{bmatrix} a & 0 & b \\ 0 & 1 & 0 \\ b & 0 & a \end{bmatrix}, B = \begin{bmatrix} 0 & 0 & 0 \\ 0 & 1 & 0 \\ 0 & 0 & 2 \end{bmatrix}$, 若 A 与 B 相似, 试求 a 与 b 之值.

6. 求出矩阵 $A = \begin{bmatrix} 1 & 2 & 2 \\ 2 & 1 & 2 \\ 2 & 2 & 1 \end{bmatrix}$ 的全部特征值和对应的特征向量, 并判别 A 能否对角化. 若能, 求可逆矩阵 P, 使 $P^{-1}AP$ 成对角矩阵.

7. 已知矩阵 $A = \begin{bmatrix} 2 & 0 & 0 \\ 0 & 0 & 1 \\ 0 & 1 & x \end{bmatrix}$ 与 $B = \begin{bmatrix} 2 & 0 & 0 \\ 0 & y & 0 \\ 0 & 0 & -1 \end{bmatrix}$ 相似:

(1) 求 x 与 y; (2) 求一个满足 $P^{-1}AP = B$ 的可逆矩阵 P.

8. 设三阶矩阵 A 的特征值为 $\lambda_1 = 1, \lambda_2 = 2, \lambda_3 = 3$, 对应的特征向量依次为

$$\xi_1 = \begin{bmatrix} 1 \\ 1 \\ 1 \end{bmatrix}, \xi_2 = \begin{bmatrix} 1 \\ 2 \\ 4 \end{bmatrix}, \xi_3 = \begin{bmatrix} 1 \\ 3 \\ 9 \end{bmatrix}, 又向量 \beta = \begin{bmatrix} 1 \\ 1 \\ 3 \end{bmatrix}.$$

(1) 将 β 用 ξ_1, ξ_2, ξ_3 线性表出; (2) 求 $A^n\beta$ (n 为自然数).

9. 设 $A = \begin{bmatrix} -1 & 2 & 2 \\ 2 & -1 & -2 \\ 2 & -2 & -1 \end{bmatrix}$

(1) 试求矩阵 A 的特征值;

(2) 利用 (1) 小题的结果, 求矩阵 $E + A^{-1}$ 的特征值, 其中 E 是 3 阶单位矩阵.

10. 设矩阵 $A = \begin{bmatrix} 0 & 1 & 0 & 0 \\ 1 & 0 & 0 & 0 \\ 0 & 0 & y & 1 \\ 0 & 0 & 1 & 2 \end{bmatrix}$

(1) 已知 A 的一个特征值为 3, 试求 y; (2) 求矩阵 P, 使 $(AP)^T(AP)$ 为对角矩阵.

11. 设有 4 阶方阵 A 满足条件 $|3E + A| = 0, AA^T = 2E, |A| < 0$, 其中 E 是 4 阶单位阵. 求方阵 A 的伴随矩阵 A^* 的一个特征值.

12. 设 3 阶实对称矩阵 A 的特征值是 $1,2,3$;矩阵 A 的属于特征值 $1,2$ 的特征向量分别是 $\alpha_1 = (-1, -1, 1)^T, \alpha_2 = (1, -2, -1)^T$.

(1) 求 A 的属于特征值 3 的特征向量;(2) 求矩阵 A.

(四) 证明题

1.(1) 若 A 为正交矩阵,试证 A^2 也是正交矩阵;(2) 若 A 与 B 相似,试证 A^2 与 B^2 也相似.

2. 设 A,B 都是 n 阶矩阵,证明 AB 与 BA 有相同的特征多项式.

3. 证明:若 $\alpha_1, \alpha_2, \cdots, \alpha_s$ 是 A 的属于特征值 λ_0 的线性无关特征向量,则对任意一组不全为零的数 $k_1, k_2, \cdots, k_s$ 有 $k_1\alpha_1 + k_2\alpha_2 + \cdots + k_s\alpha_s$ 也是 A 的属于 λ_0 的特征向量.

4. 设 A 为 n 阶矩阵,试证齐次线性方程组 $AX = 0$ 有非零解的充分必要条件是 A 有零特征根.

5. 若 $A^2 = A$,证明 A 的特征值只能是 0 或 1.

6. 证明:实对称矩阵 A 的特征值的绝对值均为 1,则 A 为正交矩阵.

7. 假设 λ 为 n 阶可逆矩阵 A 的一个特征值,证明:

(1) $\dfrac{1}{\lambda}$ 为 A^{-1} 的特征值;(2) $\dfrac{|A|}{\lambda}$ 为 A 的伴随矩阵 A^* 的特征值.

8. 设 n 阶矩阵 A 满足 $A^3 + 2A^2 - A - 2E = 0$,证明 A 相似于对角矩阵.

第六章 二次型

1. 理解矩阵的特征值和特征向量的概念及性质,会求矩阵的特征值和特征向量.

2. 理解相似矩阵的概念、性质及矩阵可相似对角化的充分必要条件.掌握用相似变换化矩阵为对角矩阵的方法.

3. 掌握实对称矩阵的特征值和特征向量的性质.

一、基本概念与理论

(一) 二次型的概念

定义 6.1 含有 n 个变量 $x_1, x_2, \cdots, x_n$ 的二次齐次多项式
$$f(x_1, x_2, \cdots, x_n)$$
$$\begin{aligned} = a_{11}x_1^2 &+ 2a_{12}x_1x_2 + 2a_{13}x_1x_3 + \cdots + 2a_{1n}x_1x_n \\ &+ a_{22}x_2^2 + 2a_{23}x_2x_3 + \cdots + 2a_{2n}x_2x_n \\ &+ a_{33}x_3^2 + \cdots + 2a_{3n}x_3x_n \\ &\qquad \cdots\cdots \\ &\qquad\qquad + a_{nn}x_n^2 \end{aligned}$$

称为 n 元二次型,简称二次型.

令 $X = \begin{bmatrix} x_1 \\ x_2 \\ \vdots \\ x_n \end{bmatrix}$, $\quad X^T = (x_1, x_2, \cdots, x_n)$, $\quad a_{ij} = a_{ij}(i,j = 1,2,\cdots,n)$.

则 $f(x_1,x_2,\cdots,x_n) = (x_1,x_2,\cdots,x_n) \begin{bmatrix} a_{11} & a_{12} & \cdots & a_{1n} \\ a_{21} & a_{22} & \cdots & a_{2n} \\ \vdots & \vdots & & \vdots \\ a_{n1} & a_{n2} & \cdots & a_{nn} \end{bmatrix} \begin{bmatrix} x_1 \\ x_2 \\ \vdots \\ x_n \end{bmatrix} = X^T A X$,

其中对称矩阵 A 称为二次型 f 的矩阵, A 的秩称为二次型 f 的秩.

(二) 二次型的标准形

当二次型 f 的矩阵 A 是对角矩阵时, 与它对应的二次型形式如下:

$$f(x_1,x_2,\cdots,x_n) = (x_1,x_2,\cdots,x_n) \begin{bmatrix} d_1 & & & \\ & d_2 & & \\ & & \ddots & \\ & & & d_n \end{bmatrix} \begin{bmatrix} x_1 \\ x_2 \\ \vdots \\ x_n \end{bmatrix}$$

$$= d_1 x_1^2 + d_2 x_2^2 + \cdots + d_n x_n^2 \tag{6.1}$$

(6.1) 形式的二次型称为二次型的标准形.

设有两组变量 $x_1, x_2, \cdots, x_n$ 和 $y_1, y_2, \cdots, y_n$, 且满足

$$\begin{cases} x_1 = c_{11} y_1 + c_{12} y_2 + \cdots + c_{1n} y_n \\ x_2 = c_{21} y_1 + c_{22} y_2 + \cdots + c_{2n} y_n \\ \cdots\cdots \\ x_n = c_{n1} y_1 + c_{n2} y_2 + \cdots + c_{nn} y_n \end{cases} \quad 或 \quad X = CY,$$

则称为由 X 到 Y 的一个线性变换. 若 C 为可逆矩阵, 则称线性变换为可逆(或满秩, 非退化) 线性变换; 若 C 为正交阵, 则称线性变换为正交变换.

定理 6.1　对于任意 n 元实二次型, 总可以经过可逆线性变换 $X = CY$ 化为标准形, 即

$$f(x_1,x_2,\cdots,x_n) = X^T A X = d_1 y_1^2 + d_2 y_2^2 + \cdots + d_r y_r^2,$$

其中 $R(A) = r$ 是二次型 f 的秩.

定理 6.2　对于任意 n 元实二次型

$$f(x_1,x_2,\cdots,x_n) = X^T A X$$

总存在正交变换 $X = PY$, 使 f 化为标准形

$$f(x_1,x_2,\cdots,x_n) = X^T A X = \lambda_1 y_1^2 + \lambda_2 y_2^2 + \cdots + \lambda_n y_n^2$$

其中 $\lambda_1,\lambda_2,\cdots,\lambda_n$ 是 f 的矩阵 A 的特征值.

(三) 二次型的规范形和惯性定律

将二次型 f 化为标准形后,通过重新安排变量次序(也是一个非退化线性替换) 可化为形式

$$d_1 y_1^2 + d_2 y_2^2 + \cdots + d_p y_p^2 - d_{p+1} y_{p+1}^2 - d_{p+2} y_{p+2}^2 - \cdots - d_r y_r^2,$$

其中 $d_i > 0(i = 1,2,\cdots,r),r$ 是二次型 f 的秩.

再作线性替换 $\begin{cases} y_i = \dfrac{1}{\sqrt{d_i}} u_i & i = 1,2,\cdots,r, \\ y_i = u_i & i = r+1,r+2,\cdots,n. \end{cases}$

即可化标准形为

$$u_1^2 + u_2^2 + \cdots + u_p^2 - u_{p+1}^2 - \cdots - u_r^2.$$

这种形式称为实二次型 f 的规范形.

定理6.3　(惯性定理)设有实二次型 $f = X^T A X$ 它的秩为 r,有两个实的可逆变换 $X = CY$ 及 $X = PZ$,使

$$f = k_1 y_1^2 + k_2 y_2^2 + \cdots + k_r y_r^2 \qquad k_i \neq 0$$

及

$$f = \lambda_1 z_1^2 + \lambda_2 z_2^2 + \cdots + \lambda_r z_r^2 \qquad \lambda_i \neq 0,$$

则 $k_1,k_2,\cdots,k_r$ 中正数的个数与 $\lambda_1,\lambda_2,\cdots,\lambda_r$ 中正数的个数相等.

定义6.2　在实二次型 f 的规范形中,正平方项的个数 p 称为 f 的正惯性指数,负平方项的个数 $r-p$ 称为二次型 f 的负惯性指数,它们的差 $p-(r-p)$ 称为 f 的符号差.

(四) 正定二次型和正定矩阵

定义6.3　设实二次型 $f(x_1,x_2,\cdots,x_n) = X^T A X$,如果对任意一组不全为零的数 $c_1,c_2,\cdots,c_n$ 都有 $f(c_1,c_2,\cdots,c_n) > 0$,则称二次型 $f(x_1,x_2,\cdots,x_n) = X^T A X$ 为正定二次型,并称对称阵 A 是正定矩阵;若对于任意一组为全为零的数 $c_1,c_2,\cdots,c_n$ 都有 $f(c_1,c_2,\cdots,c_n) < 0$,则称二次型 $f(x_1,x_2,\cdots,x_n) = X^T A X$ 为负定二次型,并称对称阵 A 是负定矩阵.

定理6.4　n 元实二次型 $f = X^T A X$ 正定的充分必要条件是它的标准形的 n 个系数全为正.

定理6.5　实对称阵 A 为正定的充要条件是 A 的特征值全为正.

定理6.6　实对称阵 A 为正定的充要条件是 A 的各阶顺序主子式都为

正，即

$$a_{11} > 0, \begin{vmatrix} a_{11} & a_{12} \\ a_{21} & a_{22} \end{vmatrix} > 0, \cdots, \begin{vmatrix} a_{11} & a_{12} & \cdots & a_{1n} \\ a_{21} & a_{22} & \cdots & a_{2n} \\ \vdots & \vdots & & \vdots \\ a_{n1} & a_{n2} & \cdots & a_{nn} \end{vmatrix} > 0.$$

实对称矩阵 A 为负定的充要条件是奇数阶顺序主子式为负，而偶数阶顺序主子式为正，即

$$(-1)^r \begin{vmatrix} a_{11} & a_{12} & \cdots & a_{1r} \\ a_{21} & a_{22} & \cdots & a_{2r} \\ \vdots & \vdots & & \vdots \\ a_{r1} & a_{r2} & \cdots & a_{rr} \end{vmatrix} > 0, (r = 1, 2, \cdots, n).$$

正定矩阵具有如下性质：

(1) 设 A 为正定实对称阵，则 A^T, A^{-1}, A^* 均为正定矩阵.

(2) 设 A, B 均为 n 阶正定矩阵，则 $A + B$ 也是正定矩阵.

(五) 矩阵的合同

定义 6.4　设 A, B 为两个 n 阶方阵，若存在 n 阶可逆阵 P，使得

$$P^T A P = B,$$

则称矩阵 A 与 B 合同，记为 $A \simeq B$.

矩阵的合同关系具有以下性质：

(1) 反身性　　任意 n 阶矩阵 A 都与自己合同.

(2) 对称性　　若 A 与 B 合同，则 B 与 A 合同.

(3) 传递性　　若 A 与 B 合同，而 B 与 C 合同，则 A 与 C 合同.

(4) 若 A 与 B 合同，则 $R(A) = R(B)$.

(5) 若 A 为实对称矩阵，则 A 一定与对角阵合同.

二、基本题型与解题方法

例 6.1　已知实二次型

$$f(x_1, x_2, x_3) = a(x_1^2 + x_2^2 + x_3^2) + 4x_1x_2 + 4x_1x_3 + 4x_2x_3$$

经过正交变换 $X = PY$ 可化成标准形 $f = 6y_1^2$，则 $a = \underline{\hspace{3em}}$.

解　f 的矩阵为

$$\begin{bmatrix} a & 2 & 2 \\ 2 & a & 2 \\ 2 & 2 & a \end{bmatrix}$$

此矩阵的特征值分别为 $a+4, a-2, a-2$. 由题设可知 $a+4=6, a-2=0$, 故 $a=2$(或主对角线元素之和等于特征之和, 所以 $3a=6, a=2$).

例 6.2 二次型

$$f(x_1, x_2, x_3) = 2x_1^2 + x_2^2 + x_3^2 + 2x_1x_2 + tx_2x_3$$

是正定的, 则 t 的取值范围是 _____.

解 二次型矩阵 $A = \begin{bmatrix} 2 & 1 & 0 \\ 1 & 1 & \dfrac{t}{2} \\ 0 & \dfrac{t}{2} & 1 \end{bmatrix}$, f 为正定的充要条件是顺序主子式全

为正, 即

$$|2| = 2 > 0, \quad \begin{vmatrix} 2 & 1 \\ 1 & 1 \end{vmatrix} = 1 > 0, \quad \begin{vmatrix} 2 & 1 & 0 \\ 1 & 1 & \dfrac{t}{2} \\ 0 & \dfrac{t}{2} & 1 \end{vmatrix} = 1 - \dfrac{t^2}{2} > 0.$$

解之得 $-\sqrt{2} < t < \sqrt{2}$.

例 6.3 设 A 为实对称阵, 且 $|A| \neq 0$, 把二次型 $f = X^T A X$ 化为 $f = Y^T A^{-1} Y$ 的线性变换是 X _____ Y.

解 令 $X = A^{-1}Y$, 则 $X^T = Y^T(A^{-1})^T = Y^T(A^T)^{-1} = Y^T A^{-1}$, 即

$$f = X^T A X = (Y^T A^{-1}) A (A^{-1} Y) = Y^T (A^{-1} A A^{-1}) Y = Y^T A^{-1} Y.$$

所以应填 "$= A^{-1}$".

例 6.4 设二次型 $f(x_1, x_2, x_3) = 2x_1 x_2 + 3x_3^2$, 则其正、负惯性指数 r, s 分别为( ).

(A) $r = 1, s = 2$;　　　　　　(B) $r = 2, s = 0$;

(C) $r = 2, s = 1$;　　　　　　(D) $r = 1, s = 1$.

解 令 $\begin{cases} x_1 = y_1 + y_2, \\ x_2 = y_1 - y_2, \\ x_3 = y_3. \end{cases}$

则 $\quad f(x_1, x_2, x_3) = 2x_1 x_2 + 3x_3^2$

$$= 2(y_1 + y_2)(y_1 - y_2) + 3y_3^2$$

$$= 2y_1^2 - 2y_2^2 + 3y_3^2,$$

所以, $r = 2, s = 1.$ 故应选(C).

例 6.5 如果 A, B 都是 n 阶正定实矩阵,则 AB 一定是(　　).

(A) 实对称矩阵; (B) 正交矩阵;

(C) 正定矩阵; (D) 可逆矩阵.

解 因 A, B 都是 n 阶正定矩阵,则 $A^T = A, B^T = B$,但 $(AB)^T = B^T A^T = BA$,所以 AB 不一定是实对称矩阵,从而也不一定是正定矩阵. A, B 是正定矩阵,不能推出 AB 是正交矩阵.因此(A),(B),(C) 均不成立.而由 A, B 是正定矩阵知 $|A| \neq 0, |B| \neq 0$,所以 $|AB| = |A||B| \neq 0$,即 AB 是可逆矩阵.故选(D).

例 6.6 设 $A = \begin{bmatrix} 1 & 1 & 1 & 1 \\ 1 & 1 & 1 & 1 \\ 1 & 1 & 1 & 1 \\ 1 & 1 & 1 & 1 \end{bmatrix} B = \begin{bmatrix} 4 & 0 & 0 & 0 \\ 0 & 0 & 0 & 0 \\ 0 & 0 & 0 & 0 \\ 0 & 0 & 0 & 0 \end{bmatrix}$,则 A 与 B(　　).

(A) 合同且相似; (B) 合同但不相似;

(C) 不合同且相似; (D) 不合同不相似.

解 因为 A 的特征多项式为 $|A - \lambda E| = \lambda^3 (\lambda - 4)$,所以 A 的特征值为
$$\lambda_1 = 4, \lambda_2 = \lambda_3 = \lambda_4 = 0.$$
又因 A 为 4 阶实对称矩阵,所以必存在正交矩阵 P,使

$$P^{-1} A P = \begin{bmatrix} 4 & 0 & 0 & 0 \\ 0 & 0 & 0 & 0 \\ 0 & 0 & 0 & 0 \\ 0 & 0 & 0 & 0 \end{bmatrix},$$

所以 A 与 B 相似.由于 $P^{-1} = P^T$,有 $P^T A P = B$,因此 A 与 B 合同.故应选(A).

例 6.7 设 A, B 都是 n 阶正定实对称阵,则以下结论正确的为(　　).

(A) AB 的特征值必是负数; (B) AB 的特征值必小于等于零;

(C) AB 的特征值都是正实数; (D) AB 的特征值可正可负.

解 因 A, B 都是正定实对称阵,故必存在可逆方阵 P, Q 使得 $A = P^T P, B = Q^T Q$ 于是 $AB = P^T P Q^T Q = P^T P Q^T Q P^T (P^T)^{-1} = P^T (P Q^T Q P^T)(P^T)^{-1}$,故 AB 相似于 $P Q^T Q P^T$,而方阵 $P Q^T Q P^T = (Q P^T)^T Q P^T$ 是正定实对称阵,故其特征值为正,所以 AB 的特征值也为正.故应选(C).

例 6.8 如果 n 阶实对称矩阵 A 的特征值为 $\lambda_1, \lambda_2, \cdots, \lambda_n$,则当 t(　　) 时, $A - tE$ 为正定矩阵.

(A) $< \min\{\lambda_1, \lambda_2, \cdots, \lambda_n\}$; (B) $> \min\{\lambda_1, \lambda_2, \cdots, \lambda_n\}$;

(C) $< \max\{\lambda_1, \lambda_2, \cdots, \lambda_n\}$; (D) $> \max\{\lambda_1, \lambda_2, \cdots, \lambda_n\}$.

解　设 A 的特征值 $\lambda_1,\lambda_2,\cdots,\lambda_n$，因为 A 是实对称矩阵，所以一定存在正交矩阵 P，使

$$P^{-1}AP = \Lambda = \begin{bmatrix} \lambda_1 & & & \\ & \lambda_2 & & \\ & & \ddots & \\ & & & \lambda_n \end{bmatrix},$$

对于任意非零向量 $X = (x_1,x_2,\cdots,x_n)^T$，令 $Y = P^{-1}X$，其中 $Y = (y_1,y_2,\cdots,y_n)^T$，$X = PY$. 于是

$$f = X^T(A-tE)X = Y^TP^T(A-tE)PY = Y^TP^{-1}(A-tE)PY$$
$$= Y^T(P^{-1}AP - tP^{-1}EP)Y = Y^T(\Lambda - tE)Y$$

$$= Y^T \begin{bmatrix} \lambda_1-t & & & \\ & \lambda_2-t & & \\ & & \ddots & \\ & & & \lambda_n-t \end{bmatrix} Y$$

$$= (\lambda_1-t)y_1^2 + (\lambda_2-t)y_2^2 + \cdots + (\lambda_n-t)y_n^2.$$

若 $t < \min\{\lambda_1,\lambda_2,\cdots,\lambda_n\}$，则 $\lambda_i - t > 0,(i=1,2,\cdots,n)$ 二次型正定，矩阵 $A - tE$ 也正定，故应选(A).

例 6.9　设二次型 $f(x_1,x_2,x_3)$ 在正交变换 $X = PY$ 下的标准形为 $2y_1^2 + y_2^2 - y_3^2$，其中 $P = (e_1,e_2,e_3)$，若 $Q = (e_1,-e_3,e_2)$，则 $f(x_1,x_2,x_3)$ 在正交变换 $X = QY$ 下的标准形为

(A) $2y_1^2 - y_2^2 + y_3^2$；　　　　　　(B) $2y_1^2 + y_2^2 - y_3^2$；

(C) $2y_1^2 - y_2^2 - y_3^2$；　　　　　　(D) $2y_1^2 + y_2^2 + y_3^2$.

解　因 $f(x_1,x_2,x_3) = X^TAX = Y^T(P^TAP)Y = 2y_1^2 + y_2^2 - y_3^2$，

$$P^TAP = \begin{bmatrix} 2 & 0 & 0 \\ 0 & 1 & 0 \\ 0 & 0 & -1 \end{bmatrix},$$

而

$$Q = P \begin{bmatrix} 1 & 0 & 0 \\ 0 & 0 & 1 \\ 0 & -1 & 0 \end{bmatrix} = PB,$$

所以

$$Q^TAQ = (PB)^TA(PB) = B^T(P^TAP)B$$

$$= \begin{bmatrix} 1 & 0 & 0 \\ 0 & 0 & -1 \\ 0 & 1 & 0 \end{bmatrix} \begin{bmatrix} 2 & 0 & 0 \\ 0 & 1 & 0 \\ 0 & 0 & -1 \end{bmatrix} \begin{bmatrix} 1 & 0 & 0 \\ 0 & 0 & 1 \\ 0 & -1 & 0 \end{bmatrix}$$

$$= \begin{bmatrix} 2 & 0 & 0 \\ 0 & -1 & 0 \\ 0 & 0 & 1 \end{bmatrix}.$$

故 $f(x_1, x_2, x_3) = X^T A X = Y^T(Q^T A Q)Y = 2y_1^2 - y_2^2 + y_3^2$，应选 A.

例 6.10 写出下列二次型的矩阵：

(1) $f(x_1, x_2, x_3, x_4) = x_1^2 + 3x_2^2 - 2x_3^2 + 4x_1x_2 - 2x_1x_3 + x_2x_3$；

(2) $f(x_1, x_2, x_3) = X^T \begin{bmatrix} 1 & 3 & 5 \\ 2 & 4 & 6 \\ 7 & 8 & 5 \end{bmatrix} X$；

(3) $f(x_1, x_2, x_3) = (a_1x_1 + a_2x_2 + a_3x_3)^2$.

解 (1) 因 f 是一个 4 元二次型，其矩阵为

$$A = \begin{bmatrix} 1 & 2 & -1 & 0 \\ 2 & 3 & \dfrac{1}{2} & 0 \\ -1 & \dfrac{1}{2} & -2 & 0 \\ 0 & 0 & 0 & 0 \end{bmatrix}.$$

(2) 由于 $\begin{bmatrix} 1 & 3 & 5 \\ 2 & 4 & 6 \\ 7 & 8 & 5 \end{bmatrix}$ 不是对称矩阵，将二次型 f 展开后重新写出二次型的矩

阵为

$$A = \begin{bmatrix} 1 & \dfrac{5}{2} & 6 \\ \dfrac{5}{2} & 4 & 7 \\ 6 & 7 & 5 \end{bmatrix}.$$

(3) 因 $f(x_1, x_2, x_3) = (x_1, x_2, x_3) \begin{bmatrix} a_1 \\ a_2 \\ a_3 \end{bmatrix} [a_1, a_2, a_3] \begin{bmatrix} x_1 \\ x_2 \\ x_3 \end{bmatrix}$

$$= (x_1, x_2, x_3) \begin{bmatrix} a_1^2 & a_1a_2 & a_1a_3 \\ a_1a_2 & a_2^2 & a_2a_3 \\ a_1a_3 & a_2a_3 & a_3^2 \end{bmatrix} \begin{bmatrix} x_1 \\ x_2 \\ x_3 \end{bmatrix},$$

所以二次型的矩阵为 $A = \begin{bmatrix} a_1^2 & a_1a_2 & a_1a_3 \\ a_1a_2 & a_2^2 & a_2a_3 \\ a_1a_3 & a_2a_3 & a_3^2 \end{bmatrix}$.

例 6.11　用非退化线性变换化实二次型

$$f(x_1, x_2, x_3) = 2x_1^2 + 4x_1x_2 - 4x_1x_3 + 5x_2^2 - 8x_2x_3 + 5x_3^2$$

为标准形,并写出非退化线性交换.

解法一　（正交变换法）二次型矩阵为 $\begin{bmatrix} 2 & 2 & -2 \\ 2 & 5 & -4 \\ -2 & -4 & 5 \end{bmatrix}$,由方程

$$|\lambda E - A| = \begin{vmatrix} \lambda-2 & -2 & 2 \\ -2 & \lambda-5 & 4 \\ 2 & 4 & \lambda-5 \end{vmatrix} = (\lambda-1)^2(\lambda-10) = 0$$

得 A 的特征值为 $\lambda_1 = \lambda_2 = 1, \lambda_3 = 10$.

对于 $\lambda_1 = \lambda_2 = 1$,求解齐次线性方程组 $(E-A)X = 0$,得基础解系

$$\alpha_1 = (-2, 1, 0)^T, \alpha_2 = (2, 0, 1)^T,$$

先正交化 $\beta_1 = \alpha_1 = (-2, 1, 0)^T$,

$$\beta_2 = \alpha_2 - \frac{(\alpha_2, \beta_1)}{(\beta_1, \beta_1)}\beta_1 = (2, 0, 1)^T + \frac{4}{5}(-2, 1, 0)^T = \left(\frac{2}{5}, \frac{4}{5}, 1\right)^T,$$

再单位化　$\eta_1 = \frac{1}{\|\beta_1\|}\beta_1 = \begin{bmatrix} -\dfrac{2}{\sqrt{5}} \\ \dfrac{1}{\sqrt{5}} \\ 0 \end{bmatrix}$, $\quad \eta_2 = \frac{1}{\|\beta_2\|}\beta_2 = \begin{bmatrix} \dfrac{2}{3\sqrt{5}} \\ \dfrac{4}{3\sqrt{5}} \\ \dfrac{5}{3\sqrt{5}} \end{bmatrix}$.

对于 $\lambda_3 = 10$,求解齐次线性方程组 $(10E-A)X = 0$,得特征向量:

$$\alpha_3 = (1, 2, -2)^T.$$

再单位化　　　　$\eta_3 = \frac{1}{\|\alpha_3\|}\alpha_3 = \left(\frac{1}{3}, \frac{2}{3}, -\frac{2}{3}\right)^T.$

令　　　　　$T = \begin{bmatrix} -\dfrac{2}{\sqrt{5}} & \dfrac{2}{3\sqrt{5}} & \dfrac{1}{3} \\ \dfrac{1}{\sqrt{5}} & \dfrac{4}{3\sqrt{5}} & \dfrac{2}{3} \\ 0 & \dfrac{5}{3\sqrt{5}} & -\dfrac{2}{3} \end{bmatrix},$

则有　　$T^T A T = \begin{bmatrix} 1 & 0 & 0 \\ 0 & 1 & 0 \\ 0 & 0 & 10 \end{bmatrix}$，即经正交变换 $X = TY$，得

$$f(x_1, x_2, x_3) = y_1^2 + y_2^2 + 10 y_3^2.$$

解法二　（配方法）

$$f(x_1, x_2, x_3) = 2[x_1^2 + 2x_1(x_2 - x_3) + (x_2 - x_3)^2]$$

$$+ 3\left[x_2^2 - 2 \cdot \frac{2}{3} x_2 x_3 + \left(\frac{2}{3} x_3\right)^2\right] + \frac{5}{3} x_3^2$$

$$= 2(x_1 + x_2 - x_3)^2 + 3\left(x_2 - \frac{2}{3} x_3\right)^2 + \frac{5}{3} x_3^2,$$

令　　　$\begin{cases} y_1 = x_1 + x_2 - x_3, \\ y_2 = x_2 - \dfrac{2}{3} x_3, \\ y_3 = x_3 \end{cases}$　或$\begin{cases} x_1 = y_1 - y_2 + \dfrac{1}{3} y_3, \\ x_2 = y_2 + \dfrac{2}{3} y_3, \\ x_3 = y_3, \end{cases}$

则有　　　　　　　　$f(x_1, x_2, x_3) = 2y_1^2 + 3y_2^2 + \frac{5}{3} y_3^2.$

变换矩阵　　$C = \begin{bmatrix} 1 & -1 & \dfrac{1}{3} \\ 0 & 1 & \dfrac{2}{3} \\ 0 & 0 & 1 \end{bmatrix}$且 $|C| \neq 0$，所作线性变换是非退化的.

解法三　（初等变换法）　$f(x_1, x_2, x_3)$ 的矩阵为

$$\begin{bmatrix} 2 & 2 & -2 \\ 2 & 5 & -4 \\ -2 & -4 & 5 \end{bmatrix},$$

作初等变换

$$\begin{bmatrix} A \\ \cdots \\ B \end{bmatrix} = \begin{bmatrix} 2 & 2 & -2 \\ 2 & 5 & -4 \\ -2 & -4 & 5 \\ \hline 1 & 0 & 0 \\ 0 & 1 & 0 \\ 0 & 0 & 1 \end{bmatrix} \xrightarrow[r_3 + r_1]{r_2 - r_1} \begin{bmatrix} 2 & 2 & -2 \\ 0 & 3 & -2 \\ 0 & -2 & 3 \\ \hline 1 & 0 & 0 \\ 0 & 1 & 0 \\ 0 & 0 & 1 \end{bmatrix} \xrightarrow[c_3 + c_1]{c_2 - c_1} \begin{bmatrix} 2 & 0 & 0 \\ 0 & 3 & -2 \\ 0 & -2 & 3 \\ \hline 1 & -1 & 1 \\ 0 & 1 & 0 \\ 0 & 0 & 1 \end{bmatrix}$$

$$\xrightarrow{r_3 + \frac{2}{3} r_2} \begin{pmatrix} 2 & 0 & 0 \\ 0 & 3 & -2 \\ 0 & 0 & \frac{5}{3} \\ \hdashline 1 & -1 & 1 \\ 0 & 1 & 1 \\ 0 & 0 & 1 \end{pmatrix} \xrightarrow{c_3 + \frac{2}{3} c_2} \begin{pmatrix} 2 & 0 & 0 \\ 0 & 3 & 0 \\ 0 & 0 & \frac{5}{3} \\ \hdashline 1 & -1 & \frac{1}{3} \\ 0 & 1 & \frac{2}{3} \\ 0 & 0 & 1 \end{pmatrix},$$

因此
$$C = \begin{pmatrix} 1 & -1 & \frac{1}{3} \\ 0 & 1 & \frac{2}{3} \\ 0 & 0 & 1 \end{pmatrix}.$$

即经非退化线性变化 $X = CY$，有

$$f(x_1, x_2, x_3) = 2y_1^2 + 3y_2^2 + \frac{5}{3} y_3^2.$$

例 6.12　用配方法把二次型 $f(x_1, x_2, x_3) = x_1 x_2 + x_1 x_3 + x_2 x_3$ 化为规范形，并写出所用的可逆线性变换.

解　由于所给二次型没有平方项，故令

$$\begin{cases} x_1 = y_1 - y_2, \\ x_2 = y_1 + y_2, \\ x_3 = y_3, \end{cases}$$

有　$f = (y_1 - y_2)(y_1 + y_2) + (y_1 - y_2) y_3 + (y_1 + y_2) y_3$
$\quad = y_1^2 - y_2^2 + 2 y_1 y_3 = (y_1 + y_3)^2 - y_2^2 - y_3^2,$

再令
$$\begin{cases} z_1 = y_1 + y_3, \\ z_2 = y_2, \\ z_3 = y_3, \end{cases} \quad \text{或} \quad \begin{cases} y_1 = z_1 - z_3, \\ y_2 = z_2, \\ y_3 = z_3, \end{cases}$$

故可逆线性变换 $\begin{cases} x_1 = z_1 - z_2 - z_3 \\ x_2 = z_1 + z_2 - z_3 \\ x_3 = z_3 \end{cases}$ 将二次型为 f 为规范形 $f = z_1^2 - z_2^2 - z_3^2.$

例 6.13　已知二次型
$$f(x_1, x_2, x_3) = 5 x_1^2 + 5 x_2^2 + c x_3^2 - 2 x_1 x_2 + 6 x_1 x_3 - 6 x_2 x_3$$
的秩为 2.

(1) 求参数 c 的值；

（2）求一个正交变换，将 f 化成标准形；

（3）指出方程 $f(x_1,x_2,x_3)=1$ 表示何种二次曲面.

解 （1）f 的系数矩阵为

$$A=\begin{bmatrix} 5 & -1 & 3 \\ -1 & 5 & -3 \\ 3 & -3 & c \end{bmatrix},$$

由于 $R(A)=2$，所以 $|A|=0$，即

$$|A|=\begin{vmatrix} 5 & -1 & 3 \\ -1 & 5 & -3 \\ 3 & -3 & c \end{vmatrix}=24(c-3)=0,$$

解得 $c=3$.

（2）A 的特征多项式为

$$|A-\lambda E|=\begin{vmatrix} 5-\lambda & -1 & 3 \\ -1 & 5-\lambda & -3 \\ 3 & -3 & 3-\lambda \end{vmatrix}=-\begin{vmatrix} \lambda-5 & 1 & -3 \\ 1 & \lambda-5 & 3 \\ -3 & 3 & \lambda-3 \end{vmatrix}$$

$$=-\begin{vmatrix} \lambda-4 & 1 & -3 \\ \lambda-4 & \lambda-5 & 3 \\ 0 & 3 & \lambda-3 \end{vmatrix}=-\begin{vmatrix} \lambda-4 & 1 & -3 \\ 0 & \lambda-6 & 6 \\ 0 & 3 & \lambda-3 \end{vmatrix}$$

$$=-\lambda(\lambda-4)(\lambda-9),$$

所以 A 的特征值为 $\lambda_1=0,\lambda_2=4,\lambda_3=9$.

当 $\lambda_1=0$ 时，解方程组 $(A-0E)X=0$，由

$$A=\begin{bmatrix} 5 & -1 & 3 \\ -1 & 5 & -3 \\ 3 & -3 & 3 \end{bmatrix}\rightarrow\begin{bmatrix} 1 & -1 & 1 \\ 0 & 4 & -2 \\ 0 & 4 & -2 \end{bmatrix}\rightarrow\begin{bmatrix} 1 & 0 & \dfrac{1}{2} \\ 0 & 1 & -\dfrac{1}{2} \\ 0 & 0 & 0 \end{bmatrix}$$

得特征向量为 $\xi_1=\begin{bmatrix} 1 \\ -1 \\ -2 \end{bmatrix}$，单位特征向量 $\eta_1=\dfrac{1}{\sqrt{6}}\begin{bmatrix} 1 \\ -1 \\ -2 \end{bmatrix}$.

类似可求得属于 $\lambda_2=4,\lambda_3=9$ 的单位特征向量分别为

$$\eta_2=\dfrac{1}{\sqrt{2}}\begin{bmatrix} 1 \\ 1 \\ 0 \end{bmatrix},\quad \eta_3=\dfrac{1}{\sqrt{3}}\begin{bmatrix} 1 \\ -1 \\ 1 \end{bmatrix}.$$

由于 $\lambda_1,\lambda_2,\lambda_3$ 互不相同，故 η_1,η_2,η_3 为 A 的标准正交的特征向量，令

$$P = (\eta_1, \eta_2, \eta_3) = \begin{bmatrix} \dfrac{1}{\sqrt{6}} & \dfrac{1}{\sqrt{2}} & \dfrac{1}{\sqrt{3}} \\ -\dfrac{1}{\sqrt{6}} & \dfrac{1}{\sqrt{2}} & -\dfrac{1}{\sqrt{3}} \\ -\dfrac{2}{\sqrt{6}} & 0 & \dfrac{1}{\sqrt{3}} \end{bmatrix},$$

则 P 为正交阵,且

$$P^{-1}AP = P^{T}AP = \begin{bmatrix} 0 & 0 & 0 \\ 0 & 4 & 0 \\ 0 & 0 & 9 \end{bmatrix}.$$

（3）由上述可知,通过正交变换 $X = PY$,即

$$\begin{bmatrix} x_1 \\ x_2 \\ x_3 \end{bmatrix} = \begin{bmatrix} \dfrac{1}{\sqrt{6}} & \dfrac{1}{\sqrt{2}} & \dfrac{1}{\sqrt{3}} \\ -\dfrac{1}{\sqrt{6}} & \dfrac{1}{\sqrt{2}} & -\dfrac{1}{\sqrt{3}} \\ -\dfrac{2}{\sqrt{6}} & 0 & \dfrac{1}{\sqrt{3}} \end{bmatrix} \begin{bmatrix} y_1 \\ y_2 \\ y_3 \end{bmatrix}.$$

可将二次型 f 化为 $f(x_1, x_2, x_3) = 4y_2^2 + 9y_3^2$,由此可见 $4y_2^2 + 9y_3^2 = 1$ 表示的图形是一个椭圆柱面.

例 6.14　已知二次型

$$f(x_1, x_2, x_3) = x_1^2 + x_2^2 + x_3^2 + 2\alpha x_1 x_2 + 2x_1 x_3 + 2\beta x_2 x_3$$

经过正交变换 $\begin{bmatrix} x_1 \\ x_2 \\ x_3 \end{bmatrix} = P \begin{bmatrix} y_1 \\ y_2 \\ y_3 \end{bmatrix}$ 化为标准形 $f = y_2^2 + 2y_3^2$.

（1）求参数 α, β 的值;

（2）求出正交变换矩阵 P.

解　（1）根据题设条件知,变换前后二次型的矩阵分别为

$$A = \begin{bmatrix} 1 & \alpha & 1 \\ \alpha & 1 & \beta \\ 1 & \beta & 1 \end{bmatrix}, B = \begin{bmatrix} 0 & 0 & 0 \\ 0 & 1 & 0 \\ 0 & 0 & 2 \end{bmatrix},$$

由于 A 与 B 相似,于是 $|A - \lambda E| = |B - \lambda E|$,即

$$\begin{vmatrix} 1-\lambda & \alpha & 1 \\ \alpha & 1-\lambda & \beta \\ 1 & \beta & 1-\lambda \end{vmatrix} = \begin{vmatrix} -\lambda & 0 & 0 \\ 0 & 1-\lambda & 0 \\ 0 & 0 & 2-\lambda \end{vmatrix},$$

展开得　$\lambda^3 - 3\lambda^2 + (2-\alpha^2-\beta^2)\lambda + (\alpha-\beta)^2 = \lambda^3 - 3\lambda^2 + 2\lambda$，比较两端 λ 的同次幂的系数，有

$$\begin{cases} 2-\beta^2-\alpha^2 = 2, \\ (\alpha-\beta)^2 = 0, \end{cases}$$

解之 $\alpha = \beta = 0$.

(2) 由(1)知 f 的矩阵为

$$A = \begin{bmatrix} 1 & 0 & 1 \\ 0 & 1 & 0 \\ 1 & 0 & 1 \end{bmatrix},$$

由　　　　$|A-\lambda E| = \begin{vmatrix} 1-\lambda & 0 & 1 \\ 0 & 1-\lambda & 0 \\ 1 & 0 & 1-\lambda \end{vmatrix} = \lambda(1-\lambda)(\lambda-2)$

得 A 的特征值为 $\lambda_1 = 0, \lambda_2 = 1, \lambda_3 = 2$.

当 $\lambda_1 = 0$ 时，求得特征向量 $\xi_1 = \begin{bmatrix} -1 \\ 0 \\ 1 \end{bmatrix}$，单位化得 $\eta_1 = \begin{bmatrix} -\dfrac{1}{\sqrt{2}} \\ 0 \\ \dfrac{1}{\sqrt{2}} \end{bmatrix}$.

当 $\lambda_2 = 1$ 时，求得特征向量 $\xi_2 = \begin{bmatrix} 0 \\ 1 \\ 0 \end{bmatrix}$，单位化得 $\eta_2 = \begin{bmatrix} 0 \\ 1 \\ 0 \end{bmatrix}$.

当 $\lambda_3 = 2$ 时，求得特征向量 $\xi_3 = \begin{bmatrix} 1 \\ 0 \\ 1 \end{bmatrix}$，单位化得 $\eta_3 = \begin{bmatrix} \dfrac{1}{\sqrt{2}} \\ 0 \\ \dfrac{1}{\sqrt{2}} \end{bmatrix}$.

因为特征值互异，故 η_1, η_2, η_3 两两正交. 所以，正交变换矩阵为

$$P = \begin{bmatrix} -\dfrac{1}{\sqrt{2}} & 0 & \dfrac{1}{\sqrt{2}} \\ 0 & 1 & 0 \\ \dfrac{1}{\sqrt{2}} & 0 & \dfrac{1}{\sqrt{2}} \end{bmatrix}.$$

例 6.15　设二次型

$$f(x_1, x_2, x_3) = X^T A X = ax_1^2 + 2x_2^2 - 2x_3^3 + 2bx_1x_3 \quad (b > 0),$$

其中二次型的矩阵 A 的特征值之和为 1,特征值之积为 -12.

(1) 求 a,b 的值;

(2) 利用正交变换将二次型 f 化为标准形,并写出所用的正交变换和对应的正交矩阵.

解法一　(1) 二次型 f 的矩阵为

$$A = \begin{bmatrix} a & 0 & b \\ 0 & 2 & 0 \\ b & 0 & -2 \end{bmatrix}.$$

设 A 的特征值为 $\lambda_i (i = 1,2,3)$,由题设,有

$$\lambda_1 + \lambda_2 + \lambda_3 = a + 2 + (-2) = 1,$$

$$\lambda_1 \lambda_2 \lambda_3 = \begin{vmatrix} a & 0 & b \\ 0 & 2 & 0 \\ b & 0 & -2 \end{vmatrix} = -4a - 2b^2 = -12,$$

解得 $a = 1, b = 2$.

(2) 矩阵 A 的特征多项式

$$|\lambda E - A| = \begin{vmatrix} \lambda - 1 & 0 & -2 \\ 0 & \lambda - 2 & 0 \\ -2 & 0 & \lambda + 2 \end{vmatrix} = (\lambda - 2)^2 (\lambda + 3),$$

得 A 的特征值为 $\lambda_1 = \lambda_2 = 2, \lambda_3 = -3$.

当 $\lambda_1 = \lambda_2 = 2$ 时,解方程组 $(2E - A)X = 0$,得基础解系

$$\xi_1 = \begin{bmatrix} 2 \\ 0 \\ 1 \end{bmatrix}, \xi_2 = \begin{bmatrix} 0 \\ 1 \\ 0 \end{bmatrix}.$$

当 $\lambda_3 = -3$ 时,解方程组 $(-3E - A)X = 0$,得基础解系

$$\xi_3 = \begin{bmatrix} 1 \\ 0 \\ -2 \end{bmatrix}.$$

由于 ξ_1, ξ_2, ξ_3 两两正交.再将 ξ_1, ξ_2, ξ_3 单位化,得

$$\eta_1 = \frac{\xi_1}{\| \xi_1 \|} = \begin{bmatrix} \dfrac{2}{\sqrt{5}} \\ 0 \\ \dfrac{1}{\sqrt{5}} \end{bmatrix}, \eta_2 = \frac{\xi_2}{\| \xi_2 \|} = \begin{bmatrix} 0 \\ 1 \\ 0 \end{bmatrix}, \eta_3 = \frac{\xi_3}{\| \xi_3 \|} = \begin{bmatrix} \dfrac{1}{\sqrt{5}} \\ 0 \\ -\dfrac{2}{\sqrt{5}} \end{bmatrix}.$$

令
$$P = (\eta_1, \eta_2, \eta_3) = \begin{bmatrix} \dfrac{2}{\sqrt{5}} & 0 & \dfrac{1}{\sqrt{5}} \\ 0 & 1 & 0 \\ \dfrac{1}{\sqrt{5}} & 0 & -\dfrac{2}{\sqrt{5}} \end{bmatrix},$$

则 P 为正交阵, 在正交变换 $X = PY$ 下, 有

$$P^T A P = \begin{bmatrix} 2 & 0 & 0 \\ 0 & 2 & 0 \\ 0 & 0 & -3 \end{bmatrix},$$

且二次型的标准形为 $f = 2y_1^2 + 2y_2^2 - 3y_3^2$.

解法二 （1）二次型 f 的矩阵为

$$A = \begin{bmatrix} a & 0 & b \\ 0 & 2 & 0 \\ b & 0 & -2 \end{bmatrix}.$$

A 的特征多项式为

$$| \lambda E - A | = \begin{bmatrix} \lambda - a & 0 & b \\ 0 & \lambda - 2 & 0 \\ -b & 0 & \lambda + 2 \end{bmatrix}$$

$$= (\lambda - 2)[\lambda^2 - (a - 2)\lambda - (2a + b^2)],$$

设 A 的特征值为 $\lambda_1, \lambda_2, \lambda_3$, 则

$$\lambda_1 = 2, \quad \lambda_2 + \lambda_3 = a - 2, \quad \lambda_2 \lambda_3 = -(2a + b^2).$$

由题设

$$\lambda_1 + \lambda_2 + \lambda_3 = 2 + (a - 2) = 1,$$

$$\lambda_1 \lambda_2 \lambda_3 = -2(2a + b^2) = -12,$$

解得 $a = 1, b = 2$.

（2）由（1）可得 A 的特征值为 $\lambda_1 = \lambda_2 = 2, \lambda_3 = -3$. 以下见解法一.

例 6.16 判断二次型 $f = 6x_1^2 + 5x_2^2 + 7x_3^2 - 4x_1x_2 + 4x_1x_3$ 是否正定.

解法一 利用配方法, 将二次型化为平方和, 再由正定的定义, 看二次型对任一非零向量 x, 是否均有 $X^T A X > 0$ 成立.

$$f = 6x_1^2 + 5x_2^2 + 7x_3^2 - 4x_1x_2 + 4x_1x_3$$

$$= 6\left(x_1 - \frac{1}{3}x_2 + \frac{1}{3}x_3\right)^2 + 5x_2^2 + 7x_3^2 - \frac{2}{3}x_2^2 - \frac{2}{3}x_3^2 + \frac{4}{3}x_2x_3$$

$$= 6\left(x_1 - \frac{1}{3}x_2 + \frac{1}{3}x_3\right)^2 + \frac{13}{3}x_2^2 + \frac{19}{3}x_3^2 + \frac{4}{3}x_2x_3$$

$$= 6\left(x_1 - \frac{1}{3}x_2 + \frac{1}{3}x_3\right)^2 + \frac{13}{3}\left(x_2 + \frac{2}{13}x_3\right)^2 + \frac{19}{3}x_3^2 - \frac{4}{39}x_3^2$$

$$= 6\left(x_1 - \frac{1}{3}x_2 + \frac{1}{3}x_3\right)^2 + \frac{13}{3}\left(x_2 + \frac{2}{13}x_3\right)^2 + \frac{243}{39}x_3^2 \geqslant 0$$

其值为零，当且仅当
$$\begin{cases} x_1 - \dfrac{1}{3}x_2 + \dfrac{1}{3}x_3 = 0, \\ x_2 + \dfrac{2}{13}x_3 = 0, \\ x_3 = 0. \end{cases}$$

即当且仅当 $x_1 = x_2 = x_3 = 0$ 时成立，故对任一 $X = (x_1, x_2, x_3) \neq 0$，恒有 $f = X^T A X > 0$，二次型是正定的.

解法二　二次型正定的一个充要条件是正惯性指数为 n（因为不必求所作的非退化线性变换矩阵，故可省去记录初等变换矩阵用的矩阵）

$$A = \begin{bmatrix} 6 & -2 & 2 \\ -2 & 5 & 0 \\ 2 & 0 & 7 \end{bmatrix} \xrightarrow[-\frac{1}{3}c_1+c_3]{\frac{1}{3}c_1+c_2} \begin{bmatrix} 6 & 0 & 0 \\ -2 & 13/3 & 2/3 \\ 2 & 2/3 & 19/3 \end{bmatrix} \xrightarrow[-\frac{1}{3}r_1+r_3]{\frac{1}{3}r_1+r_2}$$

$$\begin{bmatrix} 6 & 0 & 0 \\ 0 & 13/3 & 2/3 \\ 0 & 2/3 & 19/3 \end{bmatrix} \xrightarrow[-\frac{2}{13}c_2+c_3]{} \begin{bmatrix} 6 & 0 & 0 \\ 0 & 13/3 & 0 \\ 0 & 2/3 & 243/39 \end{bmatrix} \xrightarrow[-\frac{2}{13}r_2+r_3]{} \begin{bmatrix} 6 & 0 & 0 \\ 0 & 13/3 & 0 \\ 0 & 0 & 243/39 \end{bmatrix},$$

由此可知，f 的正惯性指数为 3，而 $n = 3$，故二次型是正定的.

解法三　判断二次型是否正定的另一个充要条件是二次型矩阵的顺序主子式是否全部大于零，通过逐个计算即可.

$$A = \begin{bmatrix} 6 & -2 & 2 \\ -2 & 5 & 0 \\ 2 & 0 & 7 \end{bmatrix},$$

$$a_{11} = 6 > 0, \qquad \begin{vmatrix} 6 & -2 \\ -2 & 5 \end{vmatrix} = 26 > 0,$$

$$|A| = \begin{vmatrix} 6 & -2 & 2 \\ -2 & 5 & 0 \\ 2 & 0 & 7 \end{vmatrix} = \begin{vmatrix} 0 & -2 & -19 \\ 0 & 5 & 7 \\ 2 & 0 & 7 \end{vmatrix} = 2\begin{vmatrix} -2 & -19 \\ 5 & 7 \end{vmatrix} = 162 > 0,$$

故知二次型是正定的.

注：一个具体给出的二次型，一般可用以上三种方法判别是否正定（还可用特征值是否全部大于零来判断）.

例 6.17　已知二次型
$$f(x_1, x_2, x_3) = t(x_1^2 + x_2^2 + x_3^2) + 2x_1x_2 + 2x_1x_3 - 2x_2x_3.$$

问：(1) t 满足什么条件时，二次型是正定的？

(2) t 满足什么条件时，二次型 f 是负定的？

解 二次型 f 的矩阵为

$$A = \begin{bmatrix} t & 1 & 1 \\ 1 & t & -1 \\ 1 & -1 & t \end{bmatrix},$$

$$|t| = t, \quad \begin{vmatrix} t & 1 \\ 1 & t \end{vmatrix} = t^2 - 1, \quad \begin{vmatrix} t & 1 & 1 \\ 1 & t & -1 \\ 1 & -1 & t \end{vmatrix} = (t+1)^2(t-2).$$

(1) 由 $\begin{cases} t > 0, \\ t^2 - 1 > 0, \\ (t+1)^2(t-2) > 0, \end{cases}$ 解得 $t > 2$.

故当 $t > 2$ 时，二次型 f 是正定的.

(2) 由 $\begin{cases} t < 0, \\ t^2 - 1 > 0, \\ (t+1)^2(t-2) < 0, \end{cases}$ 解得 $t < -1$.

故当 $t < -1$ 时，二次型 f 是负定的.

例 6.18 设 n 元实二次型

$$f(x_1, x_2, \cdots, x_n)$$
$$= (x_1 + a_1 x_2)^2 + (x_2 + a_2 x_3)^2 + \cdots + (x_{n-1} + a_{n-1} x_n)^2 + (x_n + a_n x_1)^2$$

试问：当 $a_1, a_2, \cdots, a_n$ 满足什么条件时，二次型 $f(x_1, x_2, \cdots, x_n)$ 是正定的？

解 由题设可知，对任意 $x_1, x_2, \cdots, x_n$，有 $f(x_1, x_2, \cdots, x_n) \geqslant 0$，其中等号成立当且仅当

$$\begin{cases} x_1 + a_1 x_2 & = 0, \\ x_2 + a_2 x_3 & = 0, \\ \cdots\cdots \\ x_{n-1} + a_{n-1} x_n = 0, \\ a_n x_1 + x_n = 0, \end{cases}$$

方程组仅有零解的充要条件是其系数行列式不等于零，即

$$\begin{vmatrix} 1 & a_1 & 0 & \cdots & 0 & 0 \\ 0 & 1 & a_2 & \cdots & 0 & 0 \\ \vdots & \vdots & \vdots & & \vdots & \vdots \\ 0 & 0 & 0 & \cdots & 1 & a_{n-1} \\ a_n & 0 & 0 & \cdots & 0 & 1 \end{vmatrix} = 1 + (-1)^{n+1} a_1 a_2 \cdots a_n \neq 0,$$

故当 $1+(-1)^{n+1}a_1a_2\cdots a_n \neq 0$ 即 $a_1a_2\cdots a_n \neq (-1)^n$ 时,对于任何不全为零的 x_1, $x_2,\cdots,x_n$,有 $f(x_1,x_2,\cdots,x_n) > 0$,即 f 是正定二次型.

例 6.19 试证:

(1) 若 A 正定,则 A^{-1} 也正定;

(2) 若 A 正定,则 A^* 也正定;

(3) 若 A 为 n 阶可逆阵,则 A^TA 是正定阵;

(4) 若 A 与 B 均为 n 阶正定阵,则 $A+B$ 为正定阵.

证 (1) 因 A 为正定阵,所以存在正交阵 Q,使

$$Q^TAQ = \begin{bmatrix} \lambda_1 & & & \\ & \lambda_2 & & \\ & & \ddots & \\ & & & \lambda_n \end{bmatrix}, \lambda_i > 0, (i=1,2,\cdots,n),$$

又

$$(Q^TAQ)^{-1} = \begin{bmatrix} \lambda_1 & & & \\ & \lambda_2 & & \\ & & \ddots & \\ & & & \lambda_n \end{bmatrix}^{-1} = \begin{bmatrix} 1/\lambda_1 & & & \\ & 1/\lambda_2 & & \\ & & \ddots & \\ & & & 1/\lambda_n \end{bmatrix},$$

又因 Q 是正交阵,所以 $Q^{-1} = Q^T$. 从而

$$Q^TA^{-1}Q = \begin{bmatrix} 1/\lambda_1 & & & \\ & 1/\lambda_2 & & \\ & & \ddots & \\ & & & 1/\lambda_n \end{bmatrix}, \frac{1}{\lambda_i} > 0, (i=1,2,\cdots,n).$$

故 A^{-1} 也正定.

(2) 因 $A^* = |A|A^{-1}$,$|A| > 0$(A 正定),所以,当 A 正定时,由 1 知 A^{-1} 也正定. 从而 A^* 也正定.

(3) 因 $(A^TA)^T = A^T(A^T)^T = A^TA$,所以 A^TA 为对称阵. 又 $A^TA = A^TEA$,且 A 可逆,于是 $A^TA \sim E$. 故 A^TA 正定.

(4) 因 A 与 B 均为 n 阶正定阵,对于任意列向量 $\alpha \neq 0$,有

$$\alpha^TA\alpha > 0, \quad \alpha^TB\alpha > 0,$$

而

$$\alpha^T(A+B)\alpha = \alpha^TA\alpha + \alpha^TB\alpha > 0,$$

所以 $\alpha^T(A+B)\alpha$ 是正定二次型. 故 $A+B$ 为正定阵.

例 6.20 设 A 为实矩阵,E 为 n 阶单位矩阵,已知矩阵 $B = \lambda E + A^TA$,试证:当 $\lambda > 0$ 时,矩阵 B 为正定矩阵.

证 因为

$$B^T = (\lambda E + A^TA)^T = \lambda E + A^TA = B,$$

所以 B 为 n 阶对称矩阵,对于任意的 n 维实向量 X,有

$$X^TBX = X^T(\lambda E + A^TA)X = \lambda X^TX + X^TA^TAX = \lambda X^TX + (AX)^T(AX),$$

当 $X \neq 0$ 时,有 $X^TX > 0$,$(AX)^T(AX) \geqslant 0$. 因此,当 $\lambda > 0$ 时,对任意的 $X \neq 0$,有

$$X^TBX = \lambda X^TX + (AX)^T(AX) > 0,$$

即 B 为正定矩阵.

例 6.21 设 A 为 m 阶实对称阵,且正定,B 为 $m \times n$ 实矩阵,证明:B^TAB 为正定矩阵的充要条件是 $R(B) = n$.

证 "⇒"因为 B^TAB 为对称正定,所以对任意的 n 维实列向量 $X \neq 0$,有
$$X^T(B^TAB)X > 0 \quad 即 \quad (BX)^TA(BX) > 0,$$
从而有 $BX \neq 0$,也就是齐次线性方程组 $BX = 0$ 只有零解,故 $R(B) = n$.

"⇐"由 $A^T = A$ 知 $(B^TAB)^T = B^TA^TB = B^TAB$,因为 $R(B) = n$,所以齐次线性方程组 $BX = 0$ 只有零解,于是对任意的 n 维实列向量 $X \neq 0$,有 $BX \neq 0$. 从而 $(BX)^TA(BX) > 0$,即 $X^T(B^TAB)X > 0$,故 B^TAB 为对称正定矩阵.

例 6.22 设若 A 与 B 均为 n 阶实对阵,且 A 的特征值均大于 a,B 的特征值均大于 b,试证 $A + B$ 的特征值均大于 $a + b$.

证 因 A 为实对称矩阵,则 $A - aE$ 也为实对称矩阵. 设 A 的特征值为 λ_1,$\lambda_2, \cdots, \lambda_n$,则矩阵 $A - aE$ 的特征值为

$$\lambda_1 - a, \lambda_2 - a, \cdots, \lambda_n - a,$$

由题设可知 $\lambda_1 - a, \lambda_2 - a, \cdots, \lambda_n - a$ 均大于零,于是 $A - aE$ 为正定矩阵. 同理可证 $B - bE$ 也是正定矩阵. 从而

$$(A - aE) + (B - bE) = A + B - (a + b)E$$

也是正定矩阵.

设 $A + B$ 的特征值为 μ_i,则 $(A + B) - (a + b)E$ 的特征值为 $\mu_i - (a + b)$. 故 $\mu_i - (a + b) > 0$,即 $\mu_i > a + b, i = 1, 2, \cdots, n$,所以 $A + B$ 的特征值均大于 $a + b$.

习 题 六

(一) 填空题

1. 实二次型 $f = X^TAX$ 是正定的充要条件为_____.

2. 对称矩阵 A 为负定的充要条件是:奇数阶主子式为_____,而偶数阶主子式为_____.

3. 二次型 $f = x^2 - 3z^2 - 4xy + yz$ 用矩阵记号表示为_____.

(二) 选择题

1.两个 n 阶矩阵 A 与 B 合同的含义是(　　).

(A) $PAP^{-1} = B$;

(B) $T^T AT = B$;

(C) $TAQ = B$;

(D) $B = A^{-1}$(T, P, Q 均为 n 阶可逆方阵).

2.不可对角化的矩阵是(　　).

(A) 实对称矩阵;

(B) 有 n 个不同特征值的 n 阶方阵;

(C) 有 n 个线性无关的特征向量的 n 阶方阵;

(D) 不足 n 个线性无关的特征向量的 n 阶方阵.

3.设 A, B, C, D 都是 n 阶矩阵,如果 A 与 B 相似,C 与 D 相似,则(　　).

(A) AC 与 BD 相似;　　　　　　(B) AC 与 DB 相似;

(C) A^m 与 B^m 相似(m 为正整数);　(D) $A + C$ 与 $B + D$ 相似.

4.设 $f = X^T \begin{bmatrix} -1 & 1 & 2 \\ 1 & -2 & 0 \\ 2 & 0 & -2 \end{bmatrix} X$,则二次型 f 是(　　).

(A) 正定的;　　　(B) 负定的;　　　(C) 不定的;　　　(D) 无法确定.

5.二次型 $f(x_1, x_2, x_3) = (2x_1 - x_2 + 2x_3)^2 + (2x_1 - 2x_2 + x_3)^2 - (x_1 - 3x_2)^2$ 可通过非退化线性替换化为平方和的形式(　　).

(A) y_1^2;　　　(B) $y_1^2 + y_2^2 - y_3^2$;　　　(C) $y_1^2 + y_2^2 + y_3^2$;　　　(D) $y_1^2 - y_2^2$.

6.矩阵 A 与 B 等价是 A 与 B 合同的(　　)

(A) 充分条件;　　　　　　　　(B) 必要条件;

(C) 充要条件;　　　　　　　　(D) 既不充分也不必要的条件.

7.二次型 $f(x_1, x_2, x_3) = x_1^2 - 3x_2^2 - 2x_1 x_2 + 2x_1 x_3 - 6x_2 x_3$ 正惯性指数、负惯性指数分别是(　　).

(A) 1,1;　　　(B) 1, -1;　　　(C) 2,1;　　　(D) 2,0.

8.在复数域上,已知 A 是秩为 2 的 3 阶复对称矩阵,另有 4 个对角矩阵:

$$\begin{bmatrix} 1 & 0 & 0 \\ 0 & 1 & 0 \\ 0 & 0 & 0 \end{bmatrix}; \begin{bmatrix} 1 & 0 & 0 \\ 0 & -1 & 0 \\ 0 & 0 & 0 \end{bmatrix}; \begin{bmatrix} -1 & 0 & 0 \\ 0 & 1 & 0 \\ 0 & 0 & 0 \end{bmatrix}; \begin{bmatrix} 1 & 0 & 0 \\ 0 & 1 & 0 \\ 0 & 0 & 1 \end{bmatrix}.$$

则这些对角阵中有且仅有(　　).

(A) 一个与 A 合同;　　　　　　(B) 二个与 A 合同;

(C) 三个与 A 合同;　　　　　　(D) 四个与 A 合同.

9.实二次型 $f = X^T A X$ 的矩阵 A 的所有对角线元素 $a_{ii} > 0$ 是 f 为正定二次型的(　　).

(A) 充分条件;　　　　　　　　(B) 必要条件;

(C) 充要条件;　　　　　　　　(D) 既不充分也不必要的条件.

10. 实二次型 $f(x_1,x_2,x_3) = x_1^2 + 2x_2^2 + (1-k)x_3^2 + 2kx_1x_2 + 2x_1x_3$ 是正定二次型,则 k 的取值范围为( ).

(A) $0 < k < 1$;　　　　　　　　(B) $-\sqrt{2} < k < \sqrt{2}$;

(C) $k > 2$;　　　　　　　　　　(D) $-1 < k < 0$.

11. 如果 A 是正定矩阵,则( ).

(A) A^T 和 A^{-1} 也正定,但 A^* 不一定;

(B) A^{-1} 和 A^* 也正定,但 A^T 不一定;

(C) A^T, A^{-1}, A^* 也都是正定矩阵;

(D) 无法确定.

(三) 计算题

1. 求正交线性变换,把二次型 $f(x_1,x_2,x_3) = 3x_1^2 + 3x_2^2 + 6x_3^2 + 8x_1x_2 - 4x_1x_3 + 4x_2x_3$ 化为标准形.

2. 已知实二次型 $f(x_1,x_2,x_3) = 2x_1^2 + x_2^2 - 4x_1x_2 - 4x_2x_3$.

(1) 写出 f 的矩阵;

(2) 用配方法化 f 为标准型,并写出所施行的非退化线性替换;

(3) 写出 f 的正、负惯性指数及符号差;

(4) 判定 f 是属于哪一类二次型.

3. 已知 $x_1,x_2,\cdots,x_n$ 为 n 个实数,并且 $x_1 = x_2$ 而其他各数互不相等,试求矩阵

$$A = \begin{bmatrix} S_0 & S_1 & \cdots & S_{n-1} \\ S_1 & S_2 & \cdots & S_n \\ \vdots & \vdots & & \vdots \\ S_{n-1} & S_n & \cdots & S_{2n-2} \end{bmatrix}$$

的秩,其中 $S_k = \sum_{i=1}^{n} x_i^k (k = 0,1,2,\cdots,2n-2)$.

4. 已知矩阵 $A = \begin{bmatrix} 1 & 0 & -1 \\ 0 & 3 & 0 \\ -1 & 0 & 1 \end{bmatrix}$

(1) 写出矩阵 A 对应的二次型 $f(x_1,x_2,x_3)$;

(2) 求二次型 $f(x_1,x_2,x_3)$ 的秩;

(3) 用配方法求 $f(x_1,x_2,x_3)$ 的标准形(从 x_1 开始).

5. 用配方法把二次型 $f(x_1,x_2,x_3,x_4) = x_1x_2 + x_2x_3 + x_3x_4 + x_4x_1$ 化为规范形,并求可逆性变换 $X = PZ$.

6. 在二次型 $f(x,y,z) = \lambda(x^2 + y^2 + z^2) + 2xy + 2xz - 2yz$ 中,问:

(1) λ 取什么值时,f 为正定的?

(2) λ 取什么值时,f 为负定的?

(3) 当 $\lambda = 2$ 和 $\lambda = -1$ 时,f 为什么类型?

7.已知矩阵 $A = \begin{bmatrix} 1 & 0 & -1 \\ 0 & 3 & 0 \\ -1 & 0 & 1 \end{bmatrix}$.

(1) 求 A 的特征值,特征向量并考察它们的正交性及线性相关性;

(2) 判断 A 的正定性;

(3) 写出 A 所对应的二次型 $f(x_1, x_2, x_3)$,并求秩 $R(A)$.

8.设矩阵 $A = \begin{bmatrix} 1 & 0 & 1 \\ 0 & 2 & 0 \\ 1 & 0 & 1 \end{bmatrix}$,矩阵 $B = (kE + A)^2$,其中 k 为实数,E 为单位矩阵,求对角矩

阵 Λ 使 B 与 Λ 相似,并求 k 为何值时,B 为正定矩阵.

(四) 证明题

1.设 A 是 n 阶正交且正定的矩阵,试证明 A 必是单位矩阵.

2.设 A 是 n 阶矩阵,且 $A^k = E$(称 A 是幂么矩阵),证明 A 相似于对角矩阵.

3.设 $f(x_1, x_2, \cdots, x_n) = X^T A X$ 是实二次型,证明:若有实 n 维向量 X_1, X_2 使 $X_1^T A X_1 > 0, X_2^T A X_2 < 0$,则必存在实 n 维向量 $X_0 \neq 0$,使 $X_0^T A X_0 = 0$.

模拟试题 A

(一) 填空题(每小题 3 分,共 15 分)

1. 设 A 为 n 阶正交矩阵, $|A| < 0$,则 $|A + E| = $ _____.

2. 设矩阵 $A = \begin{bmatrix} 1 & 1 & 1 \\ 0 & 2 & 2 \\ 0 & 0 & 3 \end{bmatrix}$,则 $(A^*)^{-1} = $ _____.

3. 设三元方程组 $AX = b$, $R(A) = 2$,有三个特解 $\alpha_1, \alpha_2, \alpha_3$,且 $\alpha_1 + \alpha_2 + \alpha_3 = (1,1,1)^T$, $\alpha_3 - \alpha_2 = (1,0,0)^T$,则 $AX = b$ 的通解为_____.

4. 设 $\alpha_1, \alpha_2, \alpha_3$ 线性无关, $\alpha_2, \alpha_3, \alpha_4$ 线性相关,则 $\alpha_2, \alpha_3, \alpha_4$ 的线性关系式为_____.

5. 设 A 为 3 阶方阵.其特征值为 $3, -1, 2$,则 $|A^2 + E| = $ _____.

(二) 选择题(每小题 3 分,共 15 分)

1. 若 A 是 $m \times n$ 矩阵,对于线性方程 $AX = \beta$,下列结论正确的是( ).

(A) 若 $(R)A = m$,则方程组 $AX = \beta$ 有解;

(B) 若 $(R)A < n$,则方程组 $AX = \beta$ 有无穷多解;

(C) 若 $(R)A = n$,则方程组 $AX = \beta$ 有唯一解;

(D) 若 $m > n$,则方程组 $AX = \beta$ 无解.

2. 设 $R(A) = r$,则 $AX = 0$ 有非零解的充要条件是( ).

(A) $r = n$;   (B) A 的行向量组线性无关;

(C) A 的列向量组线性相关;   (D) A 的列向量组线性无关.

3. 设 A, B 是 n 阶方阵, $A \neq 0$,且 $AB = 0$,则必有( ).

(A) $B = 0$;   (B) $BA = 0$;

(C) $(A + B)^2 = A^2 + B^2$;   (D) $|B| = 0$.

4. 实二次型 $f = X^T A X$ 为正定二次型的充要条件是( ).

(A) f 的负惯性指数是 0;   (B) 存在正交阵 P,使 $A = P^T P$;

(C) 存在可逆阵 C,使 $A = C^T C$;   (D) 存在矩阵 B,使 $A = B^T B$.

5. 已知 η_1, η_2 是非齐次线性方程组 $AX = \beta$ 的两个不同的解, ξ_1, ξ_2 中对应的齐次线性方程组 $AX = 0$ 的基础解系, k_1, k_2 为这任意常数,则方程组 $AX = \beta$ 的通解为( ).

(A) $k_1 \xi_1 + k_2 \xi_2 + \dfrac{\eta_1 - \eta_2}{2}$;   (B) $k_1 \xi_2 + k_2 (\xi_1 + \xi_2) + \dfrac{\eta_1 + \eta_2}{2}$;

(C) $k_1 \xi_1 + k_2 (\eta_1 - \eta_2) + \eta_1$;   (D) $k_1 \xi_1 + k_2 (\eta_1 - \eta_2) + (\eta_1 + \eta_2)$.

(三) 计算题(共 38 分)

1.设 $A = \begin{bmatrix} -1 & 1 & 1 & -1 \\ 1 & -1 & -1 & 1 \\ 1 & -1 & -1 & 1 \\ -1 & 1 & 1 & -1 \end{bmatrix}$,求 A^5 及 $|A^{2003}|$.

2.设向量 $\alpha_1 = \begin{bmatrix} 1 \\ 0 \\ 0 \\ 3 \end{bmatrix}, \alpha_2 = \begin{bmatrix} 1 \\ 1 \\ -1 \\ 2 \end{bmatrix}, \alpha_3 = \begin{bmatrix} 1 \\ 2 \\ a-3 \\ 1 \end{bmatrix}, \alpha_4 = \begin{bmatrix} 1 \\ 2 \\ -2 \\ a \end{bmatrix}, \beta = \begin{bmatrix} 0 \\ 1 \\ b \\ -1 \end{bmatrix}.$

问 a,b 取何值时:

(1) β 可由 $\alpha_1, \alpha_2, \alpha_3, \alpha_4$ 线性表示,且表达式唯一;

(2) β 不能由 $\alpha_1, \alpha_2, \alpha_3, \alpha_4$ 线性表示;

(3) β 可由 $\alpha_1, \alpha_2, \alpha_3, \alpha_4$ 线性表示,但表达式不唯一,并且求出一般表达式.

3.设 $6,3,3$ 为实对称矩阵 A 的特征值,属于 3 的特征向量为 $\begin{bmatrix} -1 \\ 0 \\ 1 \end{bmatrix}, \begin{bmatrix} 1 \\ 2 \\ 1 \end{bmatrix}.$

(1) 求属于 6 的特征向量;

(2) 求矩阵 A.

4.已知 3 阶实对称阵 A 的特征值为 $3,2,-2.$ $\begin{bmatrix} 0 \\ 1 \\ 0 \end{bmatrix}$ 及 $\begin{bmatrix} \sqrt{3} \\ 0 \\ 1 \end{bmatrix}$ 分别为 A 的属于特

征值 $3,2$ 的特征向量.

(1) 求 A 的属于特征值 -2 的一个特征向量;

(2) 求正交变换 $X = PY$,将二次型 $f = X^T A X$ 化为标准形.

5.设 $A = \begin{bmatrix} 1 & -2 & 3 & -4 \\ 0 & 1 & -1 & 1 \\ 1 & 2 & 0 & -3 \end{bmatrix}$,$E$ 为 3 阶单位矩阵.

(1) 求方程组 $Ax = 0$ 的一个基础解系;

(2) 求满足 $AB = E$ 的所有矩阵 B.

(四) 证明题(共 32 分)

1.若 A,B 为 n 阶方阵,证明若 $E - AB$ 可逆,则 $E - BA$ 也可逆.

2.设 $\alpha_1, \alpha_2, \cdots, \alpha_m$ 线性无关,m 为奇数,试证

$$\alpha_1 + \alpha_2, \alpha_2 + \alpha_3, \cdots, \alpha_{m-1} + \alpha_m, \alpha_m + \alpha_1.$$

也线性无关.

3. 设 A 是 n 阶方阵,$\beta = (b_1,b_2,\cdots,b_n)^T$,$B = \begin{bmatrix} A & \beta \\ \beta^T & 0 \end{bmatrix}$,若 $R(A) = R(B)$,则 $AX = \beta$ 有解.

4. 设 A 为 n 阶实矩阵,证明当 $k > 0$ 时,$kE + A^TA$ 正定.

5. 证明 n 阶矩阵

$$\begin{bmatrix} 1 & 1 & \cdots & 1 \\ 1 & 1 & \cdots & 1 \\ \vdots & \vdots & & \vdots \\ 1 & 1 & \cdots & 1 \end{bmatrix} 与 \begin{bmatrix} 0 & \cdots & 0 & 1 \\ 0 & \cdots & 0 & 2 \\ \vdots & & \vdots & \vdots \\ 0 & \cdots & 0 & n \end{bmatrix} 相似.$$

模拟试题 B

(一) 填空题(每小题 3 分,共 15 分)

1. 若 A,B 都是 n 阶方阵,$AB = B$,$|A - E| \neq 0$,则 B _____.

2. 若 A,B 都是 n 阶方阵,$|A| = 1$,$|B| = -3$,则 $|3A^*B^{-1}| = $ _____.

3. 若矩阵 A 满足 $A^3 = A$,则 A 的特征值为 _____.

4. 设二次型 $f = x_1^2 + 4x_2^2 + 4x_3^2 + 2tx_1x_2 - 2x_1x_3 + 4x_2x_3$ 是正定的,则 t 的取值范围是 _____.

5. 设矩阵 $A = \begin{bmatrix} 1 & 1 & -1 \\ -1 & 1 & 1 \\ 1 & -1 & 1 \end{bmatrix}$,矩阵 X 满足关系式 $A^*X = A^{-1} + 2X$,其中 A^* 是 A 的伴随矩阵,则 $X = $ _____.

(二) 选择题(每小题 3 分,共 15 分)

1. 设 n 维行向量 $\alpha = \left(\dfrac{1}{2},0,\cdots,\dfrac{1}{2}\right)$,矩阵 $A = I_n - \alpha^T\alpha$,$B = I_n + 2\alpha^T\alpha$,则 AB 等于( ).

　　(A) 0; 　　　　(B) $-I_n$; 　　　　(C) I_n; 　　　　(D) $I + \alpha^T\alpha$.

2. 设矩阵 $A_{m \times n}$ 的秩为 $R(A) = m < n$,I_m 为 m 阶单位矩阵,下列结论正确的是( ).

　　(A) A 的任意 m 个列向量必线性无关;

　　(B) A 的任意一个 m 阶子式不等于零;

　　(C) A 可经初等行变换化为 $(I_m,0)$ 的形式;

　　(D) 非齐次线性方程组 $AX = b$ 一定有无穷多解.

3. 设 n 维列向量组 $\alpha_1,\alpha_2,\cdots,\alpha_m (m < n)$ 线性无关,则 n 维列向量组 $\beta_1,\beta_2,$

$\cdots,\beta_m$ 线性无关的充要条件是(　　　).

(A) 向量组 $\alpha_1,\alpha_2,\cdots,\alpha_m$ 可由向量组 $\beta_1,\beta_2,\cdots,\beta_m$ 线性表示;

(B) 向量组 $\beta_1,\beta_2,\cdots,\beta_m$ 可由向量组 $\alpha_1,\alpha_2,\cdots,\alpha_m$ 线性表示;

(C) 向量组 $\alpha_1,\alpha_2,\cdots,\alpha_m$ 与向量组 $\beta_1,\beta_2,\cdots,\beta_m$ 等价;

(D) 矩阵 $A=(\alpha_1,\cdots,\alpha_m)$ 与矩阵 $B=(\beta_1,\cdots,\beta_m)$ 等价.

4.设 A,B 为 n 阶方阵,$E+AB$ 可逆,则 $E+BA$ 也可逆,且 $(E+BA)^{-1}$ = (　　　)

(A) $E+A^{-1}B^{-1}$;　　　　　　　(B) $E+B^{-1}A^{-1}$;

(C) $E-B(E+AB)^{-1}A$;　　　　(D) $B(E+AB)^{-1}A$.

5.设 A 为 n 阶方阵,下列结论错误的是(　　　).

(A) 若 A 的特征值全不为 0,则 A 可逆;

(B) 若 $AX=0$ 只有零解,则 A 可逆;

(C) A 可逆的充要条件是 A 至少有一个特征值非零;

(D) A 可逆的充要条件是秩 $R(A)=n$.

(三) 计算题(共 38 分)

1.设 $(2E-C^{-1}B)A^T=C^{-1}$,其中 E 是 4 阶单位阵,A^T 是 4 阶矩阵 A 的转置矩阵

$$B=\begin{bmatrix}1 & 2 & -3 & -2\\ 0 & 1 & 2 & -3\\ 0 & 0 & 1 & 2\\ 0 & 0 & 0 & 1\end{bmatrix},C=\begin{bmatrix}1 & 2 & 0 & 1\\ 0 & 1 & 2 & 0\\ 0 & 0 & 1 & 2\\ 0 & 0 & 0 & 1\end{bmatrix},$$

求 A.

2.设三阶矩阵 A 的特征值为 $\lambda_1=1,\lambda_2=2,\lambda_3=3$,对应的特征向量依次为

$$\xi_1=\begin{bmatrix}1\\ 1\\ 1\end{bmatrix},\xi_2=\begin{bmatrix}1\\ 2\\ 4\end{bmatrix},\xi_3=\begin{bmatrix}1\\ 3\\ 9\end{bmatrix},$$

且 $\beta=2\xi_1-2\xi_2+\xi_3$,求 $A^n\beta$(n 为自然数).

3.已知 3 阶矩阵 A 与 3 维向量 X,使向量组 X,AX,A^2X 线性无关,且满足 $A^3X=3AX-2A^2X$.

(1) 记 $P=(X,AX,A^2X)$,求 3 阶矩阵 B,使 $A=PBP^{-1}$;

(2) 计算行列式 $|A+E|$.

4.设矩阵 $A=\begin{bmatrix}a & -1 & c\\ 5 & b & 3\\ 1-c & 0 & -a\end{bmatrix}$,且 $|A|=-1$,又 A 的伴随矩阵 A^* 有一

个特征值 λ_0，属 λ_0 的一个特征向量为 $\alpha = (-1, -1, 1)^T$，求 a, b, c 和 λ_0 的值.

5. 设矩阵 $A = \begin{bmatrix} 1 & 2 & -3 \\ -1 & 4 & -3 \\ 1 & a & 5 \end{bmatrix}$ 的特征方程有一个二重根，求 a 的值，并讨论 A 是否可相似对角化.

(四) 证明题(共 32 分)

1. 设 $\alpha_1, \alpha_2, \cdots, \alpha_t$ 是齐次线性方程组 $AX = 0$ 基础解系，向量 β 不是 $AX = 0$ 的解，试证：向量组 $\beta, \beta + \alpha_1, \beta + \alpha_2, \cdots, \beta + \alpha_t$ 线性无关.

2. 设 α 是 n 维非零实列向量，证明 $I_n - \dfrac{2}{\alpha^T \alpha} \alpha \alpha^T$ 为正交矩阵.

3. 设 A 为 $n \times m$ 的矩阵，B 为 $m \times n$ 的矩阵，其中 $n < m$，I_n 为 n 阶单位矩阵，若 $AB = I_n$，证明：B 的列向量组线性无关.

4. 设 A 为 $m \times n$ 实矩阵，且 $n < m$，证明：$A^T A$ 为正定矩阵的充要条件是 $R(A) = n$.

5. 设二次型
$$f(x_1, x_2, x_3) = 2(a_1 x_1 + a_2 x_2 + a_3 x_3)^2 + (b_1 x_1 + b_2 x_2 + b_3 x_3)^2$$

记 $\quad \alpha = \begin{bmatrix} a_1 \\ a_2 \\ a_3 \end{bmatrix}, \beta = \begin{bmatrix} b_1 \\ b_2 \\ b_3 \end{bmatrix}$

(1) 证明二次型 f 对应的矩阵为 $2\alpha \alpha^T + \beta \beta^T$；

(2) 若 α, β 正交且均为单位向量，证明 f 在正交变换下的标准型为 $2y_1^2 + y_2^2$.

模拟试题 C

(一) 填空题(每小题 3 分，共 15 分)

1. 设 A 为 n 阶方阵，且 $|A| = 2$，则 $\left| \left(-\dfrac{1}{3} A \right)^{-1} + A^* \right| = \underline{\qquad}$.

2. 设四元非齐次线性方程组 $AX = b$ 的系数矩阵的秩为 3，已知 η_1, η_2, η_3 是它的 3 个解向量，其中 $\eta_1 = (0, 6, 1, 2)^T$，$\eta_2 + \eta_3 = (1, 9, 9, 8)^T$，则方程组 $AX = b$ 的通解为 $\underline{\qquad}$.

3. 设向量组 $\alpha_1, \alpha_2, \cdots, \alpha_r$ 的秩为 $k (k \leqslant r)$，且 $\beta_1 = \alpha_2 + \alpha_3 + \cdots + \alpha_r$，$\beta_2 = \alpha_1 + \alpha_3 + \cdots + \alpha_r$，$\beta_r = \alpha_1 + \alpha_2 + \cdots + \alpha_{r-1}$，则向量组 $\beta_1, \beta_2, \cdots, \beta_r$ 的秩为 $\underline{\qquad}$.

4. 设 A, B 为 n 阶方阵，E 为 n 阶单位矩阵，$\lambda_1, \lambda_2, \cdots, \lambda_n$ 为 B 的 n 个特征值，且存在可逆矩阵 P，使 $B = PAP^{-1} - P^{-1}AP + E$，则 $\lambda_1 + \lambda_2 + \cdots + \lambda_n = \underline{\qquad}$.

5.已知二次型 $f = x_1^2 + x_2^2 + x_3^2 + 2ax_1x_2 + 2x_1x_3 + 2bx_2x_3$ 经正交变换化为标准形 $f = y_2^2 + 2y_3^2$,则 $a = $ _____ ,$b = $ _____ .

(二) 单项选择题(每小题 3 分,共 15 分)

1.向量组 $\alpha_1,\alpha_2,\alpha_3,\alpha_4$ 线性无关,则结论正确的是(　　).

　(A) $\alpha_1 + \alpha_2,\alpha_2 + \alpha_3,\alpha_3 + \alpha_4,\alpha_4 + \alpha_1$ 线性无关;

　(B) $\alpha_1 - \alpha_2,\alpha_2 - \alpha_3,\alpha_3 - \alpha_4,\alpha_4 - \alpha_1$ 线性无关;

　(C) $\alpha_1 + \alpha_2,\alpha_2 + \alpha_3,\alpha_3 + \alpha_4,\alpha_4 - \alpha_1$ 线性无关;

　(D) $\alpha_1 + \alpha_2,\alpha_2 + \alpha_3,\alpha_3 - \alpha_4,\alpha_4 - \alpha_1$ 线性无关.

2.设 $\alpha_1 = (1,1,0,0),\alpha_2 = (0,0,1,1),\alpha_3 = (1,0,1,0),\alpha_4 = (1,1,1,1)$,则它的极大无关组为(　　).

　(A) α_1,α_2;　　　　　　　　(B) $\alpha_1,\alpha_2,\alpha_3$;

　(C) $\alpha_1,\alpha_2,\alpha_4$;　　　　　　(D) $\alpha_1,\alpha_2,\alpha_3,\alpha_4$.

3.设 $A = \begin{bmatrix} 2 & -1 & -1 \\ -1 & 2 & -1 \\ -1 & -1 & 2 \end{bmatrix}$,$B = \begin{bmatrix} 1 & 0 & 0 \\ 0 & 1 & 0 \\ 0 & 0 & 0 \end{bmatrix}$,则 A 与 B(　　).

　(A) 合同且相似;　　　　　　(B) 合同不相似;

　(C) 不合同但相似;　　　　　(D) 不合同且不相似.

4.设 3 阶矩阵 $A = \begin{bmatrix} a & b & b \\ b & a & b \\ b & b & a \end{bmatrix}$,若 A 的伴随矩阵的秩等于 1,则必有(　　).

　(A) $a = b$ 或 $a + 2b = 0$;　　　　　(B)$a = b$ 或 $a + 2b \neq 0$;

　(C) $a \neq b$ 且 $a + 2b = 0$;　　　　　(D) $a \neq b$ 且 $a + 2b \neq 0$.

5.设矩阵 $B = \begin{bmatrix} 0 & 0 & 1 \\ 0 & 1 & 0 \\ 1 & 0 & 0 \end{bmatrix}$,已知矩阵 A 相似于 B,则秩$(A - 2E)$ 与秩 $(A - E)$ 之和等于(　　).

　(A) 2;　　　(B) 3;　　　(C) 4;　　　(D) 5.

(三) 计算题(共 38 分)

1.已知 A 的伴随矩阵 $A^* = \begin{bmatrix} 1 & 0 & 0 & 0 \\ 0 & -2 & 0 & 0 \\ -2 & -4 & 2 & 0 \\ 0 & -2 & 0 & -2 \end{bmatrix}$,求 A^{-1}.

2.设 R^3 的两组基为：

（Ⅰ）$\alpha_1 = (1,1,1)^T, \alpha_2 = (0,1,1)^T, \alpha_3 = (0,0,1)^T$,

（Ⅱ）$\beta_1 = (1,0,1)^T, \beta_2 = (0,1,-1)^T, \beta_3 = (1,2,0)^T$

（1）求由基 $\alpha_1, \alpha_2, \alpha_3$ 到基 $\beta_1, \beta_2, \beta_3$ 的过渡矩阵 Q；

（2）求向量 $\xi = (-1,2,1)^T$ 在基 $\beta_1, \beta_2, \beta_3$ 下的坐标.

3.已知线性方程组

$$\begin{cases} x_1 + x_2 - 2x_3 + 3x_4 = 0, \\ 2x_1 + x_2 - 6x_3 + 4x_4 = -1, \\ 3x_1 + 2x_2 + px_3 + 7x_4 = -1, \\ x_1 - x_2 - 6x_3 - x_4 = t. \end{cases}$$

讨论参数 p, t 取何值时，方程组有解或无解；当有解时，试用其导出组的基础解系表示通解.

4.设有二次型 $f = 5x_1^2 + 5x_2^2 + cx_3^2 - 2x_1x_2 + 6x_1x_3 - 6x_2x_3$,

（1）求 f 的矩阵 A；

（2）求 f 的秩；

（3）当 f 的秩为 2 时，求矩阵 A 的特征值及特征向量；

（4）当 f 的秩为 2 时，用正交变换法化二次型为标准形，并求相应的正交变换矩阵；

（5）当 f 的秩为 2 时，$f = 1$ 表示何种几何曲面.

5.设 3 阶实对称矩阵 A 的特征值为 $\lambda_1 = 1, \lambda_2 = 2, \lambda_3 = -2$,

$\alpha_1 = (1,-1,1)^T$ 是 A 的属于 λ_1 的一个特征向量，记

$$B = A^5 - 4A^3 + E,$$

其中 E 为 3 阶单位矩阵，

（1）验证 α_1 是矩阵 B 的特征向量，并求 B 的全部特征值与特征向量；

（2）求矩阵 B.

（四）证明题（共 32 分）

1.设 A 是 n 阶正定矩阵，$\alpha_1, \alpha_2, \cdots, \alpha_n$ 为实 n 维非零向量，当 $i \neq j$ 时，有 $a_i^T A a_j = 0$，证明 $\alpha_1, \alpha_2, \cdots, \alpha_n$ 线性无关.

2.设 $\alpha_1, \alpha_2, \alpha_3$ 是 n 阶矩阵 A 的 3 个特征向量，它们的特征值不相等，记 $\beta = \alpha_1 + \alpha_2 + \alpha_3$.

（1）证明 β 不是 A 的特征向量；

（2）证明 $\beta, A\beta, A^2\beta$ 线性无关.

3.已知 β 是非齐线性方程组 $AX = b$ 的解，$\alpha_1, \alpha_2, \cdots, \alpha_t$ 是对应的齐次线性方程组的基础解系，证明 $\beta, \beta+\alpha_1, \beta+\alpha_2, \cdots, \beta+\alpha_t$ 是解向量的极大无关组.

　　4. 3 阶方阵的行列式 $|A|=-1$，三维向量 x_1,x_2 是齐次线性方程组 $(A-E)X=0$ 的一个基础解系，证明 A 能对角化，并找出 A 的相似对角阵.

　　5. 已知二次型 $f(x_1,x_2,x_3)=X^T AX$ 在正交变换 $X=QY$ 下的标准型为 $y_1^2+y_2^2$，且 Q 的第 3 列为 $(\frac{\sqrt{2}}{2},0,\frac{\sqrt{2}}{2})^T$.

　　(1) 求矩阵 A；

　　(2) 证明 $A+E$ 为正定矩阵，其中 E 为 3 阶单位矩阵.

参考答案

习 题 一

(一) 填空题

1. $\frac{1}{2}n(n-1)$; $4k$ 或 $4k+1,4k+2$ 或 $4k+3$.   2. $\frac{1}{2}n(n-1)$; k^2.

3. $i=8,k=3$.   4. $+,-,-$ 5. 120.   6. $(-1)^{\frac{1}{2}n(n-1)}n!$ 7. -3;

3;   1; $72x+6$.   8. $\begin{cases}|A|,i=j,\\0,i\neq j.\end{cases}$ 9. 0.   10. 2/3.   11. 0.   12. 9.

13. -2 或 1.   14. 12.   15. -3 16. x^4.   17. $a^n+(-1)^{n+1}b^n$.

18. $(-1)^{n-1}(n-1)$.   19. $2,-2,3,-3$.   20. $4;0,0,0,-10$.

21. $(-1)^{nm}ab$.   22. -28.   23. (1) $\begin{vmatrix}1&2&-2&4\\2&2&2&2\\1&4&-3&5\\a&b&c&d\end{vmatrix}$.   (2) 0.   (3) -50.

(二) 选择题

1. (C)   2. (D)   3. (B)   4. (A)

(三) 计算题

1. $D_1=1,D_2=-7,D_3=-8$, 当 $n\geqslant 4$ 时, $D_n=0$.   2. $a^n+(-1)^{n+1}a^{n-2}$.

3. $(n-1+a)(a-1)^{n-1}$.   4. $(-1)^{n-1}\frac{1}{2}(n+1)!$ 5. x^2y^2

6. 提示:利用加边法得 $1+a_1+a_2+\cdots+a_n$.   7. $(3,-4,-1,1)$.

8. $0,1,2,\cdots,n-2$.   9. (1) $\left(1-\sum\limits_{k=2}^{n}\frac{1}{k}\right)\cdot n!$ (2) $\begin{cases}0, & k\neq 1 \text{ 时},\\(2-n)n!, & k=1 \text{ 时}.\end{cases}$

10. (1) $\sum\limits_{i=1}^{n}\sum\limits_{j=2}^{n}A_{ij}=1$.   (2) $\sum\limits_{i=1}^{n}A_{ii}=n$.

    (3) $Ak_1+Ak_2+\cdots+Ak_n(k=1,2,\cdots,n)=\begin{cases}0 & \text{当 } k=1,2,\cdots,n-1 \text{ 时},\\1 & \text{当 } k=n \text{ 时}.\end{cases}$

11. $a_1, a_2, \cdots, a_n$.

12. 当 $n = 1$ 时为 $x_1 + 1$；当 $n = 2$ 时，$x_1 - x_2$；当 $n > 2$ 时为 0.

(四) 证明题

1. 提示：用定义.

2. 提示：求 $D\Delta^T$.

习 题 二

(一) 填空题

1. $|A| \neq 0$. 　　2. $\begin{bmatrix} 1 & 0 & 0 \\ 1 & 1 & 0 \\ 1 & -1 & 3 \end{bmatrix}$. 　　3. $c \neq \sqrt{2}ab$. 　　4. $\begin{bmatrix} 1 & 0 \\ k\lambda & 1 \end{bmatrix}$. 　　5. $2^n \cdot 3$.

6. $\begin{bmatrix} -1 & -1 \\ 3 & 1 \end{bmatrix}, \dfrac{1}{2}, 4$. 　　7. 2. 　　8. k^n. 　　9. $1, -1$ 　　10. $0, r$. 　　11. 162.

12. $|A|E_n, \dfrac{A}{|A|}$. 　　13. $|A||B|$. 　　14. 0. 　　15. $|A| = 0$ 或 $|B| = 0$.

16. 27. 　　17. $(-1)^n$. 　　18. $A^{-1} = \begin{bmatrix} 1 & 0 & 0 \\ -\dfrac{2}{3} & \dfrac{1}{3} & 0 \\ 0 & -\dfrac{2}{3} & \dfrac{1}{3} \end{bmatrix}$; 　$B^* = \dfrac{1}{9}\begin{bmatrix} 1 & 0 & 0 \\ 2 & 3 & 0 \\ 4 & 6 & 3 \end{bmatrix}$;

$C = \pm \begin{bmatrix} 3 & 0 & 0 \\ -2 & 1 & 0 \\ 0 & -2 & 1 \end{bmatrix}$. 　　19. m, n.

(二) 选择题

1. (D)　2. (C)　3. (B)　4. (B)　5. (A)　6. (C)　7. (A)　8. (C)　9. (A)

10. (A)　11. (D)　12. (C)　13. (B)　14. (D)　15. (A)　16. (C)　17. (B)

18. (C)　19. (C)　20. (D)　21. (B)　22. (C)　23. (A)　24. (A)　25. (B)

26. (C)　27. (C)　28. (B)　29. (D)　30. (A)　31. (B)

(三) 计算题

1. $A = A^5 \begin{bmatrix} 1 & 0 & 0 \\ 2 & 0 & 0 \\ -2 & -1 & -1 \end{bmatrix}$. 　　2. $A = \begin{bmatrix} 1 & 0 & 0 & 0 \\ -2 & 1 & 0 & 0 \\ 1 & -2 & 1 & 0 \\ 0 & 1 & -2 & 1 \end{bmatrix}$.

3. $\begin{bmatrix} 601 & 400 \\ -900 & -599 \end{bmatrix}$. 　　4. 0. 　　5. $B = \begin{bmatrix} 2 & 0 & 1 \\ 0 & 3 & 0 \\ -1 & 0 & 2 \end{bmatrix}$. 　　6. 0.

7. $\begin{bmatrix} 15 & 17 \\ 7 & 8 \\ -3 & -4 \end{bmatrix}$.   8. $\lambda^{10} - 10^{10}$.

9. $\begin{bmatrix} 5 & -2 & -1 \\ -2 & 2 & 0 \\ -1 & 0 & 1 \end{bmatrix}$ 10. $\begin{bmatrix} \dfrac{\sqrt{2}}{2} & \dfrac{\sqrt{2}}{2} \\ -\dfrac{\sqrt{2}}{2} & \dfrac{\sqrt{2}}{2} \end{bmatrix}$.   11. E.

12. 提示：$A = \begin{bmatrix} 1 \\ 2 \\ 1 \end{bmatrix}(2 \quad -1 \quad 2), A^n = 2^{n-1}A$.   13. $X = \begin{bmatrix} \dfrac{27}{13} & 0 & -\dfrac{8}{13} \\ 0 & \dfrac{5}{3} & 0 \\ \dfrac{32}{13} & 0 & \dfrac{35}{13} \end{bmatrix}$.

14. $X = [(A-B)^{-1}]^2 = \begin{bmatrix} 1 & 2 & 5 \\ 0 & 1 & 2 \\ 0 & 0 & 1 \end{bmatrix}$.

(四) 证明题 (略)

9. $A = \begin{bmatrix} 0 & 2 & 0 \\ -1 & -1 & 2 \\ 0 & 0 & -2 \end{bmatrix}$.

习 题 三

(一) 填空题

1. 相关，$n+1$ 个 n 维向量必线性相关.   2. $\leqslant$.   3. 2.

4. 线性相关，个数大于维数，含零向量，含成比例向量.   5. $r(A) \geqslant r(B)$.   6. 3.

7. $(1, 1, -1)$.   8. 40.   9. 3   10. 对称正交方阵.   11. ± 1.

12. $\| X \| = \| Y \|$.   13. 单位，两两正交.   14. k_1.

(二) 选择题

1. (A)　2. (D)　3. (C)　4. (B)　5. (B)　6. (C)　7. (A)　8. (C)　9. (C)

10. (B)　11. (A)　12. (C)　13. (C)　14. (B)　15. (B)　16. (A)　17. (D)

18. (A)　19. (B)　20. (A)　21. (C)　23. (C)　24. (C)

(三) 计算题

1. (1) $t \neq 5$.   (2) $t = 5$.   (3) $\alpha_3 = -\alpha_1 + 2\alpha_2$.

2. (1) $M = \begin{bmatrix} 2 & 0 & 0 & 0 \\ 1 & 1 & 0 & 0 \\ 0 & 1 & 1 & 0 \\ 0 & 0 & 1 & 1 \end{bmatrix}$.   (2) $\dfrac{1}{2}(1, 1, 1, 1)$.

3.(1) 当 $\sqrt{a^2 + b^2 + c^2 + d^2} = 1$ 时, A 为正交矩阵.

(2) $|A| = (a^2 + b^2 + c^2 + d^2)^2$.

4.(1) $\eta_1 = \dfrac{1}{\sqrt{2}}(1, 0, 1, 0)^T, \eta_2 = \dfrac{1}{2}(-1, 1, 1, 1)^T$

(2) $\eta_1 = \dfrac{1}{\sqrt{2}}(1, 0, 1, 0)^T, \eta_2 = \dfrac{1}{2}(-1, 1, 1, 1)^T, \eta_3 = \dfrac{1}{\sqrt{2}}(0, -1, 0, 1)^T$,

$\eta_4 = \dfrac{1}{2}(-1, -1, 1, -1)^T$.

习 题 四

(一) 填空题

1. $R(A) = n$(或唯一零解), $n - R(A)$.   2. $n - r, n$.   3. $\lambda \neq 1$.

4. $a = -2$; $a = 1; a \neq 1, a \neq -2$.   5. $r = s, r = s = n, r = s < n$.

(二) 选择题

1.(B)   2.(B)   3.(B)   4.(D)   5.(D)   6.(A)   7.(D)   8.(C)   9.(A)

10.(D)   11.(C)

(三) 计算题

1. $k = \dfrac{1}{3}$, 一个解 $\eta = (3, -7, 1)$.

2.(Ⅰ) 的基础解系 $(0, 0, 1, 0), (-1, 1, 0, 1)$.

(Ⅰ)(Ⅱ) 的所有非零公共解是 $k(-1, 1, 1, 1)$(k 是不为零的任意常数).

3.(1) 当 $\lambda \neq -2$ 且 $\lambda \neq 1$ 时, 此方程组有唯一解 $x_1 = x_2 = x_3 = \dfrac{1}{\lambda + 2}$.

(2) 当 $\lambda = -2$ 无解.

(3) 当 $\lambda = 1$ 时有无穷多解. 它的一般解为 $x_1 = 1 - x_2 - x_3$ 其中 x_2, x_3 为自由未知量.

4.(1) $b \neq 0$ 且 $a \neq 1$, 此时方程组有唯一解 $x_1 = \dfrac{2b - 1}{b(a - 1)}, x_2 = \dfrac{1}{b}, x_3 = \dfrac{1 + 2ab - 4b}{b(a - 1)}$.

(2) $a = 1$ 且 $b = \dfrac{1}{2}$, 原方程组有无穷多个解, 一般解为 $\begin{cases} x_1 = -x_3 + 2, \\ x = 2. \end{cases}$ 其中 x_3 为自由未知量.

5.(1) 当 $a \neq \pm 1$ 时, 方程组有唯一解: $x_1 = \dfrac{4a + 1}{(a - 1)(a + 1)}, x_2 = \dfrac{a(2a - 7)}{(a - 1)(a + 1)}$,

$x_3 = \dfrac{-3a}{a + 1}$.

(2) 当 $a = 1$ 时, 有无穷多个解, 它的一般解为 $\begin{cases} x_1 = -x_2 + 1, \\ x_3 = -1. \end{cases}$ 其中 x_2 为自未知量.

(3) 当 $a = -1$ 时,原方程组无解.

6. $a = 2$ 且 $b = 3$ 时,方程有解,解为

$$x = \begin{bmatrix} -2 \\ 3 \\ 0 \\ 0 \\ 0 \end{bmatrix} + k_1 \begin{bmatrix} 1 \\ -2 \\ 1 \\ 0 \\ 0 \end{bmatrix} + k_2 \begin{bmatrix} 1 \\ -2 \\ 0 \\ 1 \\ 0 \end{bmatrix} + k_3 \begin{bmatrix} 5 \\ -6 \\ 0 \\ 0 \\ 1 \end{bmatrix}.$$

7. (1) $\lambda \neq 0, 1$,方程组有唯一解.

  (2) $\lambda = 0$,方程组无解.

  (3) $\lambda = 1$,方程组有无穷多个解.

习 题 五

(一) 填空题

1. 对角阵. 2. n, 重根 $\lambda = 1$,为任一个非零 n 维向量. 3. $|A| = |B|$.

4. 正交. 5. $<$. 6. $\neq 0; A^{-1}$. 7. $KA; A^2; A^2 - 3A + 2E$.

8. 互异,$a_{11} + a_{22} + \cdots + a_{nn}$,$|A|$. 9. $(|A|/\lambda)^2 + 1$ 10. 4.

(二) 选择题

1. (C) 2. (A) 3. (C) 4. (A) 5. (D) 6. (A) 7. (B) 8. (B) 9. (B)

(三) 计算题

1. A 属于特征值 $\lambda_1 = \lambda_2 = 1$ 的全部特征向量为 $k\alpha_1, k \neq 0$.

A 属于特征值 $\lambda_3 = -2$ 的全部特征向量 $k\alpha_2, k \neq 0$. $\alpha_1 = \begin{bmatrix} 3 \\ -6 \\ 20 \end{bmatrix} \alpha_2 = \begin{bmatrix} 0 \\ 0 \\ 1 \end{bmatrix}$.

2. $A^k = \begin{bmatrix} 2^k & 0 & 0 \\ 2^k - 1 & 2^k & -2^k + 1 \\ 2^k - 1 & 0 & 1 \end{bmatrix}$. 3. $A = U\Lambda U^{-1} = \begin{bmatrix} 2 & 0 & 0 \\ 0 & 3 & 2 \\ 0 & 2 & 3 \end{bmatrix}$.

4. $\gamma = \left(\dfrac{\mp 9}{\sqrt{115}}, \dfrac{\pm 5}{\sqrt{115}}, \dfrac{\pm 3}{\sqrt{115}} \right)$. 5. $\begin{cases} a = 1 \\ b = 1 \end{cases}$ 或 $\begin{cases} a = 1 \\ b = -1. \end{cases}$

6. 特征值为 $\lambda_1 = \lambda_2 = -1, \lambda_3 = 5$. 对应的特征向量为 $\varepsilon_1 = (1, 0, -1)$,

$\varepsilon_2 = (0, 1, -1), \varepsilon_3 = (1, 1, 1)$. 取 $P = \begin{bmatrix} 1 & 0 & 1 \\ 0 & 1 & 1 \\ -1 & -1 & 1 \end{bmatrix}$,则 $P^{-1}AP$ 为对角矩阵.

7. $x = 0, y = 1$, $P = \begin{bmatrix} 1 & 0 & 0 \\ 0 & 1 & 1 \\ 0 & 1 & -1 \end{bmatrix}$.

8. $\beta = 2\xi_1 - 2\xi_2 + \xi_3$;

$$A^n\beta = A^n(2\xi_1 - 2\xi_2 + \xi_3) = 2(A^n\xi_1) - 2(A^n\xi_2) + A^n\xi_3$$

$$= 2 \times \begin{Bmatrix} 1 \\ 1 \\ 1 \end{Bmatrix} - 2^{n+1} \begin{Bmatrix} 1 \\ 2 \\ 4 \end{Bmatrix} + 3^n \begin{Bmatrix} 1 \\ 3 \\ 9 \end{Bmatrix} = \begin{Bmatrix} 2 - 2^{n+1} + 3^n \\ 2 - 2^{n+2} + 3^{n+1} \\ 2 - 2^{n+3} + 3^{n+2} \end{Bmatrix}.$$

9. A 的特征值为：$1,1,-5$；$E+A^{-1}$ 的特征值为 $2,2,\dfrac{4}{5}$.

10. $y = 3$　$P = \begin{bmatrix} 1 & 0 & 0 & 0 \\ 0 & 1 & 0 & 0 \\ 0 & 0 & -\dfrac{1}{\sqrt{2}} & \dfrac{1}{\sqrt{2}} \\ 0 & 0 & \dfrac{1}{\sqrt{2}} & \dfrac{1}{\sqrt{2}} \end{bmatrix}.$　11. $\dfrac{4}{3}$.

12. $\alpha_3 = k(1,0,1)^T$（k 为不等于零的任意常数）. $A = \dfrac{1}{6}\begin{bmatrix} 13 & -2 & 5 \\ -2 & 10 & 2 \\ 5 & 2 & 13 \end{bmatrix}.$

习 题 六

(一) 填空题

1. 所有主子式 > 0.　2. 负，正.　3. $f = (x,y,z)\begin{bmatrix} 1 & -2 & 0 \\ -2 & 0 & \dfrac{1}{2} \\ 0 & \dfrac{1}{2} & -3 \end{bmatrix}\begin{bmatrix} x \\ y \\ z \end{bmatrix}.$

(二) 选择题

1. (B)　2. (D)　3. (C)　4. (C)　5. (B)　6. (B)　7. (A)　8. (C)　9. (B)
10. (D)　11. (C)

(三) 计算题

1. $P = \begin{bmatrix} \dfrac{1}{\sqrt{2}} & \dfrac{1}{\sqrt{18}} & \dfrac{2}{3} \\ \dfrac{1}{\sqrt{2}} & -\dfrac{1}{\sqrt{18}} & -\dfrac{2}{3} \\ 0 & -\dfrac{4}{\sqrt{18}} & \dfrac{1}{3} \end{bmatrix}.$

2. (1) $\begin{bmatrix} 2 & -2 & 0 \\ -2 & 1 & -2 \\ 0 & -2 & 0 \end{bmatrix}.$　(2) $\begin{cases} x_1 = y_1 + y_2 - 2y_3, \\ x_2 = y_2 - 2y_3, \\ x_3 = y_3. \end{cases}$

(3) f 的正惯性指数为 2,负惯性指数为 1,符号差等于 $2-1=1$.

(4) 由于 f 的标准形中有正平方项,也有负平方项,因而 f 的值可正、可负,故 f 为不定的二次型. f 的标准形 $f=2y_1^2-y_2^2+4y_3^2$.

3. 秩$(A)=n-1$.

4. $f(x_1,x_2,x_3)=x_1^2+3x_2^2+x_3^2-2x_1x_3,R(f)=R(A)=2,f=y_1^2+3y_2^2$,其中,$y_1=x_1-x_3,y_2=x_2$.

5. $p=\begin{bmatrix} 1 & 1 & -1 & 0 \\ 1 & -1 & 0 & -1 \\ 0 & 0 & 1 & 0 \\ 0 & 0 & 0 & 1 \end{bmatrix}$.

6.(1) $\lambda>2$ 时,f 正定的. (2) $\lambda<-1$ 时,f 负定的.

(3) 当 $\lambda=2$ 时,A 所有顺序主子式均为正数或零,所以 f 是半正定的,当 $\lambda=-1$ 时,$f=-(x-y-z)^2$,故 f 半负定.

7.(1) $\lambda_1=0$, $\lambda_2=2$, $\lambda_3=3$,相应的特征向量为

$$p_1=\begin{bmatrix}1\\0\\1\end{bmatrix} \quad p_2=\begin{bmatrix}-1\\0\\1\end{bmatrix} \quad p_3=\begin{bmatrix}0\\1\\0\end{bmatrix}.$$

(2) 无定.

(3) $f(x_1,x_2,x_3)=x_1^2+3x_2^2+x_3^2-2x_1x_2$, $R(A)=2$.

8. $\Lambda=\begin{bmatrix}(k+2)^2 & & \\ & (k+2)^2 & \\ & & k^2\end{bmatrix} k\neq-2,$且 $k\neq0$.

模拟试题 A

(一) 填空题

1. 0. 　2. $\frac{1}{6}A$. 　3. $\frac{1}{3}\begin{bmatrix}1\\1\\1\end{bmatrix}+k\begin{bmatrix}1\\0\\0\end{bmatrix}$, 　k 为任意数.

4. $\alpha_4=k_2\alpha_2+k_3\alpha_3$. 　5. 100.

(二) 单项选择题

1.(A) 　2.(C) 　3.(D) 　4.(C) 　5.(B)

(三) 计算题

1. 2^8A, 　0.

$$2. B = [A\ \beta] = \begin{bmatrix} 1 & 1 & 1 & 1 & 0 \\ 0 & 1 & 2 & 2 & 1 \\ 0 & -1 & a-3 & -2 & b \\ 3 & 2 & -2 & a & -1 \end{bmatrix}$$

$$\rightarrow \begin{bmatrix} 1 & 0 & -1 & -1 & -1 \\ 0 & 1 & 2 & 2 & 1 \\ 0 & 0 & a-1 & 0 & b+1 \\ 0 & 0 & 0 & a-1 & 0 \end{bmatrix}.$$

(1) 当 $a \neq 1$ 时，$R(A) = R(B)$，方程组有唯一解，此时 β 可由 $\alpha_1, \alpha_2, \alpha_3, \alpha_4$ 线性表示，且表达式唯一.

(2) 当 $a = 1$ 且 $b \neq -1$ 时，$R(B) = 3 \neq R(A)$，因此方程组有无解，故 β 不能由 $\alpha_1, \alpha_2, \alpha_3, \alpha_4$ 线性表示.

(3) 当 $a = 1, b = -1$ 时，$R(A) = R(B) = 2$，因此方程组有无穷多解，因此 β 可由 $\alpha_1, \alpha_2, \alpha_3, \alpha_4$ 线性表示，但表达式不唯一.

$\beta = (-1 + c_1 + c_2)\alpha_1 + (1 - 2c_1 - 2c_2)\alpha_2 + c_3\alpha_3 + c_2\alpha_4$，其中 $c_1, c_2 \in R$.

$$3. \begin{bmatrix} 1 \\ -1 \\ 1 \end{bmatrix}, \begin{bmatrix} 4 & -1 & 1 \\ -1 & 4 & -1 \\ 1 & -1 & 4 \end{bmatrix}.$$

$$4. (1)\ \begin{bmatrix} 1 \\ 0 \\ -\sqrt{3} \end{bmatrix}.\ (2)\ X = PY,\ 其中\ P = \begin{bmatrix} 0 & \sqrt{3}/2 & 1/2 \\ 1 & 0 & 0 \\ 0 & 1/2 & -\sqrt{3}/2 \end{bmatrix}.$$

$$5. (1)\ \alpha = (-1, 2, 3, 1)^T.\quad (2)\ \begin{bmatrix} 2 & 6 & -1 \\ -1 & -3 & 1 \\ -1 & -4 & 1 \\ 0 & 0 & 0 \end{bmatrix} + (c_1\alpha, c_2\alpha, c_3\alpha).$$

其中 c_1, c_2, c_3 为任意常数.

模拟试题 B

(一) 填空题

1. 0.　 2. -3^{n-1}　 3. $0, 1, -1$.　 4. $-2 < t < 1$.　 5. $\dfrac{1}{4}\begin{bmatrix} 1 & 1 & 0 \\ 0 & 1 & 1 \\ 1 & 0 & 1 \end{bmatrix}.$

(二) 单项选择题

1. (C)　 2. (D)　 3. (D)　 4. (C)　 5. (C)

(三) 计算题

1. $A = \begin{bmatrix} 1 & 0 & 0 & 0 \\ -2 & 1 & 0 & 0 \\ 1 & -2 & 1 & 0 \\ 0 & 1 & -2 & 1 \end{bmatrix}.$

2. $(2 - 2^{n+1} + 3^n, 2 - 2^{n+2} + 3^{n+1}, 2 - 2^{n+3} + 3^{n+2})^T.$

3. $B = \begin{bmatrix} 0 & 0 & 0 \\ 1 & 0 & 3 \\ 0 & 1 & -2 \end{bmatrix}, |A + E| = -4.$

4. $a = c = 2, b = -3, \lambda_0 = 1.$

5. 当 $a = -2$ 时, A 可以相似对角化; 当 $a = -\dfrac{2}{3}$ 时, A 不可相似对角化.

模拟试题 C

(一) 填空题

1. $\dfrac{(-1)^n}{2}$.   2. $\eta_1 + k(1, -3, 7, 4)^T$.   3. k.   4. n.   5. $0, 0$.

(二) 单项选择题

1. (C)   2. (B)   3. (B)   4. (C)   5. (C)

(三) 计算题

1. $A^{-1} = -\dfrac{1}{2} A^* = \begin{bmatrix} -\dfrac{1}{2} & 0 & 0 & 0 \\ 0 & 1 & 0 & 0 \\ 1 & 2 & -1 & 0 \\ 0 & 1 & 0 & -1 \end{bmatrix}.$

2. $Q = \begin{bmatrix} 1 & 0 & 1 \\ -1 & 1 & 1 \\ 1 & -2 & -2 \end{bmatrix}, \begin{bmatrix} -5 \\ -6 \\ 4 \end{bmatrix}.$

3. 当 $t \neq -2$ 时, $R(A) \neq R(\bar{A})$, 方程组无解;   当 $t = -2$ 时, $R(A) = R(\bar{A})$ 方程组有解

当 $t = -2$ 且 $p = -8$ 时, 方程组通解为

$$\begin{bmatrix} x_1 \\ x_2 \\ x_3 \\ x_4 \end{bmatrix} = k_1 \begin{bmatrix} 4 \\ -2 \\ 1 \\ 0 \end{bmatrix} + k_2 \begin{bmatrix} -1 \\ -2 \\ 0 \\ 1 \end{bmatrix} + \begin{bmatrix} 0 \\ 1 \\ 0 \\ 0 \end{bmatrix}, 其中 k_1, k_2 为任意常数.$$

当 $t = -2$ 且 $p \neq -8$ 时, 方程组通解为

$$\begin{bmatrix} x_1 \\ x_2 \\ x_3 \\ x_4 \end{bmatrix} = k \begin{bmatrix} -1 \\ -2 \\ 0 \\ 1 \end{bmatrix} + \begin{bmatrix} 0 \\ 1 \\ 0 \\ 0 \end{bmatrix}, 其中 k 为任意常数.$$

4.(1) $\begin{bmatrix} 5 & -1 & 3 \\ -1 & 5 & -3 \\ 3 & -3 & c \end{bmatrix}$.

(2) 当 $c = 3$ 时,$R(A) = 3$;当 $c \neq 3$ 时,$R(A) = 3$.

(3) $\lambda_1 = 0, \lambda_2 = 4, \lambda_3 = 9$;$\alpha = \begin{bmatrix} 1 \\ -1 \\ -2 \end{bmatrix}, \alpha_2 = \begin{bmatrix} 1 \\ 1 \\ 0 \end{bmatrix}, \alpha_3 = \begin{bmatrix} 1 \\ -1 \\ 1 \end{bmatrix}$.

(4) $\begin{bmatrix} \dfrac{\sqrt{6}}{6} & \dfrac{\sqrt{2}}{2} & \dfrac{\sqrt{3}}{3} \\ -\dfrac{\sqrt{6}}{6} & \dfrac{\sqrt{2}}{2} & -\dfrac{\sqrt{3}}{3} \\ -\dfrac{\sqrt{6}}{3} & 0 & \dfrac{\sqrt{3}}{3} \end{bmatrix}, f = 4y_2^2 + 9y_3^2.$

(5) $4y_2^2 + 9y_3^2 = 1$ 表示椭圆柱面.

5.(1) 矩阵 B 属于特征值 $\mu_1 = -2$ 的特征向量为 $k_1(1,-1,1)^T$,其中 k_1 是不为零的任意常数,矩阵 B 属于特征值 $\mu_2 = \mu_3 = 1$ 的特征向量为 $k_2(1,1,0)^T + k_3(-1,0,1)^T$,其中 k_2, k_3 是不全为零的任意常数.

(2) $B = \begin{bmatrix} 0 & 1 & -1 \\ 1 & 0 & 1 \\ -1 & 1 & 0 \end{bmatrix}$.

内容提要

  本书是根据国家教育部颁布的《考研数学复习大纲》的要求,结合编者多年教学经验编写而成的。全书内容包括:行列式、矩阵、向量、线性方程组、矩阵的特征值与特征向量、二次型。每章分四部分:复习与考试要求、基本概念与理论、基本题型与解题方法、练习题及答案。

  本书具有较强的针对性、实用性和指导性。可作为理工科和经济管理专业的学生学习线性代数的复习指导书,也可作为考研辅导书。